《生态清洁小流域建设技术规范》解读

水利部水土保持监测中心　主编

黄河水利出版社
·郑州·

内 容 提 要

为规范生态清洁小流域建设工作，保证工程建设质量，提高工程建设管理水平，水利部组织制定了《生态清洁小流域建设技术规范》(SL/T 534—2023)。本书作为该标准的宣贯教材，从标准修订的背景、标准实施的作用和意义、总则、术语、基本规定、调查、建设布局、防治措施、管护及评价指标等方面进行了分析和阐述，还列举了近年来各地建成的典型生态清洁小流域案例及生态清洁小流域实施方案编写提纲作为参考。

本书可供开展生态清洁小流域建设评价的人员参考，也可供其他水土保持生态建设工程的从业者参考。

图书在版编目(CIP)数据

《生态清洁小流域建设技术规范》解读 / 水利部水土保持监测中心主编. -- 郑州 : 黄河水利出版社, 2024. 9. -- ISBN 978-7-5509-4000-0

Ⅰ. TV882-65

中国国家版本馆 CIP 数据核字第 2024PJ0153 号

组稿编辑:岳晓娟　电话:0371-66020903　QQ:2250150882

责任编辑　赵红菲　　责任校对　兰文峡　　封面设计　黄瑞宁
封面摄影　王昌荣　　责任监制　常红昕

出版发行　黄河水利出版社
地址:河南省郑州市顺河路 49 号　邮政编码:450003
网址:www.yrcp.com　E-mail:hhslcbs@126.com
发行部电话:0371-66020550

承印单位　河南新华印刷集团有限公司
开　　本　787 mm×1 092 mm　1/16
印　　张　15
字　　数　356 千字
版次印次　2024 年 9 月第 1 版　　2024 年 9 月第 1 次印刷

定　　价　98.00 元

《〈生态清洁小流域建设技术规范〉解读》

编委会

主　　编：乔殿新

副 主 编：丛佩娟　戴　宁

编写人员：（以姓氏笔画为序）

马昌臣　任宗萍　刘佳璇　李　琦　李斌斌

张锦娟　宗小天　赵　明　袁　芳　袁爱萍

莫明浩　高海东

前　言

生态清洁小流域是在小流域综合治理基础上，将水土资源保护、人居环境改善、社会经济发展有机结合的新型协同治理模式，是生态文明的重要实现路径，对促进人与自然和谐共生起着重要作用。生态清洁小流域是满足经济社会发展新要求的小流域新赛道，是全面提升水土保持功能和生态产品供给能力、助力乡村振兴和美丽中国建设的有力抓手，是水土保持的创新和发展，是习近平生态文明思想的成功实践。

发展无止境，提升无上限。自 2003 年北京首次提出生态清洁小流域以来，历经 20 年，生态清洁小流域推陈出新、蓬勃发展。2013 年水利部发布了 SL 534—2013《生态清洁小流域建设技术导则》(简称《技术导则》)，为全国生态清洁小流域建设提供了建设标准和技术依据。自《技术导则》出台以来，各地积极落实生态清洁小流域建设标准，大力推进生态清洁小流域建设，全国生态清洁小流域建设进程不断加快，建设力度不断加大，已建成生态清洁小流域 4 000 多个。近年来，高质量发展、生态文明和美丽中国建设都对生态清洁小流域提出了新的要求。经过 10 年来的建设实践，生态清洁小流域的概念、内涵、外延、布局等都发生了深刻变化，各地生态清洁小流域的建设内容、建设类型、评价指标等均需要补充完善。中共中央办公厅、国务院办公厅印发的《关于加强新时代水土保持工作的意见》和水利部、农业农村部、国家林业和草原局、国家乡村振兴局联合印发的《关于加快推进生态清洁小流域建设的指导意见》都对生态清洁小流域提出了更新更高的要求，而《技术导则》在发挥作用的同时，其内容与深度已难以适应高质量发展的要求。

时移势易，踵事增华。2023 年 7 月 18 日，水利部发布了修订后的 SL/T 534—2023《生态清洁小流域建设技术规范》(简称《规范》)，2023 年 10 月 18 日开始实施。修订后的《规范》包括 8 个章节和 3 个附录，共 164 条。修订突出强化了生态清洁小流域建设面临的新要求、发展的新成果，以及《规范》的适用性问题，主要包括：水土保持功能、水系整治、建设单元、建设类型、评价指标等内容。较《技术导则》进行了章节调整和条文优化，由 9 章变为 8 章；修订了生态清洁小流域相关术语、建设目标、原则，补充规定了调查分类、措施体系和布局、管护要求，提出 26 项措施建设的具体要求和标准。

标准的生命在于执行。为做好《规范》宣贯工作，帮助读者理解并促进标准落地，组织编写了《〈生态清洁小流域建设技术规范〉解读》。全书共分三部分，两个附录。第一部分介绍了标准修订的背景、标准结构和特点及标准实施的作用和意义；第二部分介绍了标准的内容；第三部分介绍了五个生态清洁小流域典型案例；附录介绍了生态清洁小流域实施方案编写提纲及相关文件。

本书由水利部水土保持监测中心组织编写，由乔殿新担任主编，由丛佩娟、戴宁担任副主编。具体编写分工如下：第一部分由乔殿新编写；第二部分第一章由戴宁编写，第二、七章由刘佳璇编写，第三章由丛佩娟编写，第四章由任宗萍编写，第五章由莫明浩编写，第六章由高海东编写，第八章由张锦娟编写；第三部分选取北京、浙江、云南、四川、陕西生态清洁小流域典型案例，由宗小天、赵明整理编写；附录由袁芳、李斌斌、李琦编写。

在本书的编写过程中，北京林业大学张宇清、张守红等教授给予了大力支持，在此，致以衷心的感谢！

限于时间和水平，解读难免有疏漏和不妥之处，敬请广大读者批评指正！

编委会

2024年9月

目 录

第一部分　概　述

第一章　标准修订的背景

一、生态清洁小流域发展概况

1980年,水利部在山西省吉县召开水土保持小流域治理座谈会,总结了推广小流域治理经验,拉开了小流域综合治理的大幕。历经理论探索和实践验证,小流域成为我国水土保持生态建设的基本单元,小流域综合治理成为我国水土流失防治的技术路线。40多年来,小流域引领全国水土流失综合防治工作不断发展壮大,全国累计治理小流域约2.7万多条,治理水土流失面积155多万 km^2,总体形成了类型多样、模式多种的高品质小流域,提升了水土保持功能,增强了对经济社会发展的服务和支撑能力,完善丰富了小流域治理技术和理论,受到社会广泛赞誉和肯定。随着社会形势的不断发展变化,小流域治理也应与时俱进,适应国家新形势新要求新任务,满足人民对优美生态环境和美好生活的新需求新期盼,增强水土保持对生态文明和美丽中国建设的支撑和贡献。

(一)生态清洁小流域发展历程

1.探索试点阶段

2003年,北京市水务局在实施小流域治理的基础上,针对水资源短缺、水生态损害、水污染问题凸显的严峻形势,立足经济社会发展需求,率先提出生态清洁小流域建设。北京市确立了以水源保护为中心,构筑"生态修复、生态治理、生态保护"三道防线,开展水土流失、水源保护、农村垃圾污水和人居环境系统治理,实施污水、垃圾、厕所、河道、环境五同步整治,科学布设21项措施,建设生态清洁小流域,实现改善人居环境、恢复城乡生态系统、促进人与自然和谐,以及经济社会高质量发展。

生态清洁小流域是小流域综合治理的深化和发展,深化了水土保持内涵,拓宽了水土保持外延,丰富了水土保持理念,代表了小流域发展的新方向。生态清洁小流域是水土保持发展的新高地,塑造了水土保持发展的新优势,提升了水土保持功能,增强了水土保持服务效能,是大势所趋,也是高质量发展的迫切要求。水利部研究总结了北京市生态清洁小流域的做法,广泛征求各方意见,推动全国试点。2005年,水利部在9省(直辖市)的10座水库(水源区),开展了以面源污染防治为重点的生态清洁型小流域建设试点;2006年,水利部印发了《关于开展生态清洁型小流域试点工程建设的通知》(水保〔2006〕613号),在30个省(自治区、直辖市)的79个县(市、区)的81个小流域开展了生态清洁小流域治理试点工程建设。2007年,水利部在北京召开首次全国水土保持生态清洁小流域建设现场会。2009 年、2011 年和 2012 年，分别在广州、浙江和江苏召开全国生态清洁小流域建设推进会，交流经验，推动建设。该阶段随着全国试点的开展，不断探索积累经验，为生态清洁小流域全面铺开和持续发展，奠定了坚实基础，创造了发展条件。

2. 示范引领阶段

2014 年，印发《水利部办公厅关于进一步做好国家水土保持生态文明工程创建工作的通知》（办水保〔2014〕143 号），把生态清洁小流域列入生态文明工程创建范畴。截至 2020 年底，全国共有 12 条生态清洁小流域荣获国家水土保持生态文明工程称号（见表 1-1-1）；2021 年，印发《水利部关于开展国家水土保持示范创建工作的通知》（水保〔2021〕11 号），把生态清洁小流域列入国家水土保持示范工程创建范围。截至 2022 年底，全国共有 54 条生态清洁小流域荣获国家水土保持示范工程称号（见表 1-1-2）。荣膺示范工程的生态清洁小流域，质量高、效果好，受到社会和公众的广泛好评和热烈欢迎。该阶段提供了生态清洁小流域示范高水平样板和模式，可借鉴、复制、推广，激发了各地建设生态清洁小流域的积极性，有序有力地推进了全国生态清洁小流域的建设和发展。

表 1-1-1 生态清洁小流域国家水土保持生态文明工程名单

省份	小流域	数量
江苏省	南京市高淳区国际慢城小流域	3
	南京市江宁区石塘小流域	
	南京市溧水区环山河小流域	
安徽省	合肥市庐阳区三十岗小流域	1
江西省	赣州市上犹县园村小流域	1
河南省	信阳市郝堂小流域	3
	驻马店市确山县老乐山小流域	
	三门峡市渑池县柳庄小流域	
四川省	绵竹市湿地沟小流域	3
	泸州市清溪河小流域	
	彭州市宝山村龙漕沟小流域	
贵州省	安顺市西秀区溪浪小流域	1
合计		12

表 1-1-2 生态清洁小流域国家水土保持示范工程名单

省(自治区、直辖市)	小流域	年份	数量
北京	北京市门头沟区南涧沟小流域	2022	1
河北	河北省赤城县东栅子小流域	2022	2
	河北省行唐县花沟小流域	2022	
山西	山西省乡宁县驮涧小流域	2022	1
上海	上海市青浦区莲湖村小流域	2021	6
	上海市金山区水库村小流域	2021	
	上海市浦东新区张家浜小流域	2022	
	上海市青浦区西虹桥小流域	2022	
	上海市松江区小昆山镇现代农业示范小流域	2022	
	上海市闵行区浦锦街道河狸社区小流域	2022	
江苏	江苏省南京市六合区河王坝小流域	2022	2
	江苏省南京市浦口区瓦殿冲小流域	2022	
浙江	浙江省淳安县下姜小流域	2021	3
	浙江省泰顺县珊溪水库(泰顺畲乡)小流域	2021	
	浙江省开化县钱江源齐溪小流域	2022	
安徽	安徽省石台县塔溪河小流域	2021	8
	安徽省泾县漕溪河小流域	2021	
	安徽省明光市百道河(柴尹段)小流域	2021	
	安徽省六安市金安区横塘岗小流域	2021	
	安徽省金寨县邢湾小流域	2022	
	安徽省巢湖市夏阁河小流域	2022	
	安徽省池州市贵池区杏花村小流域	2022	
	安徽省宁国市云山小流域	2022	
福建	福建省泰宁县上清溪小流域	2021	6
	福建省安溪县山都小流域	2021	
	福建省南平市建阳区书莒溪小流域	2021	
	福建省长汀县罗地河小流域	2022	
	福建省南靖县石桥小流域	2022	
	福建省惠安县黄塘溪小流域	2022	

续表 1-1-2

省(自治区、直辖市)	小流域	年份	数量
江西	江西省宁都县勾刀咀小流域	2021	5
	江西省武宁县长水小流域	2021	
	江西省宜黄县曹水小流域	2021	
	江西省庐山市桃花源小流域	2022	
	江西省武宁县长乐小流域	2022	
山东	山东省兰陵县压油沟小流域	2022	1
河南	河南省鲁山县画眉谷小流域	2021	6
	河南省商城县里罗城小流域	2021	
	河南省汤阴县汤河小流域	2021	
	河南省安阳市龙安区马鞍山小流域	2022	
	河南省西峡县孔沟小流域	2022	
	河南省罗山县何家冲小流域	2022	
湖北	湖北省蕲春县龙泉庵小流域	2021	2
	湖北省宜昌市夷陵区墩子河小流域	2022	
四川	四川省小金县双桥沟小流域	2021	5
	四川省德阳市旌阳区槐香谷小流域	2021	
	四川省资阳市雁江区花溪河小流域	2022	
	四川省西昌市小箐河小流域	2022	
	四川省宜宾市翠屏区涪溪河小流域	2022	
贵州	贵州省赤水市凤凰沟小流域	2022	1
云南	云南省腾冲市和顺小流域	2022	1
广西	广西壮族自治区金秀瑶族自治县古池小流域	2022	1
陕西	陕西省镇安县磨石沟小流域	2022	2
	陕西省铜川市王益区王家河小流域	2022	
甘肃	甘肃省庆阳市西峰区清水沟小流域	2022	1
合计			54

3. 规范发展阶段

2013 年,水利部发布了 SL 534—2013《生态清洁小流域建设技术导则》,明确了生态清洁小流域建设和评价标准,有效地规范了生态清洁小流域建设,有力地推动了生态清洁小流域的规范发展。各地在生态清洁小流域建设实践中,结合实际,因地制宜,开拓创新,制定出台了地方生态清洁小流域标准规范。北京市分别于2008年、2014年、2018年和2023年发布了DB11/T 548—2008《生态清洁小流域技术规范》、DB11/T 1088—2014《生态清洁小流域施工质量评定规范》、DB11/T 1595—2018《生态清洁小流域初步设计编制规范》、DB11/T 548—2023《生态清洁小流域评价与建设技术规范》。2017年,四川省发布了《四川省水土保持生态文明清洁小流域建设工程评定标准》。2020年,上海市出台了《生态清洁小流域建设指标体系》;江西省制定了DB36/T 1344.2—2020《小流域水土流失综合治理 第2部分:生态清洁小流域评级规范》。2021年,江苏省发布了DB32/T 4151—2021《生态清洁小流域建设技术规范》。2022年,河北省发布了DB13/T 5553—2022《生态清洁小流域治理技术规范》;陕西省发布了DB61/T 1544—2022《生态清洁小流域建设技术规范》。2023年,宁夏回族自治区编制完成《生态清洁小流域建设技术规范》。

各地通过生态清洁小流域建设实践,制定出台了地方生态清洁小流域建设管理办法。北京市水务局与河北省水利厅联合印发了《密云水库上游河北省承德、张家口两市五县生态清洁小流域建设管理办法(试行)》,北京市水务局制定了《北京市生态清洁小流域管护指导意见(试行)》,房山、昌平、怀柔和密云等四区印发了《生态清洁小流域管护办法》;湖南省水利厅印发了《关于大力推进我省生态清洁小流域建设的通知》(湘水保〔2014〕5号);江苏省水利厅出台了《生态清洁小流域建设管理办法》等政策制度;上海市河长制办公室印发了《关于推进生态清洁小流域建设规划工作的通知》(沪河长办〔2020〕25号),浦东新区水务局2022年制定印发了《浦东新区生态清洁小流域河道综合整治工程资金管理办法》,松江区水务局印发了《松江区生态清洁小流域河湖管理提升项目和资金管理办法(2022—2025)》;陕西省铜川市政府2018年制定印发了《铜川市生态清洁小流域建设行动方案》,铜川市水务局2022年印发了《铜川市生态清洁小流域评定办法(试行)》。该阶段通过制定标准规范,加强制度建设,为规范生态清洁小流域有序建设和健康发展,做好了顶层设计,提供了制度保障。

4. 高质量发展阶段

我国全面进入高质量发展新阶段,生态清洁小流域也步入了“从有到优”的高质量发展新时期,要同步实现量的增长和质的提升。“十四五”期间水利部要求全国建设2 000条生态清洁小流域,平均每年完成400条,实现生态清洁小流域提质增效,全面提升水土保持功能,提供更多更优水土保持生态产品。

生态清洁小流域日益受到地方政府、社会公众的肯定和欢迎,受到国家高度重视和支持。2021年9月13日,习近平总书记在陕西省米脂县高西沟村调研时指出:“小流域治理关系长远”。2011年,修订后施行的《中华人民共和国水土保持法》,对清洁小流域提出了要求。2011年以来,中央一号文件先后5次(2011年、2014年、2015年、2016年和2018年)对开展生态清洁小流域建设提出要求。2018年,中共中央、国务院印发的《乡村振兴战略规划(2018—2022年)》,明确把实施生态清洁小流域建设作为加强乡村生态保护与修复的重要内容,要求建成一批生态清洁小流域。2021年,中共中央办公厅、国务院办公厅印发的《关于推动城乡建设绿色发展的意见》,明确提出了“实施农村水系综合整治,推进生态清洁流域建设,加强水土流失综合治理,加强农村防灾减灾能力建设”;同年,国务院办公厅印发的《关于鼓励和支持社会资本参与生态保护修复的意见》,明确提出“针对城镇生态系统连通不畅、生态空间不足等问题，实施生态廊道、生态清洁小流域、生态基础设施和生态网络建设，提升城镇生态系统质量和稳定性”。2022年，中共中央办公厅、国务院办公厅印发的《关于加强新时代水土保持工作的意见》，明确要求“以山青、水净、村美、民富为目标，以水系、村庄和城镇周边为重点，大力推进生态清洁小流域建设”。2023年，《中华人民共和国黄河保护法》要求“开展生态清洁流域建设”。2023年，水利部、农业农村部、国家林业和草原局、国家乡村振兴局印发了《关于加快推进生态清洁小流域建设的指导意见》，水利部发布了修订后的SL/T 534—2023《生态清洁小流域建设技术规范》。一系列政策制度的加持，提出了新的要求，明确了新的目标，确定了新的任务，指明了新的方向，为生态清洁小流域高质量发展创造了条件、提供了支持。

(二)生态清洁小流域建设成效

随着各级政府、有关部门和广大人民群众对生态清洁小流域认识的不断增强，生态清洁小流域的社会影响力日益扩大，建设理念和技术方法进一步发展，建设模式和工作机制进一步创新，建设成效和惠民服务日益显现。

1. 美化生态环境

生态清洁小流域建设在全国各地广泛开展，保护涵养水源、复苏河湖生态环境、建设宜居宜业和美乡村。水土资源得到了有效保护，流域水系通畅洁净，人居环境显著改善，乡村特色产业得到了培育和发展，小流域内生产和生活污水达标排放，出口断面水质普遍达到地表水Ⅲ类水质标准以上，建设成效日益彰显。

(1)北京自首创生态清洁小流域以来，全市共建成500多条，约占全市小流域数量的一半。密云水库周边179条小流域已全部建成生态清洁小流域，水库水质稳定在地表水Ⅱ类标准，水生态质量持续向好，生物多样性日益丰富，生态清洁小流域功不可没。

(2)上海自2021年始，全面启动全域生态清洁小流域建设。发挥后发优势，高位起步，已建成15条，其中6条被命名为国家水土保持示范工程，助力美丽河道、美丽村庄、美丽城市、美丽生活。

(3)江苏省通过编制生态清洁小流域专项规划、出台管理办法、加强组织领导、加大资金投入、规范建设管理、健全管护机制、示范推广等“组合拳”，积极推进全省生态清洁小流域建设。截至2022年底，累计建成省级生态清洁小流域180多条，为经济社会发展和生态环境改善提供了有力支撑，走出了一条适合江苏特点的生态清洁小流域建设发展之路。

(4)湖北省充分发挥国家水土保持重点建设工程带动作用，在丹江口库区、三峡库区、大别山区和武陵山区等重点区域持续开展生态清洁小流域建设。截至2022年，共建设生态清洁小流域217条，生态清洁小流域已经成为小流域治理的主要方式，为确保“一库清水永续北送”作出了贡献。

(5)安徽省积极加快生态清洁小流域建设，2015—2022年，全省共实施生态清洁小流域107条，其中8条生态清洁小流域被评为国家水土保持示范工程。

(6)山东省近10年建成生态清洁小流域175条，助力美化环境、美丽家园、美好生活，夯实了美丽山东的水土保持底色。

(7)云南省“十三五”期间以治山养水、治河疏水、治污洁水、治水兴业、水美云岭为目标,共建设生态清洁小流域 29 条。

(8)浙江省 2020 年以来共实施生态清洁小流域 78 条,投资 6.61 亿元,治理水土流失面积 730 km^2。

北京、江苏、浙江、福建、广东等省(直辖市),把开展生态清洁小流域建设作为新农村建设的重要载体,结合农村人居环境整治、河道水系整治、乡村特色产业发展等,打造了一大批形式多样、成效显著的生态清洁小流域。生态清洁小流域在保护水土资源、改善人居环境、提升乡村品质、促进群众增收致富和推动生态文明建设等方面发挥了重要作用。江苏省镇江市坚持"统一规划、统筹实施、共建共享、各记其功"原则,围绕发展乡村旅游、改善人居环境、打造特色产业等热点重点工作,积极整合相关部门资源,引导社会资本投入,统筹水土流失治理、农村生态河道建设、农村面源污染防治、宕口生态治理及林网绿化建设等,因地制宜建设生态清洁小流域。累计建成 16 条省级生态清洁小流域,建设率位列江苏省第二位,年均新增水土流失治理面积 15 km^2,全市水土保持率达到 96.02%。2018 年,江西省武宁县长水村开始实施生态清洁小流域治理工作,共治理水土流失 10 km^2,如今长水村成为远近闻名的旅游地,每年吸引游客约 10 万人次前来采摘、游玩,走出了一条乡村振兴、巩固拓展脱贫攻坚成果的新路,探索出绿水青山转换为金山银山的新路径。

2017 年和 2018 年,云南大理市古生村连续 2 年实施了生态清洁小流域建设,贯彻落实习近平总书记"一定要把洱海保护好"的要求,以治污洁水为主线,污水、垃圾、环境三管齐下,建设"清洁水体、清洁村落、清洁道路、清洁能源、清洁教育"的"五清洁"小流域。2 年以来,铺设污水收集管网 2 960 m,埋设供水管道 1 200 m,建设滨海湿地 1.6 hm^2,配备 12 个垃圾箱,绿化河道 800 m,建设河堤道路 800 m,硬化村庄道路 1 180 m,粉刷墙体 1 750 m^2,布设淡墨画 450 m^2,安装 48 盏太阳能路灯,户户建有化粪池。通过源头、过程、终端全链条治理,实现了清水出流、清水入海、清澈洱海。同时,发展了旅游业,村民端上了"金饭碗"。2015 年,腾冲市和顺镇开始实施生态清洁小流域建设,2018 年和 2021 年两次对和顺生态清洁小流域提升完善,带动政府和企业投资 7 000 多万元,全面实施了小河治理、野鸭湖水生态修复、陷河湿地修复、湿地清淤、水上游览等项目,治理河道 8 000 多 m、湿地 9.77 hm^2,清理河道 2.6 km、淤泥 2.2 万 m^3、垃圾 150 t。河、湖、湿地水系联通了,水流畅通了,水质提升了,水体清澈见底,成为和顺 600 年古镇一抹新的风景线,成为来自全国各地游客的选择。

2. 创新理念和技术路线

各地在生态清洁小流域建设中,因地制宜、积极探索、深入实践、勇于创新、总结提升,创新发展了水土保持理念,探索形成了符合地方实际的成功技术路线,有效推动了生态清洁小流域科学建设、快速建设、高效建设、健康发展。

北京市在坚持生态保护、生态治理、生态修复"三道防线"建设经验的基础上,把生态清洁小流域的理念和做法从小流域扩展到了大流域。以大流域为骨干,以小流域为单元,构建"三通"(水系通、管网通、道路通)、做到"三无"(无污水、无垃圾、无乱堆乱弃)、达到"三六"(绿地占 60%、透水占 60%、雨水利用占 60%)、形成"三自"(自然积存、自然渗透、自然净化)、促进"三美"(自然生态美、人居环境美、社区和谐美)、建设三个体系(流域水资源保护体系、流域水资源配置体系、流域防洪减灾体系),实现"一河变三河"(生态的河、美丽的河、安全的河)目标。

浙江省总结提出“搭建一个平台、形成一项机制、治理一条流域、送出一溪清水、创建一流环境、造福一方百姓”的生态清洁小流域建设思路,把生态清洁小流域建设作为“建设生态城乡”的切入点,以水源保护、河道整治和新农村建设为核心,把小流域治理与整治村镇环境有机结合,形成了治山、治水、治污、治穷、治乱、治差等“六治”模式。

湖北、陕西、河南三省在丹江口库区及上游生态清洁小流域建设中,结合库区国家水土保持重点工程,坚持传统治理与水源保护结合,探索出了“村落面源污染控制、坡面径流控制、农田化肥农药控制、传输途中控制、沟口汇集处理”的五级防护模式,实行点(村庄)、线(沟道)、面(水土流失、面源污染)系统治理,形成了符合当地实际的水源区生态清洁小流域治理模式。

上海生态清洁小流域实施“水网、绿网、路网、管网”四网统筹,结合乡村振兴和城市更新建设,由水环境改善转变为水生态系统修复,由单条河段整治转变为集中连片治理,由以污染源治理为主转变为生态综合治理。根据全市区域主要功能定位的需求,将全市生态清洁小流域分为水源保护型、绿色发展型、都市宜居型和美丽乡村型等4类。

安徽省在小流域建设中,统筹安排,探索创新,形成了“以道路为骨干,以河流为主线,上中下游分区治理”的技术路线。构建“上游以水源涵养为主导的生态屏障建设,实施封禁治理和疏林补植;中游以水土流失综合治理为核心的生态产业建设,发展特色生态经济林园;下游以水质净化为目标的沟河湖库植物保护带和湿地建设”的总体格局,创建了水源保护型、生态农业型、宜居环境型和休闲旅游型等4种类型生态清洁小流域。

广东省在2008年提出建设安全生态小流域的工作思路,在传统小流域综合治理的基础上,把防治面源污染、山洪灾害和地质灾害纳入了治理范畴,实现“安全、生态、发展、和谐”的目标。

江苏省开拓创新、积极实践,打造了水源保护型、绿色产业型、生态休闲型、和谐宜居型、防灾减灾型等5种类型生态清洁小流域。

四川省坚持因地制宜,根据自然环境条件和水土流失特点,将全省生态清洁小流域建设分为生态保育型、生态农业型、生态经济型3种类型。

3. 建立有效工作机制

生态清洁小流域是“坚持山水林田湖草沙一体化保护和系统治理”的实践,是水土保持的创新和发展,涉及多部门多行业多领域的协调合作。各地在建设实践中,加大机制创新,建立协调机制、试点机制、激励机制和考核评估机制等,加强生态清洁小流域建设制度和保障,推动生态清洁小流域又好又快发展。

1)建立协调机制

各地积极发挥政府的统筹作用,建立部门协调机制。水利部门牵头,明确任务分工,强化政策集成,加强协同联动,形成工作合力,共建共享。上海市明确生态清洁小流域建设由市河长办统筹推进、各区级政府负责、各成员单位协作配合,结合乡村振兴、河湖长制和林长制同步实施,实行全部财政投资、全部智慧管理、全部专业管护作为支撑保障。浙江省建立了“水土保持搭台、政府主导、部门协作、公众参与、多渠道多形式投资”的工程建设机制,涌现了一批山青、水秀、景美、民富、和谐、有序的乡村振兴典型。江苏省结合水环境综合治理、造林绿化、退圩还湖、生态修复、污水集中处理等项目,整体推进生态清洁小流域建设。安徽省根据生态清洁小流域项目建设内容多、治理标准高、工程投资量大,水土保持投资不能满足项目建设的需求,按照“整合资源、打捆项目、各投其资、各记其功”的原则,由政府牵头,以水利部门为主,农业、林业、交通、生态环境、住房和城乡建设、自然资源等部门共同参与,要求各市(县)结合美好乡村、水环境优美乡村、生态休闲旅游、水源地保护等工作,协同开展生态清洁小流域建设,力求做到治理一片、成功一片、见效一片。

2)建立试点机制

浙江省水利厅印发了《开展生态清洁小流域建设试点工作指导意见》,2009 年在 7 条小流域开展试点,实现搭建一个平台、形成一项机制、治理一条流域、送出一溪清水、创建一流环境、造福一方百姓的“六个一”模式,为全省提供可借鉴的经验。2016 年江苏开展省级生态清洁小流域创建试点工作,到 2020 年底全省共建成省级生态清洁小流域 132 条;同时,江苏省水利厅、省发展改革委、省财政厅、省农业农村厅、省自然资源厅、省生态环境厅、省住建厅 7 部门联合印发《关于切实加强全省农村水利建设与管护工作的意见》,要求“十四五”期间新建成省级生态清洁小流域 80 条。广东省开展省级生态清洁小流域试点,探索“安全、生态、发展、和谐”小流域,为全省各地提供示范。

3)建立激励机制

为推动生态清洁小流域建设,各省水利厅普遍制定了奖励政策,对创建“国家水土保持示范工程(生态清洁小流域)”成功的市在考核中给予加分,对县不仅给予项目奖励,还给予一定创建奖励资金,充分调动了各地建设生态清洁小流域的积极性。根据《江苏省生态清洁小流域建设管理办法》,通过第三方中介机构现场评估并经省级审核,江苏省水利厅、财政厅共同发文公布生态清洁小流域项目绩效评估结果,省财政对合格项目进行奖补,用于项目水土保持设施完善及管护。山东省自 2022 年起开展省级水土保持生态清洁小流域示范工程创建工作,淄博市沂源县鲁山小流域等 6 条生态清洁小流域被命名为省水土保持示范工程。

4)建立考核评估机制

《水利部 发展改革委 财政部 自然资源部 生态环境部 农业农村部 林草局关于开展全国水土保持规划实施情况考核评估工作的通知》(水保〔2018〕192 号),明确对全国水土保持规划实施情况联合开展考核评估工作,生态清洁小流域作为考核评估指标,在一类省份占 5 分,在二类省份占 15 分。生态清洁小流域列入全国水土保持规划实施情况考核评估内容,提升了地方认识,增强了地方责任感,提高了积极性,加强了建设任务落地,加大了生态清洁小流域建设力度。

4. 构建有力工作格局

国家高度重视生态清洁小流域工作,从法律、政策、标准等方面,加强顶层设计,加大支持力度。各地积极落实中央要求,加强政策落地,加大生态清洁小流域推动力度。《中华人民共和国水土保持法》(2011 年)和《中华人民共和国黄河保护法》,都提出了关于生态清洁小流域的条款;2011 年以来,中央一号文件先后 5 次提出加强生态清洁小流域建设;中共中央、国务院印发的《乡村振兴战略规划(2018—2022 年)》和《长江三角洲区域一体化发展规划纲要》,中共中央办公厅、国务院办公厅印发的《关于推动城乡建设绿色发展的意见》和《关于加强新时代水土保持工作的意见》,国务院办公厅印发的《关于鼓励和支持社会资本参与生态保护修复的意见》,都要求加强生态清洁小流域建设。水利部、农业农村部、国家林业和草原局、国家乡村振兴局印发了《关于加快推进生态清洁小流域建设的指导意见》。水利部先后4次召开生态清洁小流域建设推进会,发布了SL 534—2013《生态清洁小流域建设技术导则》和修订后的SL/T 534—2023《生态清洁小流域建设技术规范》。水利部太湖流域管理局印发了《加快太湖流域片生态清洁小流域建设的指导意见》,召开太湖流域生态清洁小流域建设座谈会,研讨加快推进生态清洁小流域建设思路举措,推动新时代东部发达地区水土流失治理向更高、更深层次发展。

2020年5月,上海市河长办印发了《上海市生态清洁小流域建设总体方案》,明确提出,要推进生态清洁小流域工程建设,要求到2025年,建成50条生态清洁小流域,覆盖约3 200 km^2,约占全市总面积的51%;到2035年,全部建成覆盖全市的151条生态清洁小流域。自2022年始,每年发布加快生态清洁小流域建设年度工作的通知。湖北省委办公厅、省政府办公厅印发的《关于加强新时代湖北水土保持工作的实施意见》强调,要共同打造一批具有湖北地方特色的生态清洁小流域,提出到2025年建设生态清洁小流域120条,到2035年建设生态清洁小流域520条的目标任务。山东省委办公厅、省政府办公厅印发的《关于加强新时代水土保持工作的实施意见》提出,用5年时间打造“整沟、整村、整乡、整县一体化”生态清洁小流域100条。广东省人民政府办公厅印发的《关于改善农村人居环境的意见》要求大力开展生态清洁小流域建设。吉林省政府办公厅印发的《吉林省改善农村人居环境四年行动计划(2017—2020年)》要求,大力推进生态清洁小流域建设。浙江省水利厅印发了《开展生态清洁小流域建设试点工作指导意见》。湖南省水利厅印发了《关于大力推进我省生态清洁小流域建设的通知》。

各地发挥主动性和能动性,加大生态清洁小流域建设财政安排力度,拓展资金筹措方案,调动社会资本参与积极性,形成了以政府为主或“政府+企业”“企业+社会”等多种投融资模式,保障生态清洁小流域建设经费。北京市财政每年从基本建设资金、水资源费和土地出让金中安排一定比例资金,用于生态清洁小流域建设。上海市生态清洁小流域建设经费和运行维护经费,全部由各级财政承担,保障了生态清洁小流域建设进度和品质,保障了生态清洁小流域运行有效、持续发挥效益。江苏省实行财政奖补政策,利用省级水土保持补偿费,对上一年度新建生态清洁小流域进行奖补;“十三五”以来,省级共下达奖补资金9 286万元,专项用于开展小流域综合提升和长效管护工作。浙江省强化资金保障,全面落实中央项目配套资金,把生态清洁小流域建设纳入《浙江水利建设与发展专项资金管理办法》,省级资金按50万元/km^2的基数结合市县财力因素进行补助。山西省乡宁县驮涧生态清洁小流域,引进昱德新农业发展有限公司投资1.1亿元,打造成集绿色产业和生态旅游于一体的生态清洁小流域。陕西省镇安县磨石沟生态清洁小流域,县政府与镇安县国有资本投资有限公司、陕西至诚文旅公司共同筹措项目资金2.7亿元,开展童话磨石沟建设,打造乡村旅游。

5. 夯实基础工作

20年来,生态清洁小流域的基础工作不断得到加强和完善,夯实了可持续发展的基础和条件。北京、河北、江苏、陕西等8个省(直辖市),出台了生态清洁小流域地方技术规范,因地制宜建立了地方技术标准;北京、辽宁、江苏、河南、湖北、重庆、宁夏等18个省(自治区、直辖市),完成了小流域复核划分。11个省份实现了小流域上图入库;北京、河北、山西、天津、江苏、上海、安徽、江西、山东、湖北、重庆、陕西等12个省(直辖市),编制完成了省级生态清洁小流域建设规划,浙江永康市等地还编制了地方生态清洁小流域建设规划;浙江省以购买服务等方式,委托第三方技术服务单位对各地省级及以上生态清洁小流域建设项目开展全覆盖指导,及时研究解决项目制约因素、化解技术难题;各地加强与高等院校、科研单位的合作,积极申请课题,就生态清洁小流域建设、技术、模式、类型、评价、管理等方面,开展专题研究,推动科技创新。

(三)生态清洁小流域属性分析

小流域自20世纪80年代诞生以来,历经40余年,不断发展、不断创新。生态清洁小流域是以治理水土流失为基础,系统考虑水质保护、水系整治、面源污染防控、生活污水和垃圾处理、环境美化、产业培育等建设内容,提升水土保持功能,为社会提供优质水土保持生态产品的小流域新形式。生态清洁小流域是小流域综合治理的拓展和提升,是水土保持的创新和发展,是满足人民群众美好生活和优美生态环境需要的水土保持新模式,是促进生态文明和美丽中国建设的水土保持新奉献。

1.内涵特征

1)发展小流域建设理念

生态清洁小流域,是小流域创新发展的典型代表,开创了小流域新格局,是"跳出水保看水保、跳出水保干水保"的实践成果,发展了小流域建设理念,拓展了小流域概念,强化了水土保持功能,坚持人民至上,小流域提质增效,为社会提供更多优质水土保持生态产品,满足人民群众日益增长的美好生活和优美生态环境需要,践行"发展为了人民、发展依靠人民、发展成果由人民共享"的理念。

2)丰富小流域建设内容

根据人民群众需求和经济社会发展要求,生态清洁小流域在传统小流域基础上,新增了"清洁"和"美丽"要素及相应建设任务。在生态清洁小流域建设中,主要增加了水质保护、水系整治、面源污染防控、生活垃圾污水处理、清洁卫生、美化环境、水质监测等建设内容,拓展了小流域的建设任务,增强了小流域的综合功能。

3)提升小流域建设品质

生态清洁小流域是小流域的深化和发展,是小流域的升级版和高质量发展的典范。工程建设高起点、高标准、高质量、高品质,实现了"由荒到绿"到"由绿到美(富)"的转变,为社会提供了优质水土保持产品,以高品质生态环境支撑高质量发展,提升了生态清洁小流域的内在品质和外在气质。工程竣工验收后,按SL/T 534—2023《生态清洁小流域建设技术规范》确定的16项评价指标开展评价,提升了生态清洁小流域建设质量,促进了生态清洁小流域高品质发展。

2.外延拓展

1)空间拓展

国务院办公厅《关于鼓励和支持社会资本参与生态保护修复的意见》,要求"针对城镇生态系统连通不畅、生态空间不足等问题，实施生态廊道、生态清洁小流域、生态基础设施和生态网络建设，提升城镇生态系统质量和稳定性"，明确要求生态清洁小流域服务城镇生态系统建设；中共中央办公厅、国务院办公厅《关于加强新时代水土保持工作的意见》，要求"以水系、村庄和城镇周边为重点，大力推进生态清洁小流域建设"，明确了村庄和城镇周边是生态清洁小流域实施的重点区域。生态清洁小流域拓展了建设空间，从上山下沟到入村进城，扩大了小流域的建设地点和覆盖范围，山水林田路村（城镇）系统治理，畅通了水土保持走进乡村和城镇的平台，扩展了水土保持工作范围，提升了水土保持综合效益。

2）目标任务拓展

中共中央办公厅、国务院办公厅《关于加强新时代水土保持工作的意见》，要求"以山青、水净、村美、民富为目标，以水系、村庄和城镇周边为重点，大力推进生态清洁小流域建设"。根据经济社会发展和人民群众美好生活及优美生态环境要求，目标导向与需求导向结合，生态清洁小流域从促进人与自然和谐出发，拓展了建设目标，除原有的水土流失综合治理综合开发等目标外，增加水净、清洁、美化、水系整治和水土保持功能等目标。目标决定任务，在原有建设措施基础上，增加了治河疏水、治污洁水、环境美化、休闲观光和水土保持功能提升等任务，在监测方面增加了水质监测任务；在管护上相应增加了湿地、环境绿化美化、监测设施等任务；在建设程序上增加了评价工作任务。

3）服务拓展

建设内容和质量是提供服务的基础。生态清洁小流域扩展了传统小流域综合治理的建设内容，提高了建设品质，提升了水土保持功能，全面增强了服务自然和社会的功能。建成后的生态清洁小流域，天蓝、地绿、水清、土洁，环境优美，拓展了服务范围，更好地为生态环境、水利、农业农村、林草、自然资源、住房和城乡建设等行业贡献力量。良好的条件和基础，为社会提供了更多更优的水土保持生态产品，为群众打造了宜居舒适的生活环境，创造了发展绿色生态产业的条件，丰富了休闲观光、生态旅游、科普教育等功能，拓展了水土保持服务社会公众的能力和范围。

3. 功能分析

1）定位分析

生态清洁小流域是小流域综合治理的深化和发展，是水土保持的创新和拓展，是践行习近平生态文明思想的成功典范。生态清洁小流域，深化了水土保持内涵，拓宽了水土保持外延，丰富了水土保持理念，代表了小流域发展的新方向，塑造了水土保持发展的新优势，提升了水土保持功能，增强了水土保持服务。推进生态清洁小流域建设，是人与自然和谐共生的中国式现代化的必然要求，是坚持人民至上提高群众幸福指数的现实需求，是乡村振兴、环境保护和国家水安全的重要举措，是水土保持高质量发展的内在要求。

2）主要功能

生态清洁小流域类型多样，功能丰富，主要包括基本功能和特色功能两大类。小流域具备的水土保持、生态改善、经济发展、社会进步等功能，是生态清洁小流域具有的基本功能，是生态清洁小流域的基础和根基所在。在传统小流域基础上，生态清洁小流域与时俱进，增加、强化了新的功能，增加了水资源保护、面源污染防控、清洁卫生、美化环境、水系整治、水质监测等功能，是生态清洁小流域的特色功能和创新所在。

3）目的作用

生态清洁小流域建设，根本目的在于服务自然和社会，促进人与自然和谐共生。通过山水林田湖草沙一体化保护和系统治理，提升水土保持功能，提高生态环境品质，促进生态系统质量和稳定性；通过人居环境改善、环境清洁美化，提供优质水土保持产品，提高群众幸福指数，满足人民群众美好生活和优美生态环境需要；通过创新理念、创新技术、创新模式、创新类型、创新管理，提高生态清洁小流域建设水平、提升建设效益，促进小流域提质增效，促进水土保持高质量发展。

4）发展目标

（1）总目标。

生态清洁小流域建设的总目标，就是实现山青、水净、村美、民富。

（2）阶段目标。

5 年目标：全国形成推进生态清洁小流域建设的工作格局。其中，东部地区以村庄或城镇周边水系和水源地为重点，整体推进生态清洁小流域建设；中西部地区以自然资源禀赋条件较好和经济社会发展水平较高的区域为重点，建成一批示范作用明显的生态清洁小流域。水利部《水土保持“十四五”实施方案》提出，“十四五”期间，全国拟建设生态清洁小流域 2 000 条。

10~15 年目标：全国适宜区域建成生态清洁小流域。治理后的小流域内水土资源得到有效保护，流域水系通畅洁净，人居环境显著改善，水土资源利用与区域经济社会发展更相适配，乡村特色产业得到培育和发展，群众生态保护意识普遍增强，山青、水净、村美、民富的目标基本实现。

（3）分类目标。

生态清洁小流域建设应根据分类，科学确定不同类型建设目标，体现不同类型的个性化，实现因地制宜、需求导向。水源保护型：应强化生活污水处理率、规模化畜禽养殖废水处理率、生态岸线比例、水质优良等方面目标。生态旅游型：应强化环境优美，水系安全畅通、水体洁净、岸绿景美，旅游景观、旅游设施和游客数量等方面目标。和谐宜居型：应强化村庄（社区）环境整洁，生活污水、垃圾等有效处理、生态宜居，乡风文明，村庄绿化美化等方面目标。绿色产业型：应强化绿色产业发展、居民收入增加、促进区域经济发展等方面目标。休闲康养型：应强化休闲环境、康养设施、游客数量等方面目标。

4. 特性分析

生态清洁小流域增加了“生态”和“清洁”两个要素，主要有美丽性、清洁性、亲和性、高质性等特点。

1）美丽性

习近平总书记在 2023 年全国生态环境保护大会上强调：今后 5 年是美丽中国建设的重要时期。水土保持是生态文明建设的必然要求，是美丽中国建设的考核指标和重要内容。美丽是生态清洁小流域的本质特征。生态清洁小流域增加了“生态”要素，该要素主要是指生态美，美丽自然、美丽人居、美丽家园、美好生活，创造“高品质的生态环境”。在由荒到绿的基础上，生态清洁小流域提升到由绿到美，实现小流域生态优美，满足人民日益增长的优美生态环境和美好生活需求,促进美丽中国建设。

2)清洁性

生态清洁小流域增加了“清洁”要素。环境整洁、水体干净、土壤洁净,是“蓝天、碧水、净土”保卫战的基本要求,是高品质的生态环境的必然要求,是群众对优美生态环境和美好生活的基本诉求。通过污水防治、垃圾处理、面源污染治理、环境整治和人居环境改善等工作,实现小流域环境清洁。

3)亲和性

生态清洁小流域主要建设地点为水系、村庄和城镇周边,实现了入村、进城,走到公众身边,走进群众生活,实现了美丽生态、美丽村庄、美丽社区、美丽城市、美好生活。生态清洁小流域以群众需求为导向,搭建了水土保持与公众的桥梁,建设了景观、步道、休憩桌椅、亲水平台等亲民、便民、惠民设施,增强了水土保持与广大公众的亲密接触,让水土保持走近公众,让公众走进水土保持,让小流域美丽可亲,提升了生态清洁小流域的公众亲和力和个性魅力。

4)高质性

我国经济社会进入高质量发展新阶段,生态清洁小流域是水土保持高质量发展的典范,是水土保持发展的新高地,高品质是生态清洁小流域的必然要求和发展本色。生态清洁小流域是小流域的升级版,不仅是内涵外延的拓展,更是质量效益的提升,要求提高建设标准和质量,提供更多更优的水土保持生态产品,为社会提供优质水土保持服务,实现小流域综合治理提质增效。生态清洁小流域评价指标 16 项,较其他工程要求更高,充分体现和保障了生态清洁小流域的高标准、高品质。

(四)三条小流域比较

小流域、生态清洁小流域、国家水土保持示范工程生态清洁小流域,三条小流域是当前水土保持工作的重点,三者各有异同。三者都是以小流域为基本单元,生态清洁小流域源自小流域,国家水土保持示范工程生态清洁小流域源自生态清洁小流域。

三条小流域存在不少不同之处。

(1)性质不同。小流域和生态清洁小流域工程都属于基本建设项目,需要按程序立项建设、按程序验收;国家水土保持示范工程生态清洁小流域不是基建项目,属于国家示范创建,是在生态清洁小流域工程验收之后,按程序开展国家水土保持示范工程申报评定。

(2)程序不同。小流域工程不需要开展评定;生态清洁小流域需要按 SL/T 534—2023《生态清洁小流域建设技术规范》开展评价,达标后认定;国家水土保持示范工程生态清洁小流域需要按《国家水土保持示范创建管理办法》开展评定,达标后命名。

(3)建设目标不同。小流域以水土流失综合治理为主要目标;生态清洁小流域目标不以水土流失治理为主,转为以水土保持功能提升为主,要求“山青、水净、村美、民富”,为社会提供更多优质的水土保持生态产品,提升水土保持服务功能,实现小流域提质增效;国家水土保持示范工程生态清洁小流域的目标是典型示范。

(4)建设内容不同。生态清洁小流域比小流域建设内容增加了水质保护、水系修复、面源污染治理、生活污水和垃圾整治、人居环境改善和环境美化等内容;国家水土保持示范工程生态清洁小流域较生态清洁小流域增加了政府重视和科普教育等内容。

(5)建设地点不同。小流域建设范围以山丘区为主;生态清洁小流域以水系、村庄和城镇周边为主,可以进村入城,实现了山区、村庄和城镇的全覆盖。

(6)建设单元不同。小流域建设以小流域为单元;生态清洁小流域除以小流域为单元外,平原地区可以按自然河流或人工河渠为依托的行政村为单元。

(7)管理不同。与小流域和国家水土保持示范工程生态清洁小流域相比,生态清洁小流域被列入全国水土保持规划实施考核评估(分别占5分和15分);与小流域和生态清洁小流域相比,国家水土保持示范工程生态清洁小流域要求实行动态管理,开展年度督查,发现不达标或发生严重问题,要撤销示范称号;对国家水土保持示范工程生态清洁小流域所在县,省级在安排水土保持资金时要重点倾斜支持;对国家水土保持示范工程生态清洁小流域成绩显著的省,国家在水土保持考核评估时予以加分。

二、原标准实施情况

2013年,水利部发布了SL 534—2013《生态清洁小流域建设技术导则》,全国生态清洁小流域建设具有了第一个也是唯一一个国家水利行业标准,为规范开展生态清洁小流域建设和评价提供了建设标准和技术依据。10年来,在《技术导则》的规范和推动下,生态清洁小流域建设有序发展,不断提升。

(一)原标准执行情况

1. 推进全国生态清洁小流域建设

各地积极落实生态清洁小流域建设标准,大力推进生态清洁小流域建设,全国生态清洁小流域建设力度不断加大,速度不断加快,效益不断提升。截至2022年底,全国共建设生态清洁小流域约4 000条,其中66条被命名为国家水土保持示范(生态文明)工程。10年来,在实践中完善了生态清洁小流域理念、丰富了内涵、拓展了外延、增强了功能、强化了特色,提升了生态清洁小流域建设水平和服务能力,提高了综合效益;10年来,各地在生态清洁小流域实践中,积极探索,勇于创新,形成了生态保护、生态治理和生态修复“三道”防线等技术路线,水土保持、水质保护、水系整治、面源污染、垃圾污水、人居环境、绿色产业系统治理理念,创造了水源保护型、生态旅游型、和谐宜居型、休闲康养型、绿色产业型等建设模式,为社会提供了丰富多彩、类型多样、风光秀美的生态产品,为生态文明和美丽中国建设作出了积极贡献。

2. 推进地方标准建设

各地在贯彻落实SL 534—2013《生态清洁小流域建设技术导则》中,因地制宜,开拓创新,制定出台了生态清洁小流域相关地方标准,推动了地方标准建设,健全了全国生态清洁小流域标准体系。北京市分别于2014年和2018年发布了DB11/T 1088—2014《生态清洁小流域施工质量评定规范》、DB11/T 1595—2018《生态清洁小流域初步设计编制规范》;四川省于2017年发布了《四川省水土保持生态文明清洁小流域建设工程评定标准》;2020年,上海市出台了《生态清洁小流域建设指标体系》,江西省制定了DB36/T 1344.2—2020《小流域水土流失综合治理 第2部分:生态清洁小流域评级规范》;江苏省2021年发布了DB32/T 4151—2021《生态清洁小流域建设技术规范》;2022年,河北省发布了 DB13/T 5553—2022《生态清洁小流域治理技术规范》，陕西省发布了 DB61/T 1544—2022《生态清洁小流域建设技术规范》。截至 2022 年底，全国有近 10 个省（直辖市），制定发布了生态清洁小流域建设技术地方标准。

3. 推进生态清洁小流域基础工作

10 年来，北京、河北、江苏、上海、浙江和湖南等省（直辖市），出台了生态清洁小流域政策文件，推进生态清洁小流域建设；一些省份推动建立了生态清洁小流域建设的协调机制、试点机制和激励机制，强化了制度推进和保障；北京、辽宁、江苏、河南、湖北、重庆、宁夏等约 20 个省（自治区、直辖市），完成了小流域复核划分，11 个省完成上图入库，为摸清生态清洁小流域建设底数创造了条件；编制完成省级生态清洁小流域建设规划，为有序开展生态清洁小流域建设提供了规划引领；有的省份开展了生态清洁小流域关键技术等研究，加强科技创新和科技支撑。

（二）存在的主要问题

10 年来，随着社会发展和时代进步，原标准在发挥作用的同时，面临与新时代新要求不相适应的问题，不能很好地指导和规范生态清洁小流域建设。

（1）理念发生重大变化。历经 10 年建设实践和创新发展，生态清洁小流域的理念、内涵、外延、特性、功能等都有了新发展，发生了新变化，需要补充和完善规范内容。

（2）建设发生重大变化。各地因地制宜，开拓创新，生态清洁小流域的建设布局、技术路线、建设内容、建设类型和模式等都有了发展和创新，需要对规范进行补充完善。

（3）评价发生重大变化。随着生态清洁小流域的深入发展和创新提升，其评价指标发生了较大变化，评价内容和指标值不能适应新发展的要求，亟须对规范进行补充修改。

（4）要求发生重大变化。中共中央办公厅、国务院办公厅《关于加强新时代水土保持工作的意见》和水利部、农业农村部、国家林业和草原局、国家乡村振兴局联合印发的《关于加快推进生态清洁小流域建设的指导意见》，都对生态清洁小流域提出了更新更高要求，亟须技术标准与之配套衔接。

三、标准修订的必要性

修订 SL 534—2013《生态清洁小流域建设技术导则》，是新形势新要求新任务的基本要求，是标准发展完善的必然要求，是生态清洁小流域发展成熟的本质要求，是推动生态清洁小流域新发展的内在要求。

（一）贯彻习近平生态文明思想要求

党的十八大以来，党中央把生态文明纳入中国特色社会主义事业“五位一体”总体布局，以习近平生态文明思想为指引，全面深入推进生态文明建设。“十四五”时期，我国生态文明建设进入了实现生态环境质量改善由量变到质变的关键时期。进入新时代新阶段，我国把生态文明建设作为关系中华民族永续发展的根本大计，人与自然和谐共生成为中国式现代化的重要特征。水土保持是生态文明建设的必然要求，生态清洁小流域是水土保持高质量发展的典型代表。推动落地习近平生态文明思想，要求生态清洁小流域高标准建设、高品质呈现、高效益发挥，为社会提供优质水土保持产品，满足经济社会发展和人民群众美好生活向往需求。生态清洁小流域要承载好习近平生态文明思想、落实好生态文明要求，必须要加强标准建设，增强标准的先导性、时代性、适用性和高质性。

（二）建设美丽中国要求

习近平总书记在2023年全国生态环境保护大会上强调：今后5年是美丽中国建设的重要时期。要把建设美丽中国摆在强国建设、民族复兴的突出位置，推动城乡人居环境明显改善、美丽中国建设取得显著成效。2020年，国家发展改革委印发《美丽中国建设评估指标体系及实施方案》，评价指标22项，其中包括水土保持指标。生态清洁小流域的重要特征就是清洁美丽，重要任务就是美颜大地、美化环境、美丽家园。生态环境优美、人居环境和美，是生态清洁小流域的重要目标和使命。贯彻落实美丽中国建设要求，提升生态清洁小流域美丽指数，需要从标准入手，强化美丽指标，做好顶层设计，发挥标准引领。

（三）落实乡村振兴和新型城镇化战略要求

自2011年起，中央一号文件先后5次（2011年、2014年、2015年、2016年和2018年）提出要大力加强生态清洁小流域建设。党的十九大作出实施乡村振兴战略的重大决策部署，中共中央、国务院在《乡村振兴战略规划（2018—2022年）》中明确把实施生态清洁小流域建设作为加强乡村生态保护与修复的重要内容，要求建成一批生态清洁小流域。中共中央办公厅、国务院办公厅2021年印发的《关于推动城乡建设绿色发展的意见》，明确提出了“实施农村水系综合整治，推进生态清洁流域建设，加强水土流失综合治理，加强农村防灾减灾能力建设”。国务院办公厅2021年印发的《关于鼓励和支持社会资本参与生态保护修复的意见》，明确提出“针对城镇生态系统连通不畅、生态空间不足等问题，实施生态廊道、生态清洁小流域、生态基础设施和生态网络建设，提升城镇生态系统质量和稳定性”。乡村振兴和新型城镇化战略，都对生态清洁小流域提出了明确要求，任务艰巨。生态清洁小流域建设要根据乡村振兴和新型城镇化战略的新要求，完善技术标准，规范内容指标，提供标准要求和技术依据。

（四）践行人民至上要求

坚持人民至上，是习近平新时代中国特色社会主义思想的世界观和方法论的重要内容，是水土保持工作的出发点和落脚点。人民群众日益增长的美好生活和优美生态环境要求，是水土保持的目标导向和价值取向。生态清洁小流域作为水土保持的典型代表，坚持以人民为中心，不断提升建设水平和建设效益，不断丰富水土保持生态产品，不断增强水土保持服务能力，不断满足人民群众对美好生活和优美生态环境的需求，为人民群众创造山清水秀、观光休闲、宜居宜业、安全卫生、绿色发展的生产生活环境，切实提高人民群众的获得感、幸福感、安全感，共享生态清洁小流域建设成果。生态清洁小流域要做到人民至上，需要心里有大局、手里有布局，从标准这个根本切入，修改完善，制定适应人民发展和需求的标准规范。

（五）推动水土保持高质量发展要求

我国经济社会发展已进入加快绿色化、低碳化的高质量发展阶段。习近平总书记在2023年全国生态环境保护大会上强调：以高品质生态环境支撑高质量发展。水土保持高质量发展面临新的形势和新的要求。中共中央、国务院印发的《长江三角洲区域一体化发展规划纲要》要求推动流域生态系统治理，实施重要水源地保护工程、水土保持生态清洁型小流域治理工程。中共中央办公厅、国务院办公厅2022年印发的《关于加强新时代水土保持工作的意见》,要求"以山青、水净、村美、民富为目标,以水系、村庄和城镇周边为重点,大力推进生态清洁小流域建设";2023 年施行《中华人民共和国黄河保护法》要求"开展生态清洁流域建设";水利部、农业农村部、国家林业和草原局、国家乡村振兴局等四部门 2023 年联合印发的《关于加快推进生态清洁小流域建设的指导意见》,明确了生态清洁小流域建设的目标和任务。《水利部关于开展国家水土保持示范创建工作的通知》(水保〔2021〕11 号),明确提出开展生态清洁小流域国家水土保持示范工程创建,发挥示范引领和辐射带动作用;水利部《水土保持"十四五"实施方案》提出:"十四五"期间,全国拟建设生态清洁小流域 2 000 条。生态清洁小流域创新水土保持理念,强化水土保持功能提升,提供更多更优水土保持生态产品,厚植高质量发展水土保持底色,为经济社会高质量发展提供有力支撑。加强水土保持高质量发展,对生态清洁小流域提出了新的更高要求,需要生态清洁小流域继续发挥创新引领作用。适应新要求新目标新任务,生态清洁小流域要强化制度推动和保障,加强标准建设,建立符合发展要求的技术标准。

四、标准修订过程

根据水利技术标准修订计划安排,按照 SL 1—2014《水利技术标准编写规定》有关规定,对 SL/T 534—2013《生态清洁小流域建设技术导则》进行修订。主编单位制定了修订工作方案,确定了标准定位和修订原则,明确了修订方法,按程序开展了工作大纲、征求意见、送审稿、报批稿等工作,并开展了专题调研和试评价等工作,有序完成了标准修订工作。

(一)标准定位

1. 标准分类

SL 534—2013《生态清洁小流域建设技术导则》修订后,标准名称改为 SL/T 534—2023《生态清洁小流域建设技术规范》,为推荐性水利行业标准。

2. 适用范围

《规范》适用空间范围为全国,工作范围为全国各地生态清洁小流域的建设与评价。

3. 适用对象

《规范》适用于全国所有生态清洁小流域建设主体。

4. 生态清洁小流域制度体系的组成

《规范》是目前水利部发布的生态清洁小流域方面唯一的行业技术标准,是生态清洁小流域制度体系的重要组成部分,不可或缺。

(二)修订原则

1. 问题导向

坚持发现问题,全面梳理 SL 534—2013《生态清洁小流域建设技术导则》存在的问题,科学归纳,深入分析,做到问题全覆盖;坚持解决问题,以问题为导向开展修订工作,对症下药,逐一解决,切实解决或消除标准存在的问题和不足。

2. 目标导向

坚持目标引领,围绕修订重点,突出评价指标,科学修订完善,保障实现目标。贯彻落实习近平生态文明思想,推进美丽中国建设,对生态清洁小流域建设提出了目标要求。中共中央办公厅、国务院办公厅《关于加强新时代水土保持工作的意见》，提出了“山青、水净、村美、民富”的生态清洁小流域建设目标；水利部、农业农村部、国家林业和草原局、国家乡村振兴局等四部门《关于加快推进生态清洁小流域建设的指导意见》，确定了两个时段生态清洁小流域建设目标，这些目标和要求，明确了标准修订方向，为修订工作提供了引领。

3. 差异导向

坚持差异性，统筹考虑不同差异，统筹兼顾不同情形，保障标准的全面性、科学性、合理性、公正性。

（1）坚持区域差异，统筹考虑山丘区和平原地区不同建设单元，合理设定东西南北不同地区评价指标。

（2）坚持类型差异，科学考虑水源保护型、生态旅游型、和谐宜居型、休闲康养型、绿色产业型等5种生态清洁小流域建设类型，确定不同建设和评价重点。

4. 共建共享

坚持标准互通、合力共建、成果共享，增强标准的科学性和适用性，加强互联互通。落实水利部、农业农村部、国家林业和草原局、国家乡村振兴局等四部门《关于加快推进生态清洁小流域建设的指导意见》要求，突出部门协同，科学配置水利、农业农村、林草、乡村振兴和生态环境等相关行业措施，引用相关国家和行业标准，实现不同标准互通共用。

（三）修订方法

1. 调研

问题导向与目标导向相结合，制定调研方案，明确调研重点。广泛开展调研，全面了解情况，夯实修订基础。在基本了解情况的基础上，主编单位组织编写组先后到上海、辽宁、山东、云南、宁夏等地开展生态清洁小流域实地调研。调研地点涵盖了全国东西南北不同区域，建设区域覆盖了水源区、乡村和城镇，建设主体涵盖了行业部门和社会资本，调研内容覆盖了主要的建设类型和模式。调研成果实时应用于标准修订，提高了修订时效和质量。

2. 征求意见

广泛征求意见，集思广益。《规范》（征求意见稿）征求了农业农村部、国家林业和草原局、国家乡村振兴局等相关部门，以及水利部有关司局、各流域管理机构、各省级水利（务）厅（局）、有关科研单位等共68家单位的意见，共收到434条反馈意见。意见主要集中在术语、基本规定、调查、建设布局、防治措施、评价指标等方面。编写组对照征求意见逐条进行了分析和修改。

3. 专家咨询

在《规范》修订过程中，通过会议、函询、电话咨询等多种方式，充分征求不同行业、不同单位、不同专业的专家的意见，总共咨询近百人次，有效推动了修订工作。

4. 试评价

实践是检验标准的公正裁判。“评价指标”是《规范》的核心，抓住要害，对“评价指标”开展了应用试评价，增强了《规范》的精准性和适用性。编写组选择2022年已创建国家水土保持示范工程的18条生态清洁小流域，和北京、江西、浙江三省（直辖市）6条生态清洁小流域进行了试评价工作。24条生态清洁小流域试评价结果表明,《规范》确定的评价指标合适,评价方法可行。同时,试评价也为进一步优化完善修订工作提出了建议、提供了案例。

(四)修订过程

2022年,开展SL 534—2013《生态清洁小流域建设技术导则》的修订准备工作,梳理存在问题,研究修订重点,制定工作方案。

2023年2月,成立《规范》修订工作组。编制完成《生态清洁小流域建设技术规范》工作大纲。2023年2—4月,前往云南、上海、宁夏、辽宁、青岛等地开展《技术导则》修订专题调研。修改完善《规范》大纲。2023年3月中旬,确定技术负责人。通过水利部水土保持司主持的《规范》大纲审查。2023年3月下旬,修订完成《规范》(征求意见稿)。面向社会公开广泛征求意见。2023年4月中旬,收到反馈意见52份,共434条意见。2023年4月下旬,对照征求意见,逐条研究,修改完善,形成《规范》(送审稿)。选择24条生态清洁小流域开展试评价。

2023年4月底,水利部水土保持司召开《生态清洁小流域建设技术规范》(送审稿)审查会。2023年5月上旬,主编单位对送审稿意见进行逐条处理,并根据体例格式审查意见进行了修改完善,编制完成《规范》(送审稿)复审会相关材料。

2023年5月下旬,水利部国际合作与科技司召开《生态清洁小流域建设技术规范》(送审稿)复审会。2023年5月底,对复审会意见逐条研究、修改、完善,编制完成《规范》(报批稿)相关材料。

2023年6月上旬,水利部国际合作与科技司召开《生态清洁小流域建设技术规范》(报批稿)审查会。2023年6月中旬,按照《规范》(报批稿)审查会意见修改完善。

2023年7月上旬,水利部副部长朱程清召开《生态清洁小流域建设技术规范》修订主题办公会。

2023年7月中旬,水利部以2023年第13号公告,批准发布SL/T 534—2023《生态清洁小流域建设技术规范》。

第二章　标准结构和特点

一、标准总体结构

SL/T 534—2023《生态清洁小流域建设技术规范》有8章和3个附录,共164条。

(一)总则

主要包括目的、适用范围、共性要求和引用标准等,共5条。引用标准由8项增加到23项。

(二)术语

规定了生态清洁小流域、预防保护区、综合治理区、生态修复区等相关术语,共4条。

(三)基本规定

规定了建设生态清洁小流域通用的基本规定、建设单元、建设区域、建设条件、建设类型、建设原则和要求等，共7条。

（四）调查

包括基本调查和专项调查。规定了自然、经济、水土保持、污染源、产业等所有类型小流域均需开展的基本调查内容和方法，以及小流域根据其功能、定位和建设类型，对涉及的专项内容有侧重地开展的重点调查内容和方法，共22条。

（五）建设布局

规定了生态清洁小流域建设分区布局及不同类型生态清洁小流域措施体系，共11条。

（六）防治措施

规定了生态清洁小流域防治措施的一般规定，以及封育、低效林改造、退化林修复、水土保持林、经济林、种草、梯田、坡面水系工程、沟头防护工程、淤地坝、拦沙坝、谷坊、护坡、生产道路建设、土地整治、保土耕作、面源污染防治、植物过滤带、人工湿地、村庄（社区）绿化美化、生活垃圾处置、农村厕所建设、污水处理、沟（河）道清理、护岸工程、滨岸带治理等26项主要措施建设标准和要求，共87条。

（七）管护

规定了生态清洁小流域管护的一般规定，以及水土保持措施、沟（河）道、人工湿地、农田、污水处理、生活垃圾处置、环境绿化美化等7类措施的具体管护要求，共24条。

（八）评价指标

规定了开展评价、评价指标、指标获取和开展监测等内容和要求，共4条。围绕水土资源保护、面源污染防治、人居环境改善、沟（河）道水系整治、特色产业发展等方面，结合地区差异和5种生态清洁小流域类型，提出16项评价指标。定量与定性相结合，其中定量指标11项，定性指标5项。

（九）附录

附录包括3个。附录A为生态清洁小流域调查表，附录B为生态清洁小流域建设措施体系，附录C为定量评价指标计算。

二、修订主要内容

（一）章节调整

删除原标准“分类分级”章节，《规范》由9章变为8章。将“措施总体布局”章节调整为“防治措施”；将“管理”章节调整为“管护”；将“监测与评价”章节调整为“评价指标”，监测不再单独作为章节内容。

（二）条文优化

1. 优化术语

第2章，修订“生态清洁小流域”术语。将“生态自然修复区”“综合治理区”“沟（河）道及湖库周边整治区”修改为“预防保护区”“综合治理区”“生态修复区”，并对内容进行修订。

2. 优化建设单元、类型和目标原则

第3章，明确生态清洁小流域建设宜以小流域为单元，平原地区可按以自然河流或人工河渠为依托的行政村为单元进行建设;将原标准2类生态清洁小流域建设类型修改为5类,并提出5类适宜建设条件;修订生态清洁小流域建设目标、原则。

3. 补充调查内容

第4章,补充调查分类;补充水土保持调查、人居环境调查、旅游资源调查、绿色产业调查、污染源调查等的内容和方法。

4. 优化措施布局和措施体系

第5章,调整措施布局,按照预防保护区、综合治理区、生态修复区分区进行措施布局;补充规定了不同类型生态清洁小流域建设措施体系。

5. 优化建设措施

第6章,对照措施体系,提出生态清洁小流域26项措施建设的具体要求和标准。

6. 补充管护内容

第7章,补充人工湿地、农田、环境绿化美化等方面的管护要求。

7. 优化评价指标

第8章,删除“监测”部分内容,补充评价指标等内容。评价指标由10项增加到16项。

三、修订强化内容

修订突出强化了生态清洁小流域建设的新发展、新成果,面临的新形势、新任务、新要求,以及标准的全面性、时代性、适用性问题。涉及内容主要包括完善生态清洁小流域理念,提升水土保持功能,丰富建设措施内容,优化建设单元、建设类型和评价指标,补充水系整治和环境美丽等内容。

(一)完善生态清洁小流域概念

根据新发展、新成果、新形势,对生态清洁小流域概念进行了优化完善,修订为“以集水区为单元,科学合理配置水土流失治理、流域水系整治、面源污染防治、人居环境整治等措施,实现生态生产生活协同发展、水土资源有效保护和合理利用、生态系统良性循环、防灾减灾能力提升、人与自然和谐共生、经济社会高质量发展的小流域”。丰富了生态清洁小流域内涵,完善了建设路径,增加了“流域水系整治”,拓宽了“人居环境整治”;发展了生态清洁小流域目标,增加了“生态生产生活协同发展”、“防灾减灾能力提升”、“人与自然和谐共生”和“经济社会高质量发展”等内容。

(二)丰富生态清洁小流域要素

生态清洁小流域是水土保持的创新和发展,是满足人民日益增长的美好生活和优美生态环境需求的重要载体。根据各地建设实践和面临的新任务新要求,《规范》新增了“水系整治”和“美丽环境”两大要素,在建设和评价中都予以强化,以为社会和公众提供更多优质水土保持生态产品。习近平总书记在2023年全国生态环境保护大会上强调:今后5年是美丽中国建设的重要时期。水生态特别是水系整治,是生态清洁小流域的重要组成,是美丽中国的重要板块。美丽是生态清洁小流域的底色,既包括自然环境景色优美,也包括人居环境和美宜居。

（三）提升生态清洁小流域功能

中共中央办公厅、国务院办公厅印发的《关于加强新时代水土保持工作的意见》，明确要求“全面提升水土保持功能”“生态系统水土保持功能显著增强”。生态清洁小流域是“全面提升水土保持功能”的先行者和实践者。落地中央要求，标准修订新增了“水土保持功能”内容。评价指标明确要求“水土流失重点地块全部采取水土保持措施，小流域内水土保持功能良好”。习近平总书记在2023年全国生态环境保护大会上强调：以高品质生态环境支撑高质量发展。高品质是生态清洁小流域的基本特征。通过标准修订，生态清洁小流域以水土保持功能提升为主线，为社会提供更多更优水土保持服务和产品。

（四）拓展生态清洁小流域外延

中共中央办公厅、国务院办公厅印发的《关于加强新时代水土保持工作的意见》和水利部、农业农村部、国家林业和草原局、国家乡村振兴局等四部门联合印发的《关于加快推进生态清洁小流域建设的指导意见》，都要求生态清洁小流域实施地点“以水系、村庄和城镇周边为重点”。落实中央等要求，标准将建设地点修订为“生态清洁小流域建设应以村庄或城镇周边水系、江河源头、水源地、自然资源与人文禀赋条件较好和经济社会发展潜力较大的区域为重点”，拓展了生态清洁小流域的建设外延，不再局限于原标准的水源区和城郊。同时，拓展了生态清洁小流域建设内容和具体措施，将原标准的10多项建设措施，修订为26项，特别是增加了水系整治、环境绿化美化等措施。

（五）优化生态清洁小流域模式

根据各地实践和成果，优化了生态清洁小流域建设技术路线。

一是完善建设单元。标准修订统筹兼顾了山丘区和平原区，将建设单元修订为“开展生态清洁小流域建设，宜以面积为50 km^2 以下小流域为单元，平原地区可按以自然河流或人工河渠为依托的行政村为单元”。

二是优化分区布局。结合水土保持新发展，将建设分区修订为“预防保护区、综合治理区和生态修复区”。

三是丰富建设类型。结合生态清洁小流域发展创新，将建设类型由城郊型和水源区型2种修订为“水源保护型、生态旅游型、和谐宜居型、休闲康养型、绿色产业型”等5种。

（六）强化生态清洁小流域评价

评价是《规范》的核心和根骨，是修订的重点、难点和要点。标准修订对评价进行了全面强化，优化完善了评价指标。

一是评价指标由原来的10项扩展为16项，沿用7项，新增了水土流失防治状况、水土保持功能、林草覆盖率、卫生厕所普及率、生态岸线比例、水系连通状况、居民人均收入、村庄（社区）绿化美化、特色产业发展等方面的指标。

二是定量和定性相结合。16项评价指标，定量指标11项，定性指标5项。

三是共性与个性相结合。16项评价指标中，涉及区域和类型差异的为9项，超过一半。

四是共享其他部门标准。16项评价指标中，引用其他部门指标8项，主要涉及面源污染、乡村振兴、生态环境等。

第三章　标准实施的作用和意义

标准发布实施是落实中共中央办公厅、国务院办公厅《关于加强新时代水土保持工作的意见》，以及水利部、农业农村部、国家林业和草原局、国家乡村振兴局《关于加快推进生态清洁小流域建设的指导意见》的积极作为和有力举措，对进一步规范生态清洁小流域的设计、建设、管护和评价，全面推动生态清洁小流域提质增效功能提升，具有重要导向引领和技术支撑作用。《规范》作为水利行业标准，修订后实施，意味着生态清洁小流域的规范与成熟，代表了生态清洁小流域的发展和需求，为生态清洁小流域的高质量发展提供了标准依据和技术指南，为生态清洁小流域规范管理和提高效能提供了技术支撑。

一、落实新要求

原标准自2013年实施以来，已过去了10年。10年来，我国进入了建设人与自然和谐共生的现代化新阶段，高质量发展成为新时代主题。生态文明、美丽中国、乡村振兴、城镇化等国家战略，都对生态清洁小流域提出了新要求。特别是2022年底中共中央办公厅、国务院办公厅印发的《关于加强新时代水土保持工作的意见》，要求大力推进生态清洁小流域建设，明确了“山青、水净、村美、民富”的目标，以及水系、村庄和城镇周边三个建设重点区域。2023年水利部、农业农村部、国家林业和草原局、国家乡村振兴局等四部门联合印发的《关于加快推进生态清洁小流域建设的指导意见》，明确了建设原则和主要任务，确定了五种主要建设类型。文以载道。这次修订，就是把近10年来国家关于生态清洁小流域的各项要求，有效地融入规范当中，体现到具体条文之中，做到标准与国家要求保持高度一致，进而提出生态清洁小流域建设评价新要求，切实增强标准的时代性、精准性、指导性和鲜活性。标准实施，就是要求生态清洁小流域建设有据可依、有标必依，就是要把标准和生态清洁小流域的各项新要求落地见效，落实到生态清洁小流域建设之中。

二、执行新规定

生态清洁小流域建设，是全国的共同任务和统一行动，已经列入水利部对地方年度水土保持考核评估指标和《水土保持“十四五”实施方案》建设任务中。没有规矩，不成方圆。全国必须统一标准、统一规定、统一口径，一把尺子量到底。这次修订，充分考虑了全国的统一性与差异性，生态清洁小流域评价指标共16项，其中全国统一指标7项，区域和类型差异性指标9项，增强了标准实施的广泛性和适用性。《规范》作为水利部发布的关于生态清洁小流域的唯一标准，具有唯一性和权威性，不可替代。标准实施，就是要执行全国统一的技术标准，落地统一的技术要求，建设高水平的生态清洁小流域，提供高品质的水土保持生态产品。

三、推进新成果

日新又新，推进发展。修订后的标准，是对各地在生态清洁小流域实践中探索创新成果的梳理、总结、提炼，通过标准予以确认，从而在全国推广应用，在祖国大地开花结果。

10年来，生态清洁小流域建设蓬勃发展，各地积极探索、锐意进取，推动生态清洁小流域不断发展创新，发展了生态清洁小流域理念，提升了生态清洁小流域功能，丰富了生态清洁小流域建设内容，探索形成了成功的建设模式、技术路线和工作机制等，取得了形式多样的新成果。标准修订工作中，充分吸纳了各地建设的新模式，归纳总结了五种建设类型，在指标评定中按五种类型进行分类评价；吸纳了地方关于水系整治和生态岸线，以及美丽环境的创新，在建设措施和评价指标中予以增补；吸纳了水土保持功能和绿色产业的最新发展成果，在评价指标中予以体现。标准实施，就是要大力推广应用新理念、新技术、新模式、新机制等新成果，可借鉴可复制可推广，促进全国生态清洁小流域发展再上新台阶。

四、促进新发展

高质量发展是全面建设社会主义现代化国家的首要任务，要求更高质量、更有效率、更加公平、更可持续、更为安全，更好满足人民日益增长的美好生活需要。标准修订，立足生态清洁小流域建设实现“从有到优”的高质量发展，对生态清洁小流域建设提出了更高要求，界定了更科学的术语概念，明确了更优技术路线，确定了更多建设类型，拓展了更广建设区域，丰富了更多建设内容，制定了更全评价指标。同时，修订强化了水土保持生态功能和美丽自然与社会方面的内容，要求生态清洁小流域提质增效，为公众提供更多更优的水土保持生态产品，满足人民日益增长的美好生活和优美生态环境需要。修订后标准的实施，就是要全面落实《规范》新发展要求，构建新发展格局，推动生态清洁小流域建设进入高质量发展新阶段。

五、作出新贡献

标准既是规范发展的重要保障，也是技术和能力的综合反映，是衡量一个行业和国家综合实力的重要指标。生态清洁小流域，中国首创，着人先鞭，独领风骚，引领世界发展，为世界开展类似生态建设提供了中国方案和中国模板。不独有声流出此，会归沧海助波澜。修订后标准的实施，展示了中国生态清洁小流域的发展成效，体现了中国标准的水平和实力，为世界开展相关生态保护和修复提供了成功借鉴，为全球共谋生态文明奉献了中国智慧。

第二部分　内容解读

第一章　总　则

1.0.1　**为规范生态清洁小流域建设、管护与评价，明确技术要求，制定本标准。**

【释义】　本条是生态清洁小流域标准制定目的的规定。修订完善了原 SL 534—2013《生态清洁小流域建设技术导则》，对生态清洁小流域建设、管护与评价提出了更高的要求，是传统小流域治理的升级版，对保护涵养水源、复苏河湖生态环境、建设宜居宜业和美乡村具有重要作用。

自 2003 年北京市率先开展水源保护型生态清洁小流域建设以来，全国各地积极探索，打造了一批各具特色的生态清洁小流域。截至目前，全国已经建成了近 4 000 条具有示范意义的生态清洁小流域，有效改善了农业生产条件和农村人居环境，促进了地方经济社会发展。2013 年 1 月，SL 534—2013《生态清洁小流域建设技术导则》发布，实施至今，部分条款已不符合新形势新要求，难以满足党中央、国务院最新决策部署，需要对该标准进行修订。需要进行规范，明确生态清洁小流域基本的技术要求和评价标准，便于各地建设与管理。

1.0.2　**本标准适用于生态清洁小流域的建设与评价。**

【释义】　本条是对生态清洁小流域适用范围进行的规定，包括生态清洁小流域的建设与评价。

1.0.3　**宜以小流域为单元，根据自然资源与人文禀赋、土地利用、社会经济等条件，因地制宜、统筹规划、系统治理，在水土流失综合治理的基础上，科学合理配置水利、农业农村、林草、乡村振兴等相关行业措施，推进生态、生产、生活协同发展，实现小流域综合治理提质增效。**

【释义】　本条确定生态清洁小流域建设的目标，明确建设的基本单元、提出建设的方法。

（1）生态清洁小流域建设是小流域综合治理的深化与发展，是在水土流失综合治理的基础上，进一步拓展建设内容和建设目标，围绕“山青、水净、村美、民富”的目标，以防治水土流失为主，统筹考虑流域水系整治、生活污水和农村生活垃圾治理、面源污染防治、人居环境改善等方面措施。生态清洁小流域建设要在当地党委和政府领导下，构建水利部门牵头协调，农业农村、林草、乡村振兴等相关部门配合，社会广泛参与的工作机制。

（2）《关于加快推进生态清洁小流域建设的指导意见》明确工作原则：①统筹规划，系统治理。从生态系统整体性和流域系统性出发，以流域为单元，统一规划，分区施策，统筹推进治山保水、治河疏水、治污洁水、产业发展等。②突出重点，持续推进。根据流域水土流失治理和区域经济社会发展需要，示范带动、重点突破和整体推进相结合，有力有序推进生态清洁小流域建设,坚持不懈、久久为功。③以人为本,注重实效。坚持问需于民、问计于民,精准施策,积极探索让绿水青山转化为金山银山的有效路径,充分发挥水土保持生态效益、经济效益和社会效益方面独特优势。④完善机制,形成合力。在当地党委和政府领导下,构建水利部门牵头协调、相关部门联动配合、社会广泛参与的工作格局,进一步完善政策措施,健全共建共享的管理机制。

(3)《关于加快推进生态清洁小流域建设的指导意见》明确重点任务:①实施治山保水,守护绿水青山。在人类活动较少、林草植被较好的区域,以封育保护为主,依靠自然恢复防治水土流失。在水土流失较为严重、林草植被稀疏的区域,因地制宜采取封禁、补植补种以及截、蓄、排等坡面水土保持工程措施。在农林牧等生产活动较为频繁的区域,加强人为水土流失监管,实施保护性耕作、地埂植物带、农田防护林建设等配套措施。加强坡耕地、侵蚀沟、崩岗等水土流失重点地块综合治理。开展退化林修复,提高山地林分质量,加强林下水土流失防治,提升区域生态系统质量和稳定性。②实施治河疏水,实现河畅景美。围绕保护修复流域河湖水生态系统,复苏河湖生态环境,实施河道、沟道、塘坝等水系综合整治。有条件的地方紧密结合中小河流治理、水系连通及水美乡村建设、幸福河湖建设,推进河道清障、清淤疏浚、岸坡整治、水源涵养、水土保持、河湖管护以及生物过滤带、河岸绿化等。推广生态高效水生植物,提升河湖及其周边生物多样性,维护河流健康生命,打造安全畅通的河湖水系和亲水宜人的水美景观。③统筹治污洁水,改善人居环境。结合实施农村人居环境整治提升行动,推进流域内水污染治理、生活污水和农村生活垃圾治理、农业面源污染防治和乡村绿化美化。因地制宜推进农村厕所革命,加强畜禽养殖粪污治理、厕所粪污无害化处理与资源化利用。推广测土配方配肥等科学施肥技术,禁止使用高毒高残留农药。在农田毗邻水库和河流的地方,建设植物缓冲带,通过吸收转化,有效减少氮、磷等营养物质进入水体。开展村庄荒地、裸地、“四旁”(村旁、宅旁、路旁、水旁)绿化美化,宜林则林、宜草则草,尽量采用乡土树种草种进行植被建设。不搞大拆大建,保留乡土气息,建设美丽宜居村落。④推进以水兴业,助力乡村振兴。按照产业兴旺、生态宜居、乡风文明、治理有效、生活富裕的总要求,依托绿水青山、田园风光和乡土文化等优势条件,实施“小流域+”,因地制宜打造水源保护型、生态旅游型、绿色产业型、和谐宜居型、休闲康养型等特色小流域产业综合体。推动水土流失治理与改善水环境、修复水生态、发展乡村产业有机结合,提供更多更优蕴含水土保持功能的生态产品,拓宽乡村增收渠道。推广经济高效型水土保持植物,支持有条件地区发展规模化水土保持经济植物种植与加工。科学合理布设雨水集蓄利用等小型水利水保工程,增加抗旱补灌水源。

1.0.4　**本标准主要引用下列技术标准:**

GB 3838《地表水环境质量标准》

GB 5084《农田灌溉水质标准》

GB/T 8321《农药合理使用准则》

GB/T 15776《造林技术规程》

GB/T 18972《旅游资源分类、调查与评价》

GB 19379《农村户厕卫生规范》

GB/T 21010《土地利用现状分类》

GB/T 32000《美丽乡村建设指南》

GB/T 38353《农村公共厕所建设与管理规范》

GB/T 38836《农村三格式户厕建设技术规范》

GB/T 50363《节水灌溉工程技术标准》

GB 51018《水土保持工程设计规范》

GB/T 51297《水土保持工程调查与勘测标准》

GB/T 51347《农村生活污水处理工程技术标准》

GB/T 51435《农村生活垃圾收运和处理技术标准》

SL 190《土壤侵蚀分类分级标准》

SL 386《水利水电工程边坡设计规范》

SL/T 804《淤地坝技术规范》

HJ 2005《人工湿地污水处理工程技术规范》

LY/T 1690《低效林改造技术规程》

LY/T 3179《退化防护林修复技术规程》

NY/T 496《肥料合理使用准则 通则》

NY/T 4046《畜禽粪水还田技术规程》

【释义】 本条是对生态清洁小流域建设可能应用参考的标准进行说明。由于生态清洁小流域建设涉及水利、农业农村、林草、乡村振兴等多部门,标准编制在突出小流域水土保持工作重点的基础上,兼顾了各部门相关标准。引用标准遵循内容协调、不重复的原则。第 6 章防治措施涉及封育等常用的 26 种,故标准的引用较多出现在防治措施这一章,共 23 项引用标准,其中国标 15 项,水利行业标准 3 项,其他行业标准 5 项。例如:

水土流失综合治理调查应包括小流域已实施的水土保持措施类型、分布、面积、保存情况、防治效果,水土流失防治经验及存在的问题等。调查应按国家标准 GB/T 51297 有关规定执行;旅游资源调查应满足 GB/T 18972 的规定;封育设计应符合 GB 51018 的规定;低效林改造应符合 LY/T 1690 的规定;退化林修复应符合 LY/T 3179 的规定;水土保持林营造应符合 GB 51018 的规定;经济林营造应符合 GB/T 15776 的规定;种草应符合 GB 51018 的规定;梯田设计应符合 GB 51018 的规定;坡面水系工程设计应符合 GB 51018 的规定;沟头防护工程设计应符合 GB 51018 的规定;淤地坝设计应符合 SL/T 804 的规定;黄河中游多沙粗沙区拦沙坝设计应符合 SL/T 804 的规定,其他地区拦沙坝设计应符合 GB 51018 的规定;谷坊设计应符合 GB 51018 的规定;护坡设计应符合 SL 386 的规定;土地整治设计应符合 GB 51018 的规定;保土耕作应符合 GB 51018 的规定;应推广测土配方施肥等科学施肥技术,优化肥料结构,合理安排施肥时间,提高肥料利用率,肥料使用应符合 NY/T 496 的规定;节水灌溉工程建设应符合 GB/T 50363 的规定;人工湿地建设应符合 HJ 2005 的规定;村镇道路两侧、场院等区域的柴、土、粪、垃圾、建筑弃渣应清理整治。

村容村貌整治应符合 GB/T 32000 的要求;农村生活垃圾收运和处理应符合 GB/T 51435 的规定;厕所粪污无害化处理与资源化利用水平应通过逐步普及户用卫生厕所等措施提高,户用卫生厕所建设应符合 GB/T 38836 的规定;农村公共厕所应合理规划设置，农村公共厕所建设与管理应符合 GB/T 38353 的规定，卫生应符合 GB 19379 的规定。

应根据小流域内村镇建设规划、经济发展现状和污水排放量，合理规划布局污水处理设施。农村生活污水处理应符合 GB/T 51347 的规定；畜禽养殖过程中产生的废水应经无害化处理后充分还田，并应符合 GB 5084 和 NY/T 4046 的规定。

表 8.0.2　生态清洁小流域评价指标表，各类作物施肥使用应符合 NY/T 496 的规定，各类农药在不同作物上的使用应符合 GB/T 8321 的规定；"注 2：土壤侵蚀强度分级应符合 SL 190 规定。"

表 A-6　小流域沟（河）道水系基本情况调查表，"a：对有水的沟（河）道调查水质，根据 GB 3838 的要求填写水质类别。"

表 A-8　小流域旅游资源调查表，"a：类型可按照 GB/T 18972 标准中旅游资源分类表中主类填写。"

表 A-10　小流域面源污染调查表，"a：按照 GB/T 21010 标准中耕地/园地二级分类填写。"

1.0.5　生态清洁小流域建设除应符合本标准规定外，尚应符合国家现行有关标准的规定。

【释义】　本条是对生态清洁小流域建设标准的扩充，除符合《规范》规定外，尚应符合国家现行有关环境、国土、植被等标准的规定。

第二章　术　语

2.0.1　生态清洁小流域　eco-environment friendly small watersheds

以集水区为单元，科学合理配置水土流失治理、流域水系整治、面源污染防治、人居环境整治等措施，实现生态生产生活协同发展、水土资源有效保护和合理利用、生态系统良性循环、防灾减灾能力提升、人与自然和谐共生、经济社会高质量发展的小流域。

【释义】　本条款定义生态清洁小流域的定义和建设目标：以集水区为单元，科学合理配置水土流失治理、流域水系整治、面源污染防治、人居环境整治等措施，实现生态生产生活协同发展、水土资源有效保护和合理利用、生态系统良性循环、防灾减灾能力提升、人与自然和谐共生、经济社会高质量发展的小流域。

（1）小流域是山区水源涵养和集水的基本单元，小流域治理是我国在水土流失防治和生态建设的长期实践中形成并确立的具有中国特色，符合自然与经济规律的成功技术路线。经过不断探索与总结，小流域治理已经形成了一系列的理论、标准、技术体系和多种模式。随着科技的进步，人们对自然和社会认识的不断加深以及经济社会的快速发展，我国小流域治理的理论和实践仍在不断丰富和发展。生态清洁小流域建设是小流域综合治理的深化与发展，对保护涵养水源、复苏河湖生态环境、科学开展大规模国土绿化行动、建设宜居宜业和美乡村具有重要作用。

（2）生态清洁小流域是实现流域内水土资源得到有效保护、合理配置和高效利用，沟道基本保持自然生态状态，满足沟道行洪安全标准，人类活动对自然的扰动在生态系统承载能力之内，生态系统良性循环，人与自然和谐，人口、资源、环境协调发展的小流域，以小流域为单元，以水系、村庄和城镇周边为重点，山水林田路村统一规划，治山、治水、治污协同推进，统筹上下游、左右岸、干支流，实施流域源头治理、系统治理、综合治理。生态清洁小流域强化部门协同，合力建设，实施水土流失综合治理、流域水系整治、生活污水和农村生活垃圾治理，培育和发展乡村特色产业。牢固树立和践行绿水青山就是金山银山的理念，统筹规划，分区施策，统筹推进治山保水、治河疏水、治污洁水、产业发展等。

(3)生态清洁小流域建设总体思路是实施源头治理，根据污染源解析结果，以小流域出口污染总控为原则，科学布设点面源污染防控措施，针对重要污染源及其关键源区优先布置措施，其中水土流失控制措施宜兼具面源污染防控功能。实施综合治理，以水系为脉络，科学分析山水林田湖草沙各要素相互关系，结合文化景观保护，综合布设各类措施。根据流域水土流失治理和区域经济社会发展需要，示范带动、重点突破和整体推进相结合，有力有序推进生态清洁小流域建设。全面提升水土保持功能和生态产品供给能力，实现山青、水净、村美、民富的目标，为促进人与自然和谐共生提供有力支撑。根据地形、地势及人类活动情况，将小流域划分为生态修复区、生态治理区和生态保护区形成(生态修复、生态治理、生态保护)三道防线，因地制宜、因害设防布设防治措施，构成水源保护的三道防线。

2.0.2 **预防保护区** preventive protection zone

小流域内人类活动和人为破坏较少，自然植被较好，以生态系统自然修复、封育保护为主，辅以少量人工治理的区域。一般分布在小流域上游及两侧山体上部。

【释义】 本条对生态清洁小流域建设中的预防保护区进行说明与定义。预防保护区一般位于小流域内山高坡陡、人类活动少的地区及泥石流易发区，坡度一般大于25°。以水源涵养功能提升为目标实施封禁保育及林下水土保持等措施，建立养山机制，减少人为活动，依靠大自然的自我修复能力，恢复植被。

在山高坡陡人烟稀少地区、泥石流易发区，主要通过减少人为干扰，实行全面封禁，禁止人为开垦、盲目割灌和放牧等生产活动，实施生态移民，适度开展生态旅游，合理利用自然资源，依法加强水土保持监督管理，充分依靠大自然的力量修复生态，发挥植被特别是灌草植被的生态功能，实现自然保水。封山禁牧，对一级泥石流易发区、采空区险村险户，逐步进行生态移民。对农民进行补助，建立山区水源保护林管护机制，加大污染控制。

2.0.3 **综合治理区** comprehensive control zone

小流域内人类活动较为频繁，以水土流失治理为主，同步推进面源污染防治、人居环境整治、特色产业培育的区域。一般分布在小流域中下游及生产生活集中的区域。

【释义】 本条对生态清洁小流域建设中的综合治理区进行说明与定义。综合治理区一般位于小流域内农业种植区及人类活动频繁的坡中、下部等区域，坡度一般小于25°。针对村庄及周边耕地、果园区域，以污染防控、改善生产生活条件为目标，实施水土流失控制和点面源污染防控等相关措施，实现净水入河。

在山麓坡角等农业种植区及人类活动频繁地区，主要通过调整农业种植结构，发展与水源保护相适应的生态农业、观光农业、休闲农业。依法规范开发建设活动，严格执行水土保持(三同时)，即开发建设项目水土保持设施必须与主体工程同时设计、同时施工、同时投产使用，控制水土流失，减少面源污染，加强农村水务基础设施建设，改善生产生活条件。同时,因地制宜地在村镇及旅游景点等人类活动和聚集区,建设小型污水处理及垃圾处理设施,改善人居环境,保护饮用水源,促进人水和谐。以发展节水型产业为重点,建设基本农田,发展节水灌溉,营造水土保持林,修建透水型谷坊、塘坝等。减少耗水、增加水库蓄水治水是指以综合治理为重点,将农村污水、垃圾集中处理,达标排放,要求开发建设项目严格执行《中华人民共和国水土保持法》。调整农业种植结构,减少化肥农药的施用量。

2.0.4 **生态修复区** ecological restoration zone

以沟(河)道和岸坡的近自然修复为主,同步推进生态岸线、生物栖息地、生物多样性、生态景观的保护修复和水系连通,有效修复沟(河)道水生态的区域。一般分布在沟(河)道及其两侧、湖库、塘堰周边人类活动影响较为频繁的区域。

【释义】 本条对生态清洁小流域建设中的生态修复区进行说明与定义。生态修复区一般位于小流域内沟(河)道及两侧和湖泊水库及周边地带。以沟(河)道的水生态功能提升为目标,对上下游、干支流系统实施水质改善和生态修复措施,实现净水入库。以河道两侧及水库周边为重点,进行生态保护性治理,治河先治污,防止污水直接入河入库。把还清水质作为主要目标,通过适当的生物措施和工程措施,恢复和建设河道及水库周边湿地生态系统,净化水质,维护河库健康生命。整治河道,清理河道垃圾、障碍物。保育植被、恢复湿地、生态治污,改善水质。保护库边、河边、渠边、河口,减少人为扰动,恢复景观生态。

第三章 基本规定

3.0.1 **生态清洁小流域建设应符合区域国民经济和社会发展规划、国土空间规划、水土保持规划、生态清洁小流域建设规划等相关要求,按程序开展前期工作。**

【释义】 本条规定生态清洁小流域的建设定位和要求,重点明确前期工作、建设管理、建后管护三个方面,主要包括以下内容:

(1)做好统筹衔接。生态清洁小流域建设是小流域综合治理的深化与发展。要从生态系统整体性和流域系统性出发,以流域为单元,根据流域水土流失治理和区域经济社会发展需要,统一规划,科学合理配置水土流失治理、流域水系整治、面源污染防治、人居环境整治等措施,示范带动、有力有序推进。生态清洁小流域建设要与本级国民经济和社会发展、国土空间管控、水土保持、水安全保障、生态环境保护、林草、乡村振兴等规划保持衔接。

(2)强化前期工作。在充分调查区域本底资源和经济发展水平的基础上,由省级水利部门牵头,会同农业农村、林草、乡村振兴等有关部门,编制生态清洁小流域省级推进工作方案,纳入本级水土保持规划或实施方案,明确建设区域、目标任务、实施计划和部门职责等。县级有关部门以流域为单元编制生态清洁小流域建设工作方案,明确建设目标、建设内容、任务分工和资金筹措等。涉及农业农村、林草、乡村振兴等其他部门项目,前期工作程序按照相关部门规定执行。

(3)规范建设管理。生态清洁小流域建设措施体系丰富,涉及的水利、农业农村、林草、乡村振兴等相关行业项目，执行其行业管理规定。省级水利部门可会同相关部门，结合本省实际，牵头制定生态清洁小流域建设管理制度及技术标准，进一步加强和规范项目建设管理。县级有关部门要按照建设工作方案任务分工，编制相关项目实施方案并按程序审批实施。强化投资计划管理，规范工程建设，确保工程质量和效益。生态清洁小流域建设涉及的项目要按照“谁审批、谁验收”的原则及时组织验收并完善档案资料。

(4)加强建后管护。完善生态清洁小流域管护机制，按照“谁使用、谁管护”和“谁受益、谁负责”的原则，明确管护主体，落实管护责任，确保持续发挥效益。

3.0.2 开展生态清洁小流域建设，宜以面积为 50 km^2 以下小流域为单元，平原地区可按自然河流或人工河渠为依托的行政村为单元。

【释义】 本条规定生态清洁小流域建设的基本单元与范围，是以小流域为单元开展建设，其面积不宜大于 50 km^2。同时，考虑生态清洁小流域应具有一定的规模示范效应，结合各地近年来的建设实践，生态清洁小流域建设规模一般最低不应低于 3 km^2。另外，平原地区的水系、村庄和城镇周边无法划分具有明显汇水关系的小流域，在这些地区建设生态清洁小流域，可根据建设管理需要，结合地区实际，以行政区域为建设单元。

3.0.3 生态清洁小流域建设应以村庄或城镇周边水系、江河源头、水源地、自然资源与人文禀赋条件较好和经济社会发展潜力较大的区域为重点，应避让崩塌、滑坡危险区和泥石流易发区。

【释义】 本条规定生态清洁小流域建设的主要范围与区域，以村庄或城镇周边水系、江河源头、水源地、自然资源与人文禀赋条件较好和经济社会发展潜力较大的区域为重点建设对象，提升区域生态质量和人民幸福指数。

生态清洁小流域是传统小流域治理的升级版，它的建设标准高、实施效果好，同时对自然资源条件和社会经济发展水平具有一定的要求。因此，生态清洁小流域建设应根据区内自然禀赋条件和经济社会发展潜力，以水系、村庄和城镇周边、江河源头、水源地为重点，以“山青、水净、村美、民富”为目标，选择适宜区域大力推进。同时，建设选址要充分论证安全性，要避免在崩塌、滑坡危险区和泥石流易发区域建设生态清洁小流域。

3.0.4 生态清洁小流域建设应因地制宜分类进行建设。结合所处区域功能定位、资源禀赋，生态清洁小流域可分为水源保护型、生态旅游型、和谐宜居型、休闲康养型、绿色产业型五类，其建设条件应满足下列规定：

1 江河源头、重要水源地等区域，宜建设水源保护型生态清洁小流域。

2 森林、草地、地质等生态景观资源丰富或民俗文化、人文资源优势明显的区域，宜建设生态旅游型生态清洁小流域。

3 环境和基础设施较好的人口聚集区，居住区周边林草植被较好、有较好的水景观、自然景观的区域，宜建设和谐宜居型生态清洁小流域。

4 具有农业观光、森林康养、温泉等资源，以一项或若干项资源组合为特色，基础设施完备、环境优美的区域，宜建设休闲康养型生态清洁小流域。

5 具有茶、水果、中药材、水产、设施农业等特色产业的区域，宜建设绿色产业型生态清洁小流域。

【释义】 本条规定生态清洁小流域建设类型，根据所处区域的功能定位和资源禀赋不同,分为水源保护型、生态旅游型、和谐宜居型、休闲康养型、绿色产业型等类型。水源保护型以保护水质和涵养水源为主,主要建设在江河源头、重要水源地等区域;生态旅游型以打造生态景观和观光旅游为主,主要建设在生态景观资源或人文资源丰富的区域;和谐宜居型以改善人居环境和村庄绿化美化为主,主要建设在环境和基础设施较好的人口聚集区;休闲康养型以打造人文休闲康养资源为主,主要建设在观光、康养资源丰富区域;绿色产业型以提升和改善基础条件、培育打造农业特色产业为主,主要建设在适宜发展茶叶、水果、中药材等特色产业区域。

3.0.5 生态清洁小流域建设应根据分类,按下列内容确定建设目标:

1 水土流失全面治理,林草植被得到有效保护,水土资源得到有效保护和利用,水土保持功能和生态产品供给能力提升,生态系统稳定。

2 生活污水、垃圾等有效处理;农田中化肥、农药施用量合理,面源污染得到有效控制。

3 沟(河)道水系安全畅通,水体洁净,水质优良,岸绿景美。

4 人居环境显著改善,生态宜居,乡风文明。

5 特色产业得到培育和发展,小流域内居民人均收入增加。

6 小流域内居民的水土保持和生态保护意识普遍提高。

【释义】 本条规定生态清洁小流域建设目标分类,根据治理小流域特点,以“山青、水净、村美、民富”为总体目标,包括四项重点任务:①实施治山保水,守护绿水青山;②实施治河疏水,实现河畅景美;③统筹治污洁水,改善人居环境;④推进以水兴业,助力乡村振兴。围绕重点任务,生态清洁小流域从保护水土资源、畅通洁净流域水系、改善人居环境、培育发展乡村特色产业、增强群众生态保护意识等方面提出具体建设目标。

(1)全面治理水土流失。生态清洁小流域建设是在水土资源得到有效保护的基础上开展的,因此要求流域内水土流失要得到全面治理,这样才能使水土资源得到有效保护和利用,才能保证流域内生态系统稳定,充分发挥水土保持功能和生态产品供给能力。

(2)人居环境显著改善。助力美丽中国建设,生态清洁小流域要实现环境优美,显著改善人居环境。流域内生活污水、垃圾等得到有效处理;合理施用化肥、农药,有效控制面源污染;因地制宜,保留乡土特色,建成生态宜居的美丽乡村。

(3)水系畅通,水质保持。多数生态清洁小流域依水而建,在建设的同时,要与中小河流治理、水系连通、幸福河湖建设等紧密结合,确保沟(河)道水系安全、畅通。同时,水质水体保持优质洁净。

(4)增收致富,加强环保意识。依托生态清洁小流域建设,推动区域特色产业发展,提供更多更优蕴含水土保持功能的生态产品,拓宽乡村增收渠道,提高居民收入水平。同时,加强水土保持与生态环保科普宣传,普遍提高居民环保意识,营造良好舆论氛围。

3.0.6 生态清洁小流域建设应符合下列原则:

1 以问题和目标为导向,因地制宜布设防治措施,推进山水林田湖草沙一体化保护和系统治理。

2 坚持绿水青山就是金山银山理念,推动绿色发展,促进人与自然和谐共生。

3 统一规划、政府主导、部门协同、社会参与、共建共享。

【释义】 本条规定生态清洁小流域建设原则,主要包括以下部分:

(1)统筹规划,系统治理。从生态系统整体性和流域系统性出发,以流域(片区)为单元,统一规划,分区施策,统筹推进治山保水、治河疏水、治污洁水、产业发展等,推进山水林田湖草沙一体化保护和系统治理。

(2)突出重点,持续推进。根据流域水土流失治理和区域经济社会发展需要,示范带动、重点突破和整体推进相结合,有力有序推进生态清洁小流域建设,坚持不懈、久久为功。

(3)以人为本,注重实效。坚持问需于民、问计于民,精准施策,积极探索让绿水青山转化为金山银山的有效路径,充分发挥水土保持生态、经济和社会效益方面独特优势,坚持绿水青山就是金山银山理念,推动绿色发展,促进人与自然和谐共生。

(4)完善机制,形成合力。在当地党委和政府领导下,构建水利部门牵头协调、相关部门联动配合、社会广泛参与的工作格局,进一步完善政策措施,健全共建共享的管理机制,实现统一规划、政府主导、部门协同、社会参与、共建共享。

3.0.7 **生态清洁小流域建设宜采用绿色低碳环保的新方法、新材料、新技术、新工艺。**

【释义】 本条规定生态清洁小流域建设方法、材料、技术和工艺类型。生态清洁小流域建设宜采用绿色低碳环保的新方法、新材料、新技术、新工艺,鼓励采取近自然修复、可降解材料等环境友好的方法。

第四章 调 查

一、一般规定

4.1.1 **生态清洁小流域建设前,应开展基本调查和专项调查。**

【释义】 本条是关于生态清洁小流域调查的规定。基本调查是建设各类型生态清洁小流域均应开展的全面调查,包括小流域自然条件、经济社会状况,水土保持、沟(河)道水系、人居环境、旅游资源、绿色产业、污染源,以及水利、农业农村、林草、乡村振兴等部门相关项目实施情况等。专项调查是对不同类型的生态清洁小流域进行的重点调查,应满足以下要求:①水源保护型生态清洁小流域应重点调查小流域内水土保持、点源污染、面源污染情况等;②生态旅游型生态清洁小流域应重点调查小流域内民俗文化、人文资源、旅游资源的开发现状及开发潜力等;③和谐宜居型生态清洁小流域应重点调查小流域内人居环境、居民生活基础设施等;④休闲康养型生态清洁小流域应重点调查小流域内人居环境、康养基础设施等;⑤绿色产业型生态清洁小流域应重点调查小流域内农业产业结构、产业规模以及特色农业发展情况及未来产业发展潜力等。

4.1.2 **基本调查是建设各类型生态清洁小流域均应开展的调查。调查内容应包括小流域自然条件、经济社会状况,水土保持、沟(河)道水系、人居环境、旅游资源、绿色产业、污染源,以及水利、农业农村、林草、乡村振兴等部门相关项目实施情况等。**

【释义】 本条是关于生态清洁小流域基本调查的规定。主要包括以下内容:

小流域自然条件、经济社会状况，水土保持、沟（河）道水系、人居环境、旅游资源、绿色产业、污染源，以及水利、农业农村、林草、乡村振兴等部门相关项目实施情况等。

小流域自然条件调查可通过影像数据、第三次全国国土调查（简称“三调”）数据、地形数据、水土保持区划类型，填写流域面积、海拔、水土保持区划名称等；气温、无霜期、降水量等气象数据一般通过附近气象站或当地气象局获得；林草覆盖率通过林业局或者调查获得。调查成果应填写表 2-4-1。

表 2-4-1　小流域自然条件调查表

小流域名称	流域面积/km^2	海拔/m		地貌类型[a]	土壤类型	年均气温/℃	无霜期/d	年均降水量/mm	林草覆盖率/%	水土保持区划名称[b]
		最高	最低							

注：[a]按照山地、高原、丘陵、平原、盆地五大类型填写。

[b]按照水土保持区划三级区填写。

小流域土地利用情况调查可通过“三调”数据，若要求高分辨率可通过遥感影像结合 GIS 分析，结合实地考察来确定，并根据土地利用现状分类标准，填写表 2-4-2。

表 2-4-2　小流域土地利用调查表

小流域名称	流域面积/km^2	耕地/hm^2		园地/hm^2	林地/hm^2		草地/hm^2	商服用地/hm^2	工矿仓储用地/hm^2	住宅用地/hm^2	公共管理与公共服务用地/hm^2	特殊用地/hm^2	交通运输用地/hm^2	水域及水利设施用地/hm^2	其他用地/hm^2
		小计	其中：坡耕地		小计	其中：疏林地									

小流域经济社会情况调查中人口相关信息可通过人口普查数据获取，耕地面积信息可通过统计数据并结合现场调查填写，收入信息可通过统计局发布的年度统计数据或当地财政部门进行查询，特色产业类型和主要经济来源可通过实地调查及与当地政府调查来获取。调查成果应填写表 2-4-3。

表 2-4-3　小流域经济社会情况调查表

小流域名称：　　　　　　　　　　　　　　小流域代码：

序号	调查单元名称[a]	所属行政区/县级	土地面积/hm^2	户数/户	户籍人口/人	常住人口/人	劳动力/人	耕地面积/hm^2	人均耕地/（hm^2/人）	年人均纯收入/元	特色产业类型	主要经济来源

注：[a] 按照调查的最小单元填写，村名或乡镇名。

4.1.3　专项调查是对不同类型的生态清洁小流域进行的重点调查。应满足下列

要求：

1　水源保护型生态清洁小流域应重点调查小流域内水土保持、点源污染、面源污染情况等。

2　生态旅游型生态清洁小流域应重点调查小流域内民俗文化、人文资源、旅游资源的开发现状及开发潜力等。

3　和谐宜居型生态清洁小流域应重点调查小流域内人居环境、居民生活基础设施等。

4　休闲康养型生态清洁小流域应重点调查小流域内人居环境、康养基础设施等。

5　绿色产业型生态清洁小流域应重点调查小流域内农业产业结构、产业规模以及特色农业发展情况及未来产业发展潜力等。

【释义】　本条是关于生态清洁小流域专项调查的规定。主要包括以下内容：

水源保护型生态清洁小流域应重点调查小流域内水土保持、点源污染、面源污染情况等。生态旅游型生态清洁小流域应重点调查小流域内民俗文化、人文资源、旅游资源的开发现状及开发潜力等。和谐宜居型生态清洁小流域应重点调查小流域内人居环境、居民生活基础设施等。休闲康养型生态清洁小流域应重点调查小流域内人居环境、康养基础设施等。绿色产业型生态清洁小流域应重点调查小流域内农业产业结构、产业规模以及特色农业发展情况及未来产业发展潜力等。

4.1.4　调查宜与遥感、地理信息系统、全球导航卫星系统等技术相结合，应充分利用水利、自然资源、生态环境、农业农村等部门的监测成果。

【释义】　本条是关于生态清洁小流域调查方法及成果的规定。通过以下方法实现：

(1)资料统计法。通过查阅当地统计年鉴、水文、气象、土壤、植物、地质地貌、土地利用、水利规划设计、防洪抗旱、污染治理、社会经济等资料获取信息的方法。

(2)现场调查法。调查人员凭借自己的眼睛或借助各种专业仪器设备，调查小流域内社会经济、资源、环境等状况的一种有效地收集资料的办法。可以采取现场询问、发放问卷、观察、量测等方式开展调查。

(3)遥感调查法。利用遥感技术从远距离感知目标反射或自身辐射的电磁波、可见光、红外线，对目标进行探测和识别的技术。现代遥感技术主要包括信息的获取、传输、存储和处理等环节。完成上述功能的全套系统称为遥感系统，其核心组成部分是获取信息的遥感器，装载平台有无人机、飞机、遥感卫星等。常用无人机和飞机航片判读调查、遥感卫星调查等方式。

(4)定位观测调查法。通过在小流域上下游或重点部位设置长期或短期定位观测站点，并定时或连续进行资源要素及环境要素观测的方法，有人工观测和自动观测两种方式。

4.1.5　调查应采用比例尺不低于1∶10 000的地形图或不低于2 m高分辨率遥感影像作为工作底图，重点工程措施布设区域比例尺应不低于1∶2 000；畜禽养殖场、排污口、垃圾处理点、污水处理厂(站)、排放污染物的企业(作坊)等对环境影响较大的设施应在工作底图上标识。

【释义】　本条是关于生态清洁小流域调查地图的规定。主要包括以下内容：

调查应采用比例尺不低于1∶10 000的地形图或不低于2 m高分辨率遥感影像作为工作底图，重点工程措施布设区域比例尺应不低于1∶2 000；畜禽养殖场、排污口、垃圾处理点、污水处理厂（站）、排放污染物的企业（作坊）等对环境影响较大的设施应在工作底图上标识。

4.1.6　调查成果应建立电子文档留存并备份，宜采用数据库管理。

【释义】　本条是关于生态清洁小流域调查成果的规定。主要包括以下内容：

调查成果应建立电子文档留存并备份，宜采用数据库管理。调查成果主要包括调查计划方案、现场记录、调查汇总文字、调查表格、调查图件等。

小流域调查成果，既要为小流域生态建设规划和可行性研究报告服务，也要为下一阶段初步设计报告服务。因此，各阶段调查要求是不同的，应参照小流域规划、可行性研究及初步设计相关规范要求制定调查方案、开展调查活动、分析调查数据和整理调查成果。

二、水土保持调查

4.2.1　水土保持调查应包括水土流失调查和水土流失综合治理调查。

【释义】　本条是关于生态清洁小流域水土流失调查的规定。水土保持调查由水土流失调查和水土流失综合治理调查组成。水土流失调查包括小流域水土流失类型、分布、强度及面积等。水土流失综合治理调查应包括小流域已实施的水土保持措施类型、分布、面积、保存情况、防治效果，水土流失防治经验及存在的问题等。

4.2.2　水土流失调查应包括小流域水土流失类型、分布、强度及面积。

【释义】　本条是关于生态清洁小流域水土流失调查的规定。结合水土保持动态监测数据，进行现场复核，确定水土流失的主要类型（水力侵蚀、风力侵蚀、重力侵蚀或混合侵蚀）、水土流失强度、水土流失面积以及水土流失分布等。调查成果应填写表2-4-4。

表2-4-4　小流域水土流失现状调查表

小流域名称：　　　　　　　　　　　　　　小流域代码：

小流域总面积/km^2	水土流失面积							平均土壤侵蚀模数/[t/(km^2·a)]
	合计/hm^2	轻度		中度		强烈以上		
		面积/hm^2	占比/%	面积/hm^2	占比/%	面积/hm^2	占比/%	

4.2.3　水土流失综合治理调查应包括小流域已实施的水土保持措施类型、分布、面积、保存情况、防治效果，水土流失防治经验及存在的问题等。调查应按GB/T 51297的有关规定执行。

【释义】　本条是关于生态清洁小流域水土流失综合治理调查的规定，主要内容如下：

（1）封育工程调查。

调查范围应包括工程建设区及周边影响区，调查内容应包括封育保护面积、禁封标牌数量以及护栏长度。可采用遥感数据进行识别或结合当地已经完工及正在开展的生态项目的设计方案对相关数据进行收集，并进行人工现场复核。调查成果应填写表2-4-5。

表 2-4-5　小流域水土流失综合治理现状表

小流域名称：　　　　　　　　　　　　　　　　　　小流域代码：

小流域名称	小流域代码	封育保护			梯田/hm^2	水土保持林		经济林/hm^2	种草/hm^2	塘坝/座	水池水窖/座	谷坊		淤地坝/拦沙坝/座	护坡/延米	挡土墙/延米	排洪沟渠/延米	生产道路/km	防护坝		备注
		面积/hm^2	封禁标牌/块	护栏/m		乔木林/hm^2	灌木林/hm^2					总数量/座	其中不透水/座						护村坝/延米	护地坝/延米	

(2)林、草、梯田调查。

调查范围应包括工程建设区及周边影响区。调查内容应该包括梯田面积、水土保持林(乔木林面积和灌木林面积)、经济林面积、种草面积。可通过当地农业、林业部门或“三调”数据获取该信息,并结合现场调查进行复核。调查成果应填写表2-4-5。

(3)截排水和小型蓄水工程调查。

调查范围应包括工程所在汇水区及其下游可能影响区。调查内容应包括塘坝数量、水池水窖数量、谷坊(总数和不透水谷坊数量)、淤地坝/拦沙坝数量、护坡长度、挡土墙长度、排洪沟渠长度、生产道路长度、防护坝(护村坝和护地坝)长度。可通过地方政府部门、农村发展机构、水利部门、环保机构和土地管理部门获取以上数据,并通过实地考察,现场测量等方式进行复核。调查成果应填写表2-4-5。

三、沟(河)道水系调查

4.3.1　**应对小流域内主要沟(河)道进行调查,调查内容宜包括沟(河)道的汇水面积、沟(河)长、比降等水系基本情况,存在点源污染或大面积农业耕作的小流域还应调查断面水质水量情况。**

【释义】　本条是关于生态清洁小流域沟(河)道水系调查的规定,主要方法如表2-4-6所示。

可基于地形数据及实地调研,对小流域内主要沟(河)道进行调查,调查内容宜包括沟(河)道的汇水面积、沟(河)道长度、比降等水系基本情况。调查成果应填写表2-4-6。

可通过查询当地水资源公报来获取水量信息。宜结合当地已经完工或正在开展的生态项目的设计方案及咨询当地水利部门,以及调研等,确定沟(河)道的已治理情况、岸坡状况、小型水利工程类型及数量、排污口数量、垃圾堆放点、存在问题(岸坡坍塌、冲刷、河道淤积等)等。调查成果应填写表2-4-6。

4.3.2　**宜对沟(河)道的已治理情况、岸坡状况、小型水利工程类型及数量、排污口数量等进行调查。**

【释义】　本条是关于生态清洁小流域沟(河)道水系调查的规定,调查表如表2-4-6所示。

4.3.3　**宜对沟(河)道的主要适生植物种类等进行调查。**

【释义】　本条是关于生态清洁小流域沟(河)道水系调查的规定,主要方法如下:

水质和水量调查应采取实地考察、村民询问、定点监测的方式,对小流域可能形成污染的各点源包括家畜养殖、生活污水与垃圾、民俗旅游、采矿点、施用化肥农药等进行详细调查,以定量了解污染源的分布特点、污染程度、污染方式等情况,进而进行调查地点选取。水质化学指标调查尽量在汛期(6—9月)或有水时段采样;适生植物调查应在枯水期(4月或5月)和丰水期(8月或9月)调查。调查成果应填写表2-4-6。

表 2-4-6　小流域沟(河)道水系基本情况调查表

小流域名称：　　　　　　　　　　　　小流域代码：

沟(河)道名称	汇水面积/km^2	沟(河)道长度/m	比降/%	多年平均径流量/m^3	水质[a]	适生植物种类	沟(河)道已建小型水利设施	现状护岸情况[b]	已治理的沟(河)道/延米	污水排放口/个	垃圾堆放点/处	存在问题(岸坡坍塌、冲刷、河道淤积等)	备注

注：[a]对有水的沟(河)道调查水质，根据 GB 3838 的要求填写水质类别。

[b]现状护岸情况按照植物护岸、工程护岸、综合护岸、自然护岸填写。

四、人居环境调查

4.4.1　人居环境调查宜包括下列内容：

1　位置、居住区面积和常住人口等。

2　生活污水及生活垃圾收集、处理、排放和综合利用。

3　卫生厕所普及。

4　村庄(社区)绿化美化。

5　新能源利用。

6　防洪安全及村庄排洪沟等安全防护措施。

【释义】　本条是关于生态清洁小流域人居环境调查的规定，内容包括：位置、居住区面积和常住人口等；生活污水及生活垃圾收集、处理、排放和综合利用；卫生厕所普及；村庄(社区)绿化美化；新能源利用；防洪安全及村庄排洪沟等安全防护措施。

主要方法如下：

(1)可通过遥感信息结合现场调查，确定当地居民距最近河道距离、村庄(社区)绿化面积、排洪渠长度等信息。调查成果应填写表2-4-7。

表2-4-7　小流域人居环境基本情况调查表

小流域名称：　　　　小流域代码：

序号	名称[a]	距最近河道/km	用水水源	日均生活用水量/[m³/(人·d)]	生活污水处理				生活垃圾处理		卫生厕所普及率/%	村庄(社区)绿化美化面积/m²	排洪渠/m	新能源利用方式[c]
					日排放量/(m^3/d)	处理模式[b]	日处理量/(m^3/d)	用途	日生产量/(t/d)	生活垃圾收集设施数量/座及处置量/(t/d)				

注：[a]按照人居环境调查的行政区填写，村名、乡镇名或县城名。

[b]处理模式按照分户污水处理、村庄集中处理、纳入城镇污水管网3类分别填写。

[c]新能源利用方式，包括沼气、太阳能、风能等。

(2)可通过联系当地环保或水务部门获取相关信息，并结合现场调查，确定当地居民用水水源、日均生活用水量、生活污水处理(日排放量、处理模式、日处理量、用途)、生活垃圾处理(日生产量、生活垃圾收集设施数量及处置量)等信息。调查成果应填写表2-4-7。

(3)农村卫生厕所普及率指卫生厕所数占总厕所数量的比例。卫生厕所指基于村庄具体情况建设的三格化粪池式、沼气式、双瓮漏斗式、密闭发酵式等预防污染、卫生的厕所，也包括管网完善的具有给水和排水设施的水冲式厕所。调查卫生厕所普及率，可通过联系当地卫生部门并进行实地调查来统计该信息。调查成果应填写表2-4-7。

当地新能源利用方式可查询当地能源部门正在进行的新能源项目进行调查。调查成果应填写表 2-4-7。

五、旅游资源调查

4.5.1　旅游资源调查，宜包括下列内容：

1　小流域内民俗文化、人文资源。

2　旅游资源的类型、性质与特征。

3　交通情况。

4　与周边旅游集散地和主要旅游区关系。

5　旅游资源保存与开发现状和开发潜力。

【释义】　本条是关于生态清洁小流域旅游资源调查的规定，内容包括：小流域内民俗文化、人文资源；旅游资源的类型、性质与特征；交通情况；与周边旅游集散地和主要旅游区关系；旅游资源保存与开发现状和开发潜力；防洪安全及村庄排洪沟等安全防护措施。

主要方法如下：

可根据遥感调查及现场观测，调查旅游资源的现存状况、形态、特性、特征等，以此来划分旅游资源类型；环境背景和历史成因信息，可通过收集当地与旅游资源及其赋存环境有关的各类文字描述资料，包括地方志书、乡土教材、旅游区与旅游点介绍、规划与专题报告等来完成；周边市(县)可通过查阅地图资料填写；年游客累计数量信息可通过咨询当地旅游管理机构获取。调查成果应填写表 2-4-8。

表 2-4-8　小流域旅游资源调查表

类型[a]	环境背景	历史成因	周边市/县	年游客累计数量/(万人次)	备注

注：[a] 类型可按照 GB/T 18972 标准中旅游资源分类表中主类填写。

六、绿色产业调查

4.6.1　绿色产业调查应调查小流域内绿色产业类型，其他调查内容宜包括绿色产业的规模、效益、形成的特色品牌、开发潜力以及绿色产业在生态清洁小流域建设中的作用等。

4.6.2　小流域内绿色产业类型调查内容宜包括特色农业、特种用途林、农产品深加工、休闲观光农业等。

【释义】　本条是关于生态清洁小流域绿色产业调查的规定，绿色产业类型和其他调查内容，包括绿色产业的规模、效益、形成的特色品牌、开发潜力以及绿色产业在生态清洁小流域建设中的作用，特色农业、特种用途林、农产品深加工、休闲观光农业等。

主要方法如下：

绿色产业是指依靠科技，以绿色生产机制力求节约资源、减少污染，符合环保要求的产业，包括节能环保产业、清洁生产产业、清洁能源产业、生态环境产业、基础设施绿色升级、绿色服务等六大类。绿色产业调查应调查小流域内绿色产业类型，其他调查内容宜包括规模、效益、形成的特色品牌、开发潜力以及绿色产业在生态清洁小流域建设中的作用等。可通过咨询当地政府的经济发展部门或工业园区管理机构并结合现场调查对以上信息进行获取。

七、污染源调查

4.7.1　**污染源调查应包括点源污染调查和面源污染调查。**

【释义】　本条是关于生态清洁小流域污染源调查的规定，污染源调查由点源污染调查和面源污染调查组成。点源污染调查应包括企事业单位废水等调查。调查内容宜包括小流域内污染源位置、规模、水源、年用水量与废水排放及处置情况。面源污染调查应包括农业种植情况、畜禽养殖情况等调查。农业种植情况调查宜包括小流域内耕地和园地的化肥、农药施用情况、农膜使用情况等；畜禽养殖情况调查宜包括小流域内粪污排放量、处理及综合利用等。

4.7.2　**点源污染调查应包括企事业单位废水等调查。调查内容宜包括小流域内污染源位置、规模、水源、年用水量与废水排放及处置情况。**

【释义】　本条是关于生态清洁小流域点源调查的规定，主要方法如下：

小流域点源污染调查应包括企事业单位废水等调查。可通过与企事业单位联系获取相关资料或查询相关环境监测数据，结合现场调查复核，填写污染源位置、规模、水源、年用水量与废水排放及处置等情况。调查成果应填写表2-4-9。

表2-4-9　小流域企事业单位废水调查表

小流域名称：　　　　　　　　　　　　　　　　小流域代码：

序号	企事业单位名称	所属行政区	距最近河道/km	用水水源	年用水量/万 m^3	年排放量/万 m^3	废水年处理量/万 m^3	废水排放达标率/%	中水利用量/万 m^3	备注

4.7.3　**面源污染调查应包括农业种植情况、畜禽养殖情况等调查。农业种植情况调查宜包括小流域内耕地和园地的化肥、农药施用情况、农膜使用情况等；畜禽养殖情况调查宜包括小流域内粪污排放量、处理及综合利用等。**

【释义】　本条是关于生态清洁小流域面源污染调查的规定，主要方法如下：

小流域面源污染调查应包括农业种植情况、畜禽养殖情况等调查。农业种植情况调查宜包括小流域内耕地和园地的化肥、农药施用情况、农膜使用情况等；畜禽养殖情况调查宜包括小流域内粪污排放量、处理及综合利用等。

基于影像及现场调查，获取农业种植的耕地/园地类型、面积、农膜覆盖面积等信息；联系当地农业部门获取相关资料并结合农户问卷调查，填写化肥施用药施用种类、农药施用强度等信息；通过环境监测数据并结合实际调查，填写养殖种类、养殖模式、产量、粪污去向、污水年排放量、污水去向等情况。调查成果应填写表 2-4-10。

表 2-4-10　小流域面源污染调查表

小流域名称：　　　　　　　　　　　　　　　　　　小流域代码：

序号	所属行政区名	农业种植					畜禽养殖					
		耕地/园地类型[a]	面积/hm^2	化肥施用强度[b]/(kg/hm^2)	农药施用种类与强度[c]/(mL/hm^2)	农膜覆盖面积/hm^2	养殖种类	养殖模式[d]	产量	粪污去向	污水年排放量/万 m^3	污水去向

注：[a]按照 GB/T 21010 标准中耕地/园地二级分类填写。

[b]一年内单位面积的化肥施用量。化肥施用量按折纯量计算，折纯量是指将氮肥、磷肥、钾肥分别按氮、五氧化二磷、氧化钾的量进行折算后的数量。

[c]填写施用的农药名称与相应年施用量，年施用量通过调查年施用次数与单次剂量获取。

[d]畜禽养殖模式分为规模养殖及散养。

第五章　建设布局

一、一般规定

5.1.1　**在调查的基础上，制定建设工作方案，确定生态清洁小流域建设类型、建设目标、分区布局和任务分工等内容。**

【释义】　本条是关于生态清洁小流域建设的规定，包括建设类型、建设目标、分区布局和任务分工。生态清洁小流域建设前，县级有关部门要以流域为单元，编制生态清洁小流域建设工作方案，明确建设目标、建设内容、任务分工和资金筹措等，原则上建设工作方案按 1~2 年实施期编制。建设工作方案要做好与本级水安全保障、生态环境保护、林草、乡村振兴等规划的衔接。可分为以下几个阶段制定：

(1)收集与整理资料。通过查阅相关的文献、资料找出小流域自然地理概况，然后通过实地调查分析找出小流域存在的问题并分析其沟道坡面的稳定性和安全性。

(2)问题诊断。找出该小流域存在的问题，结合已有的资料和实地调查的结果，分析小流域在水土保持、水质、沟(河)道水系、人居环境等方面需要进行治理的问题，结合小流域的本底优势，确定生态清洁小流域建设类型(水源保护型、生态旅游型、和谐宜居型、休闲康养型、绿色产业型)。结合不同地形地势的水土流失特点、土地利用方向、人类活动状况，确定建设目标。

(3)措施布局。以问题诊断分析为基础进行措施布局，进行小流域三区划分并根据三区划分的结果因地制宜地布设。例如，存在垃圾收集装置不足的布设相应收集设施，坡面裸露的地方布设植物措施，道路破损的地方进行重新设计。

(4)效益预测。在各项措施实施后,按 GB/T 15774—2008《水土保持综合治理 效益计算方法》规定的计算方法计算在项目实施后的林草植被覆盖率和减少水土流失量。

(5)总结建议。通过前面的设计分析得出结论,并结合设计的施工注意事项及对今后该地区的发展提出建议。

(6)任务分工。预算资金筹措渠道,在水利、农业、林业、乡村振兴等部门进行任务分工,确定年度工作任务和时间节点等。

(7)完成建设工作方案。

5.1.2 生态清洁小流域建设宜按预防保护区、综合治理区和生态修复区进行分区布局和措施布设。

【释义】 本条是关于生态清洁小流域不同区进行措施分区布局的规定,以水源保护、生态旅游、和谐宜居、休闲康养、绿色产业等为主要目标,根据不同地形地势的水土流失特点、土地利用方向及人类活动状况,将小流域划分为预防保护区、综合治理区和生态修复区 3 个功能区。

(1)预防保护区。主要指小流域内山高坡陡、人烟稀少地区及泥石流易发区,一般为坡上部,坡度大于 25°。

(2)综合治理区。主要指小流域内农业种植区(粮食作物种植区和经济林果种植区等)及人类活动频繁地区(城镇或农村居住区、餐饮服务区、商品经营区、政府机关办公区、学校医院文教卫生区、农业养殖区、工业园区等),一般为坡中、下部,坡度小于 25°。

(3)生态修复区。主要指小流域内沟(河)道两侧及水库周边地带。

二、分区布局

5.2.1 预防保护区措施布局应满足下列要求:

1 在人类活动较少、林草植被较好的区域,宜以封育保护为主,依靠自然修复防治水土流失。

2 在林草植被稀疏的区域,可采取补植补种、抚育等措施。

3 应采取防止人为扰动破坏、污染物超标排放等预防保护措施。

【释义】 本条是关于生态清洁小流域预防保护区措施布局要求的规定。在人类活动较少、林草植被较好的区域,宜以封育保护为主,依靠自然修复防治水土流失;在林草植被稀疏的区域,可采取补植补种、抚育等措施;应采取防止人为扰动破坏、污染物超标排放等预防保护措施。

在中山、低山及人烟稀少地区,实行全面封禁,禁止人为开垦、过度砍割和放牧等生产活动,实施生态移民,适度开展生态旅游,合理利用自然资源,减少人为活动和人为干扰,充分依靠大自然的力量进行自然修复,发挥植被特别是灌草植被的生态功能,实现自然保水。主要针对坡面坡度大于 25°或土层厚度低于 25 cm 的区域,可布设封禁标牌、拦护设施等。

5.2.2 综合治理区措施布局应满足下列要求:

1 水土流失较为严重、农林牧等生产活动较为频繁的区域,应作为水土流失综合治理的重点区域,主要治理措施包括营造水土保持林,种草,修建梯田、生产道路、坡面水系

工程,沟头防护,修建淤地坝、拦沙坝、谷坊、塘堰,保土耕作等。

2 耕地和园地应综合配置面源污染防治措施,主要包括保土耕作措施、测土配方施肥等科学施肥技术、节水灌溉以及配置农田生态沟渠等。禁止开垦坡度以上的耕地应结合实际采取退耕还林还草等措施。

3 村庄及城镇周边地区治理措施应包括垃圾收集处置与污水处理、卫生厕所建设、环境绿化美化等人居环境整治提升措施。

【释义】 本条是关于生态清洁小流域预防保护区措施布局要求的规定。水土流失较为严重、农林牧等生产活动较为频繁的区域,应作为水土流失综合治理的重点区域,主要治理措施包括营造水土保持林,种草,修建梯田、生产道路、坡面水系工程,沟头防护,修建淤地坝、拦沙坝、谷坊、塘堰,保土耕作等。耕地和园地应综合配置面源污染防治措施,主要包括保土耕作措施、测土配方施肥等科学施肥技术、节水灌溉以及配置农田生态沟渠等。禁止开垦坡度以上的耕地应结合实际采取退耕还林还草等措施。村庄及城镇周边地区治理措施应包括垃圾收集处置与污水处理、卫生厕所建设、环境绿化美化等人居环境整治提升措施。

在人口相对密集的浅山、山麓、坡脚等农区,进行农业种植结构调整,减少化肥农药的使用,发展与水源保护相适应的生态农业、观光农业、休闲农业,减少面源污染。加强小型水利基础设施建设,改善生态条件,同时在村镇及旅游景点等人类活动和聚集区建设小型污水处理及流域垃圾处理设施,改善人居环境。实施保护性耕作、坡耕地退耕还林(草),建设基本农田、小水池、小水窖、小型污水处理及垃圾处理等设施,实现“清洁流域”。

(1)坡度15°以下,土质较好、距村庄较近、交通便利的坡耕地、经济林用地或已破损的梯田和坝阶地地块,宜修筑梯田。15°以上的坡耕地不宜修筑梯田,宜改为林草用地。

(2)坡度5°~15°,地形较为破碎的经济林地,可布设树盘措施。坡度小于8°的经济林地上可修筑土树池。

(3)土层厚度大于30 cm、坡度小于15°的退耕地及荒坡地宜造经济林。

(4)土层厚度大于25 cm、坡度小于25°的坡地及沟(河)道两岸、湖泊水库四周、渠道沿线宜营造水土保持林。

(5)退耕地、撂荒地、沟头、沟边、沟坡、梯田田坎、废弃地及村头空地等可选择乡土草种和耐旱草种进行绿化。

(6)废弃的开发建设用地及砂石坑地区可根据土地的利用方向进行土地整治,不应开山造地或围垦河滩造地。

(7)有灌溉条件的农地可采取节水灌溉措施,灌溉水源宜优先考虑使用集蓄雨水和再生水。

(8)土石山区的支毛沟,坡度3°~6°、沟底下切侵蚀剧烈发展的沟段,可布设谷坊措施。

(9)流域上游存在弃渣及植被破坏严重等情形、下游为水库等水源的沟道,可布设拦沙坝。

(10)风化、碎石崩落、坍塌严重的坡脚及边坡,应修建挡土墙。

(11)破坏严重、土层裸露、稳定性差的边坡,可布设植物护坡、工程护坡、综合护坡等措施。

(12)根据流域内村镇建设规划、经济发展现状和污水排放数量,合理规划布局污水处理设施。

(13)路面不平整、径流冲刷严重的田间生产道路和人行步道应进行整修硬化。

5.2.3　生态修复区措施布局应满足下列要求:

1　应对影响沟(河)道安全的淤积物、违章设施、堆放物、垃圾和非必要的横向挡水设施等进行清理。

2　应在沟(河)道有岸坡冲刷、坍塌,并影响农业生产的区段采取生态护岸等措施。

3　水库、湖塘等周边应因地制宜设置植物过滤带、人工湿地等措施。

【释义】　本条是关于生态清洁小流域生态修复区措施布局建设的规定,应对影响沟(河)道安全的淤积物、违章设施、堆放物、垃圾和非必要的横向挡水设施等进行清理;应在沟(河)道有岸坡冲刷、坍塌,并影响农业生产的区段采取生态护岸等措施;水库、湖塘等周边应因地制宜设置植物过滤带、人工湿地等措施。

河道两侧及湖库周边是治理重点,在湖库滨带实施水源保护工程建设,封河育草、沟道水系建设、湿地保护。通过适当的生物措施和工程措施,有效发挥灌木和水生植物的水质净化功能,维系河道及湖库周边生态系统,控制侵蚀、改善水质、美化环境。村庄、道路和农田河(沟)道受洪水威胁区域,可以村庄道路和农田等作为防护对象,根据防护标准,修建护村坝、护地坝和护路坝等。河道两侧及湖库周边缓冲带内,自然植被遭受人为破坏的地段宜进行河岸(库滨)带治理。受到破坏的湿地,可结合砂石坑治理,通过改善恢复其立地条件、栽植水生植物、投放鱼苗等方法恢复湿地生态系统。影响沟(河)道行洪安全的淤积物、违章设施、堆放物和垃圾等应进行清理。

三、措施体系

5.3.1　水源保护型生态清洁小流域措施布设宜以封禁、补植补种、低效林改造、植物过滤带、护坡、人工湿地等措施为主,局部辅以坡面与沟(河)道水土流失治理措施。

【释义】　本条是关于水源保护型生态清洁小流域措施体系的规定,详见表2-5-1。

5.3.2　生态旅游型生态清洁小流域措施布设宜以生态保护、科学普及、景观美化、坡面水土流失治理与沟(河)道及湖库周边生态修复等措施为主。

【释义】　本条是关于生态旅游型生态清洁小流域措施体系的规定,详见表2-5-1。

5.3.3　和谐宜居型生态清洁小流域措施布设宜以周边生态景观保护与建设、水景观保护与修复、环境绿化美化、坡面水土流失治理与沟(河)道及湖库周边生态修复等措施为主。

【释义】　本条是关于和谐宜居型生态清洁小流域措施体系的规定,详见表2-5-1。

5.3.4　休闲康养型生态清洁小流域措施布设宜以自然与人文等休闲康养资源保护与建设、水生态与景观保护与修复、坡面水土流失治理与沟(河)道及湖库周边生态修复等措施为主。

【释义】　本条是关于休闲康养型生态清洁小流域措施体系的规定,详见表2-5-1。

表 2-5-1 生态清洁小流域措施体系

序号	措施分区	措施种类	建设类型				
			水源保护型	生态旅游型	和谐宜居型	休闲康养型	绿色产业型
1	预防保护区	封育	■	■	■	■	★
2		低效林改造	■	■	★	■	★
3		退化林修复	■	■	★	■	★
4		其他					
5	综合治理区	水土保持林	■	■	★	★	■
6		经济林	★	■	■	★	■
7		种草	■	■	■	■	■
8		梯田	★	■	★	■	■
9		坡面水系工程	★	■	■	★	■
10		沟头防护工程	★	★	★	★	■
11		淤地坝	★	★	★	★	■
12		拦沙坝	★	★	★	★	■
13		谷坊	★	★	★	★	■
14		护坡	■	■	■	■	■
15		生产道路建设	★	★	★	★	■
16		土地整治	■	■	■	■	★
17		保土耕作	★	★	★	★	■
18		测土配方施肥	★	★	★	★	■
19		节水灌溉	★	★	★	★	■
20		农田生态沟渠	★	■	★	★	■
21		村庄(社区)绿化美化	■	■	■	■	★
22		生活垃圾处置	■	■	■	■	★
23		农村厕所建设	■	■	■	■	■
24		污水处理	■	■	■	■	★
25		其他					
26	生态修复区	沟(河)道清理	■	■	■	■	★
27		植物过滤带	■	■	■	■	★
28		护岸工程	■	■	■	■	★
29		人工湿地	■	■	★	■	★
30		滨岸带治理	■	■	■	■	★
31		其他					

注:1. ■重要措施,★次要措施;具体到每条小流域,应因地制宜布设相应防治措施。
2. 南方、平原水网区可将农村人居环境整治的相关措施划入生态修复区。

5.3.5　绿色产业型生态清洁小流域措施布设宜以生草覆盖、坡地台田条田化、林下水土流失治理、非生态区林草植被保护与建设、村镇及产业加工区绿化美化等措施为主。

【释义】　本条是关于绿色产业型生态清洁小流域措施体系的规定，详见表2-5-1。

5.3.6　生态清洁小流域分区及对应的建设措施体系可参照附录B。

【释义】　本条是关于生态清洁小流域措施体系的规定，主要内容如下：

以习近平新时代中国特色社会主义思想为指导，按照产业兴旺、生态宜居、乡风文明、治理有效、生活富裕的总要求，依托绿水青山、田园风光和乡土文化等优势条件，实施"小流域+"，因地制宜打造水源保护型、生态旅游型、绿色产业型、和谐宜居型、休闲康养型等特色小流域产业综合体。

坚持山水林田湖草沙一体化保护和系统治理，从生态系统整体性和流域系统性出发，遵循生态系统内在规律和机理，统筹考虑自然生态各要素和经济社会发展，以问题和目标为导向，充分结合林长制、河湖长制工作以及水美乡村建设、水系连通项目等，因地制宜、科学推进水土流失综合治理，提升生态系统质量和稳定性。根据小流域的自然条件、功能类型区、水土流失、污染源特点等，明确防治目标，确定防治措施总体布置。

第六章　防治措施

一、一般规定

6.1.1　生态清洁小流域建设应结合建设类型和分区，因地制宜布设防治措施。

【释义】　本条是关于生态清洁小流域防治措施的规定，生态清洁小流域防治措施的建设应考虑建设类型和分区，因地制宜布设防治措施。

6.1.2　应将防治措施落实到地块上，并绘制生态清洁小流域防治措施分布图。

【释义】　本条是关于生态清洁小流域防治措施实施要求的规定。生态清洁小流域防治措施的布设应在建设布局的基础上展开，因地制宜布设防治措施。在建设实践中，鼓励使用各类清洁能源和可再生能源技术，降低碳排放量。同时，积极探索各类新措施和新技术的应用。

各项防治措施应落实到地块上，并绘制生态清洁小流域防治措施分布图。图件应满足SL 73.6《水利水电工程制图标准 水土保持图》的相关要求。

本规范共有26项防治措施，各项措施设计应满足相应规范要求，详见表2-6-1。

表2-6-1　防治措施涉及的相关规范

名称	相关标准、规范
封育	GB 51018《水土保持工程设计规范》 GB/T 15163《封山(沙)育林技术规程》
低效林改造	LY/T 1690《低效林改造技术规程》

续表 2-6-1

名称	相关标准、规范
退化林修复	LY/T 3179《退化防护林修复技术规程》 LY/T 2786《三北防护林退化林分修复技术规程》
水土保持林	GB 51018《水土保持工程设计规范》 GB/T 16453. 2《水土保持综合治理 技术规范 荒地治理技术》 GB/T 15776《造林技术规程》 GB/T 18337. 3《生态公益林建设 技术规程》
经济林	GB/T 15776《造林技术规程》
种草	GB 51018《水土保持工程设计规范》
梯田	GB 51018《水土保持工程设计规范》 GB/T 16453. 1《水土保持综合治理 技术规范 坡耕地治理技术》
坡面水系工程	GB 51018《水土保持工程设计规范》
沟头防护工程	GB 51018《水土保持工程设计规范》 GB/T 16453. 3《水土保持综合治理 技术规范 沟壑治理技术》
淤地坝	SL/T 804《淤地坝技术规范》 GB/T 16453. 3《水土保持综合治理技术规范 沟壑治理技术》
拦沙坝	SL/T 804《淤地坝技术规范》 GB 51018《水土保持工程设计规范》
谷坊	GB 51018《水土保持工程设计规范》 GB/T 16453. 3《水土保持综合治理 技术规范 沟壑治理技术》
护坡	SL 386《水利水电工程边坡设计规范》 LY/T 2771《北方地区裸露边坡植被恢复技术规范》
生产道路建设	JTG/T 3311《小交通量农村公路工程设计规范》
土地整治	GB 51018《水土保持工程设计规范》
保土耕作	GB 51018《水土保持工程设计规范》 GB T 16453. 1《水土保持综合治理 技术规范 坡耕地治理技术》
面源污染防治	NY/T 496《肥料合理使用准则 通则》 NY/T 1118《测土配方施肥技术规范》 GH/T 1354《废旧地膜回收技术规范》 GB/T 8321《农药合理使用准则》 HJ 556《农药使用环境安全技术导则》 GB/T 50363《节水灌溉工程技术标准》
植物过滤带	LY/T 2639《华北地区河溪植被缓冲带建设技术规程》

续表 2-6-1

名称	相关标准、规范
人工湿地	HJ 2005《人工湿地污水处理工程技术规范》
村庄(社区)绿化美化	GB/T 32000《美丽乡村建设指南》
生活垃圾处置	GB/T 51435《农村生活垃圾收运和处理技术标准》
农村厕所建设	GB/T 38353《农村公共厕所建设与管理规范》
污水处理	GB/T 51347《农村生活污水处理工程技术标准》 GB 5084《农田灌溉水质标准》 NY/T 4046《畜禽粪水还田技术规程》 GB/T 25246《畜禽粪便还田技术规范》

二、封育

6.2.1　**坡度大于25°或人类生产、生活活动较少的山林地，宜采用封育保护，可设置封禁标牌和拦护设施。**

【释义】　本条是封育(封山育林)地理位置和具体措施的规定。封育是利用森林的更新能力，在自然条件适宜的山区，实行定期封山，禁止垦荒、放牧、砍柴等人为的破坏活动，以恢复森林植被的一种育林方式。根据项目区水土流失情况、原有植被状况及当地群众生产生活实际，封育方式可分为全封、半封或轮封。依据项目区立地条件，封育可分为乔木型、乔灌型、灌木型、灌草型、竹林型。

6.2.2　**自然封育恢复林草植被难度大的区域，应按宜林则林、宜草则草的原则采取补植补种措施，补植树草宜选用优良乡土物种。**

【释义】　本条是关于生态清洁小流域封育原则的规定，自然封育恢复林草植被难度大的区域，应该根据当地的土壤、气候等条件，采取相应的措施来促进植被的恢复，补植树草宜选用优良乡土物种，以确保它们更适应当地的生长环境，从而提高恢复植被的成功率。

6.2.3　**封育设计应符合 GB 51018 的规定。**

【释义】　本条是关于生态清洁小流域封育设计的参考标准，主要内容如下。

1. 封育范围

具有母树、天然下种条件或萌蘖条件的荒地、残林疏林地、退化天然草地；不适宜人工造林的高山、陡坡、水土流失严重地段；沙丘、沙地、海岛、沿海泥质滩涂等经封育有望成林(灌)或增加植被盖度的地块。

2. 封育设计

封山(沙)育林作业以封育区为单位，设计内容应包括封育区范围及概况、封育类型、封育方式、封育年限、封育组织和封育责任人、封育作业措施、投资概算、封育效益及相关附表、附图。

封育年限，由于水热条件差异，南北方存在差异，一般2~10年不等，具体见表2-6-2。

表 2-6-2 封育年限

封育类型		封育年限/年	
		南方	北方
无林地和疏林地封育	乔木型	6~8	8~10
	乔灌型	5~7	6~8
	灌木型	4~5	5~6
	灌草型	2~4	4~6
	竹林型	4~5	—
有林地和灌木林地封育		3~5	4~7

3. 封育的配套设施

封育区域设置警示标志。封育面积 100 hm^2 以上的,最少设立 1 块固定标牌,人烟稀少的区域可相对减少;根据封禁范围和人畜危害程度设置,每个管护人员管护面积宜为 100~300 hm^2;在牲畜活动频繁地区设置围栏及界桩。封育区无明显边界或无区分标志物时,可设置界桩以示界线;在以烧柴为主要燃料来源的封育区域配置节柴灶和沼气池等;在牧区封育时对牲畜进行舍饲圈养。

4. 示例——以厦门市翔安区封山育林为例

为了促使植被恢复和增加,减少每年进入河流的泥沙,减轻洪涝、干旱、滑坡等自然灾害,厦门市翔安区计划治理水土流失区,采取封育措施。

封育方式:根据翔安区的实际情况,结合封育区的自然条件,采用全封和半封相结合的方式。全封的封育对象分布于高山、远山、石头山、河流上游、水库附近、水土流失严重区域及高速公路、铁路沿线的第一重山省级以上生态公益林。全区全封面积 3 546 hm^2。半封的对象为除全封外的省级以上生态公益林。全区半封面积 2 016. 20 hm^2。

封育年限:根据相关政策,封育年限设计为 5 年,分 2 期实施,即 2015—2019 年、2016—2020 年。

封山育林的建设内容:在封山育林区周围明显处设置封山育林固定标志牌,规格为 10 m×4 m。碑上标明四至范围、封育面积、封育年限、封育方式、管护人员、封育区示意图。在封山育林区的森林公园游览区以及高速公路、铁路沿线的一重山树立永久性宣传牌,规格为 20 m×8 m。标志牌、宣传牌均采用砖混结构。全区共设置 18 块标志牌、1 块宣传牌。对于省级生态公益林现状郁闭度 0. 4 以下的林分、疏林地和无立木林地,采用人工补植造林方式,营造乡土常绿阔叶树种。人工造林采取林地清理、整地挖穴、补植造林等育林措施,根据调查,全区补植造林面积共计 35. 2 hm^2。

封山育林的保障措施:①加强人工巡护。按照每 333. 33 hm^2 配备 1 名专职护林员的标准,全区共配备 19 名护林员。高火险期和灾害敏感期加大巡护频次,保证封育区内无毁林及破坏封育设施的现象发生。②杜绝森林火灾的发生。为消除火灾隐患,翔安区每年都投入大量资金对防火便道、生物防火林带进行维修,并严控野外用火审批,杜绝森林火灾发生,确保森林资源安全。③做好森林病虫害测报防治工作。坚持"预防为主、综合防治”的方针，做好预报、预防森林病虫害工作，在积极采取封育措施的同时，辅之以生物防治法、化学防治法。

封山育林项目的实施，阻止了人类对林地植被的破坏，显著地提高了生物的多样性，改善了封育区森林资源及周边地区生态环境。2016—2020年厦门市翔安区计划治理水土流失面积850.47 hm^2，其中通过封育措施治理面积720 hm^2。

三、低效林改造

6.3.1　对林分结构和稳定性失调、林木生长发育迟滞或衰败死亡、系统功能退化或丧失的林地，应采取低效林改造。

【释义】　本条是对生态清洁小流域治理措施“低效林改造”的规定。低效林是指受人为或自然因素影响，林分结构和稳定性失调，林木生长发育迟滞，系统功能退化或丧失，导致森林生态功能、林产品产量或生物量显著低于同类立地条件下相同林分平均水平，不符合培育目标的林分总称。低效林改造是指为充分发挥低效林地的生产潜力，提高林分质量、稳定性和效益水平，而采取的改变林分结构、调整或更替树种等营林措施的总称。

6.3.2　低效林改造应符合LY/T 1690的规定。

【释义】　本条是关于生态清洁小流域低效林改造参考标准的规定，主要内容如下。

1.低效林的类型划分与评判标准。

低效林按起源可分为低效次生林和低效人工林。

1)低效次生林

低效次生林可分为轻度退化次生林和重度退化次生林。

(1)具备以下所有条件的次生林为轻度退化次生林：①主要由实生乔木组成，林分生长量或生物量较同类立地条件平均水平低30%~50%；②目的树种占林分树种组成比例的40%以下，生长发育受到抑制；③天然更新的优良林木个体数量少，<40株/hm^2；④土壤肥力和生态服务功能基本正常。

(2)具备以下所有条件的次生林为重度退化次生林：①林木90%多代萌生，林相残败，结构失调；②缺乏有效的进展演替树种，天然更新不良，具有自然繁育能力的优良林木个体数量<30株/hm^2；③林木生长缓慢或停滞，树高、蓄积生长量较同类立地条件林分的平均水平低50%以上；④土壤肥力和水土保持功能明显下降。

2)低效人工林

低效人工林分为经营不当人工林和严重受害人工林。

(1)以物质产品为主要经营目的的人工林，符合下列条件之一的为经营不当人工林：①生长缺乏活力，树高、蓄积生长量较同类立地条件林分的平均水平低30%以上；②林木生长停滞，林分郁闭度低于0.4以下，无培育前途；③林相残败，目的树种组成比重占40%以下，预期商品材出材率低于50%；④薪炭林经过2次以上樵采、萌芽生长能力衰退；⑤经济林产品连续3年产量较同类立地条件林分的平均水平低30%以上；⑥经济林林木或品种退化，产品类型和质量已不适应市场需求。

(2)以生态防护功能为主要经营目的的人工林，符合下列条件之一的为严重受害人工林；①林分郁闭度低于0.4以下的中龄林以上的林分；②林下植被盖度低于30%的林分;③断带长度达到林带平均树高的2倍以上,且缺带总长度占整条林带长度比例达20%以上,林相残败、防护功能差的防护林带;④受中度风蚀,沙质裸露,林相残败的防风固沙林。

(3)严重受害人工林,符合下列条件之一的:①发生检疫性林业有害生物的林分;②受害死亡木(含濒死木)株数比重占单位面积株树40%以上的林分;③林木生长发育迟滞,出现负生长的林分。

2.改造方式

低效林改造包括封育改造、补植改造、间伐改造、调整树种改造、效应带改造、更替改造以及综合改造等。

1)封育改造

(1)适用对象:有目标树种天然更新幼树幼苗的林分,或具备天然更新能力的母树分布,通过封育可望达到改造目的低效林分。主要为生态地位重要、立地条件差的退化次生林。

(2)封育方法:采取封禁并辅以人工促进天然更新措施。

2)补植改造

(1)适用对象:郁闭度低于0.4的低效林。

(2)补植树种:采用乡土树种,通过补植形成混交林,应选择能与现有树种互利、相容生长,且具备从林下到主林层生长的基本耐阴能力的目的树种。

(3)补植方法:根据林地目的树种林木分布现状确定补植方法,通常有均匀补植(现有林木分布比较均匀的林地)、群团状补植(现有林木呈群团状分布、林中空地及林窗较多的林地)、林冠下补植(现有主林层为喜光树种时在林冠下补植耐阴树种)等。

(4)补植密度:根据经营方向、现有株数和该类林分所处年龄阶段合理密度而定,补植后密度应达到该类林分合理密度的85%以上。

补植按GB/T 15781中6.5、7.6的规定执行。

3)间伐改造

(1)适用对象:轻度退化次生林、经营不当人工林和严重受害人工林。

(2)改造方法:需要调整组成、密度或结构的林分,间密留稀,留优去劣,可采取透光伐抚育;需要调整林木生长空间,扩大单株营养面积,促进林木生长的林分,可采用生长伐抚育,选择和标记目标树,采伐干扰树;对病虫危害林通过彻底清除受害木和病源木,改善林分卫生状况可望恢复林分健康发育的低效林,可采取卫生伐。

(3)采伐强度和要求:执行GB/T 15781中7.1、7.3和7.4的规定。

4)调整树种改造

(1)适用对象:重度退化次生林和严重受害人工林。

(2)调整树种:根据经营方向、目标和立地条件确定调整的树种或品种。执行GB/T 15776规定。

(3)改造方法:对针叶纯林采取抽针补阔、对针阔混交林采取间针育阔、对阔叶纯林采取栽针保阔,调整林分树种(品种)结构,选择和标记目标树,采伐干扰树。

(4)改造强度:根据改造林分的特性、改造方法和立地条件,按照有利于改造林迅速成林并发挥效益、无损于环境的原则确定。间伐强度不超过林分断面积的25%，或株数不超过40%（幼龄林）。

5）效应带改造

主要适用于重度退化次生林的改造。

改造方法执行GB/T 18337.3中5.3.2.2.2的规定。

6）更替改造

（1）适用对象：严重受害人工林。

（2）更换树种：根据经营方向，本着适地适树适种源的原则确定。

（3）改造方法：将改造小班所有林木一次全部伐完或采用带状、块状逐步伐完并及时更新。一次连片作业面积不得大于4 hm^2。通过2年以上的时间，逐步更替。

（4）限制条件：位于下列区域或地带的低效林不宜采取更替改造方式：

——生态重要等级为1级及生态脆弱性等级为1级、2级区域（地段）内的低效林；

——海拔1 800 m以上中、高山地区的低效林；

——荒漠化、干热干旱河谷等自然条件恶劣地区及困难造林地的低效林；

——其他因素可能导致林地逆向发展而不宜进行更替改造的低效林。

7）综合改造

适用于不能通过上述单一改造方式达到改造目标的低效林的改造。

根据林分状况，采取封育、补植、间伐、调整树种等多种方式和带状改造、林冠下更新、群团状改造等措施，提高林分质量。

四、退化林修复

6.4.1　对退化的天然次生防护林应采取以封育和补植为主的修复方式，对退化的人工防护林应视自然条件、退化情况等合理选择修复方式。

【释义】　本条是对生态清洁小流域治理措施"退化林修复"的规定。退化防护林是指由于生理衰败、遭受自然灾害、外部环境变化、人为过度干扰等，林分提前或加速进入衰退阶段，出现枯死、濒死、生长不良等现象，导致结构失调、稳定性降低、功能下降甚至丧失，且难以自然恢复的防护林。退化防护林修复是指遵从自然规律，对退化防护林采取更替、择伐补植、抚育、渐进、封育等措施，促使林分形成正常生长发育趋势，并逐步恢复至接近于退化前状态或向更好的地带性森林顶级群落有序发展的森林经营活动。

6.4.2　退化林修复应符合LY/T 3179的规定。

【释义】　本条是关于生态清洁小流域退化林修复参考标准的规定，主要内容如下。

1.退化防护林鉴定标准

符合下列特征之一，且难以自然恢复的防护林为退化防护林：

（1）枯梢、病腐等生理衰老特征明显，枯梢三分之二以上的林木株数占比20%（含）以上，林木生长衰竭的林分。

（2）因灾害产生树干腰折、劈裂，或出现倒伏、断（枯）梢三分之二以上等现象，且受害林木比重达40%（含）以上，林相残败的林分。

（3）发生林业检疫性有害生物、3年内无法通过防治措施根除的林分。

(4)非因林木个体之间竞争性生长影响，导致林木生长衰竭开始死亡，枯死木、濒死木株数比例达5%(含)以上，且逐年扩大呈现逆向发展趋势的片林。

(5)出现斑块状或群团状死亡，形成林中空地，郁闭度降至0.5以下、林木分布不均匀的片林(三北防护林执行LY/T 2786规定)。

(6)出现多株、带(条)状死亡，导致疏透度增至0.6(含)以上，或者连续断带长度达到林带平均树高2倍以上，且缺带总长度占整条林带长度比例达20%(含)以上，林相残破、防护功能差的林带。

(7)因老化连年枯死，难以维持稳定状态、覆盖度下降至40%以下，分布不均匀，防护功能持续下降的特殊灌木林。

2. 退化防护林的退化等级

退化防护林的退化等级分为重度退化、中度退化以及轻度退化三级。

1)重度退化

满足下列条件之一，可划定为重度退化：

(1)枯梢、病腐等生理衰老特征明显，枯梢三分之二以上的林木株数占比20%(含)以上，林木生长衰竭的林分。

(2)因灾害产生树干腰折、劈裂，或出现倒伏、断(枯)梢三分之二以上等现象，且受害林木比重达40%(含)以上，林相残败的林分。

(3)发生林业检疫性有害生物、3年内无法通过防治措施根除的林分。

(4)非因林木个体之间竞争性生长影响，导致林木生长衰竭死亡渐多，枯死木、濒死木株数比例达40%(含)以上，防护功能严重下降的片林。

(5)林分出现斑块状或群团状死亡，形成林中空地，郁闭度降至0.3以下、林木分布不均匀的片林。

(6)出现多株、带(条)状死亡，导致疏透度增至0.8(含)以上，或者连续断带长度达到林带平均树高2倍以上，且缺带总长度占比达50%(含)以上的林带。

(7)因老化连年枯死，难以维持稳定状态、覆盖度下降至30%以下，且每公顷灌木丛小于750(沙区150)个的特殊灌木林。

2)中度退化

满足下列条件之一，可划定为中度退化：

(1)非因林木个体之间竞争性生长影响，导致林木生长衰竭死亡渐多，枯死木、濒死木株数比例达10%(含)~40%，防护功能显著下降的片林。

(2)林分出现斑块状或群团状死亡，形成林中空地，郁闭度降至0.3(含)~0.5、林木分布不均匀的片林。

(3)出现多株、带(条)状死亡，导致疏透度增至0.7(含)~0.8，或者连续断带长度达到林带平均树高2倍以上，且缺带总长度占比达30%(含)~50%的林带。

(4)因老化连年枯死，难以维持稳定状态、覆盖度下降至30%以下，且每公顷灌木丛为750(含)~900(沙区150~180)个的特殊灌木林。

3)轻度退化

满足下列条件之一，可划定为轻度退化：

(1)非因林木个体之间竞争性生长影响,导致林木生长衰竭开始死亡,枯死木、濒死木株数比例达 5%(含)~10%,防护功能出现下降的片林。

(2)出现多株、带(条)状死亡,导致疏透度增至 0.6(含)~0.7,或者连续断带长度达到林带平均树高 2 倍以上,且缺带总长度占比达 20%(含)~30%的林带。

(3)因老化连年枯死,难以维持稳定状态、覆盖度下降至 30%(含)~40%的特殊灌木林。

3. 退化林修复类型

退化林修复共有 6 种修复类型,包括更替修复、择伐补植修复、抚育修复、渐进修复、封育修复和综合修复。

1)更替修复

适用于重度退化,成熟、过熟退化人工防护林。东北地区林地坡度>25°、南方和东南地区林地坡度>35°、其他地区林地坡度>30°区域原则上不应更替修复,具体分区按 GB/T 18337.1 规定执行。

更替修复包括皆伐更新、渐伐更新以及林冠下造林更新等 3 类,其适用条件和技术要求如下。

(1)皆伐更新。

①适用条件。

根据林分状况、坡度等情况,对退化防护林进行小面积块状或带状皆伐更新。

(a)小面积块状皆伐更新适于荒漠化和水土流失严重地区以外,且林地坡度≤15°区域;

(b)带状皆伐更新适于荒漠化和水土流失严重地区,以及荒漠化和水土流失严重地区以外、林地坡度 16°~35°区域。

②技术要求。

(a)相邻作业区应保留不小于采伐面积(宽度)的保留林地(带),以维护生态防护功能的相对稳定,采伐面积应满足 LY/T 3179 的相关要求;

(b)采伐后及时更新并适时开展抚育管护,待幼树生长稳定后(≥3 年)再以同样方式修复剩余林分。

(2)渐伐更新。

①适用条件。

郁闭度>0.7、天然落种能力强但需要人工促进措施才能更新,林层为单层或接近单层。

②技术要求。

(a)采取带状或伞状作业,利用林隙或林缘效应,协助林分实现天然更新,采伐作业按 LY/T 1646 规定执行;

(b)为促进种子落地发芽、幼苗和幼树生长,宜在片状林隙或带状空地内实施局部清除枯枝落叶、杂草灌丛等人工促进措施;

(c)天然更新幼苗幼树生长 2~3 年后及时开展抚育,分布不均匀、达不到标准成效株数要求的应进行苗木移植或人工补植。

(3)林冠下造林更新。

①适用条件。

郁闭度≤0.7,且天然更新等级不良或更新树种不符合经营目标。

②技术要求。

(a)在退化林分的林冠下和空地内,以植苗造林为主,播种造林为辅,培育更新林层;

(b)待更新林层形成后再伐除其上层非培育对象林木,为了降低采伐对新造幼苗造成的损害或林业有害生物对新造幼苗散播传染危害,造林前应对林分内现有的显著影响林分卫生条件且对生态无辅助作用的枯死木、濒死木、受害木先行伐除;

(c)选择幼龄耐荫、能够在林冠下正常生长发育,并与林地上已有幼苗幼树共生的树种更新,便于与保留的目的树种形成稳定的森林生态系统。

2)择伐补植修复

择伐补植修复适用于不同退化等级、近熟和成熟退化人工防护林。择伐补植的修复方式有单株择伐、群状择伐以及补植补播,其适用条件和技术要求如下。

(1)单株择伐。

①适用条件。

对修复小班内枯死木、濒死木和受害木群状分布特征不明显且呈零散分布的区域实行单株择伐。

②技术要求。

(a)择伐对象应为枯死木、濒死木、受害木,需调整林分密度、树种组成和林分结构,促进天然落种或林下幼苗幼树生长、培育更新层等情况时可进行择伐式疏伐;

(b)择伐强度为单位面积择伐株数应控制在5%~40%(采伐林业检疫性有害生物危害木不受此强度限制),择伐后视林分情况和经营目标进行补植补播。

(2)群状择伐。

①适用条件。

修复小班内枯死木、濒死木和受害木群状分布特征明显的区域实行群状择伐。

②技术要求。

择伐强度为每群最大采伐林窗的直径不应超过周围林木平均高度的2倍。

(3)补植补播。

①适用条件。

应符合以下条件之一:

(a)保留林木株数低于该类未退化林分的合理密度。

(b)择伐后郁闭度<0.5,仅依靠天然更新难以达到LY/T 3179成效要求。

(c)林木分布不均匀,含有大于25 m^2 林中空地。

②技术要求。

(a)补植补播树种可以是同一目的树种,也可以以调整树种结构、提升景观效果为目的,结合抽针(阔)补阔(针)、栽针(阔)保阔(针)等交叉补植法,补植1种或多种其他目的树种,培育异龄复层混交林。

(b)以植苗方式为主,为培育乔灌混交林,也可人工直播灌木种子。栽植苗木应均匀分布或群团状分布，具体分布方式根据保留林木分布特征、经营方式和种苗特性而定。

(c)补植补播后，适时开展抚育管护。

3)抚育修复

适用于不同退化等级、中龄阶段的退化防护林(带、网)。抚育修复包括间伐、补植补播、促进复壮等，其适用条件和技术要求如下。

(1)间伐。

①适用条件。

通风、透光、卫生条件差，树种结构、密度结构不合理。

②技术要求。

(a)间伐作业前，应按 GB/T 15781 要求对林木进行分类或分级，实行林木分类的先伐除干扰树，进行林木分级的先伐除Ⅴ级木和Ⅳ级木，需调整林分密度、树种组成和林分结构时可伐除部分其他树或Ⅲ级木。

(b)水热条件较好的地区，因火灾发生退化的防护林，火灾后当年不宜采伐Ⅴ级木中的濒死木，让其缓慢恢复。一个生长季后，确定不能自我恢复的，再进行采伐。

(c)间伐后视林分情况和经营目标进行补植补播，配以割灌、修枝等措施，培育混交林。

(d)采伐控制指标执行以下标准：

——退化天然次生防护林严格按照天然林保护政策和技术要求进行；

——退化人工防护林的其他树或Ⅲ级木一次性间伐强度不应超过总株数的 20%，除郁闭度外的其他控制指标按 GB/T 15781 规定执行。

(2)补植补播。

①适用条件。

达到 GB/T 15781 规定的补植条件或低于该类未退化林分的合理密度。

②技术要求。

(a)补植补播树种可以是同一目的树种，也可以以调整树种结构、提升景观效果为目的，结合抽针(阔)补阔(针)、栽针(阔)保阔(针)等交叉补植法，补植 1 种或多种其他目的树种，培育异龄复层混交林。

(b)以植苗方式为主，为培育乔灌混交林，也可人工直播灌木种子。栽植苗木应均匀分布或群团状分布，具体分布方式根据保留林木分布特征、经营方式和种苗特性而定。

(c)补植补播后，适时开展抚育管护。

(3)促进复壮。

①适用条件。

天然落种或萌生能力强，或通过人工措施加强林地管理可恢复正常生长。

②技术要求。

(a)松土除草：在天然落种且萌发能力强的母树周围，局部去除杂草和枯枝落叶层、松动表层土壤，使种子与土壤充分接触并生根发芽，促进其自然生长。

(b)割灌割藤：目的树种幼苗幼树的生长明显受周围杂灌杂草、藤本植物等影响时，应进行局部除草或割灌割藤。每株作业范围以幼苗幼树为中心，最小直径不低于 1 m。

(c)排涝防旱:季节性积水的林地需挖排水沟,排除过多水分;对干旱林地,在有条件的地方修建集水或引水设施,进行浇灌,或运水浇灌,满足林木生长需水要求。

(d)修枝:修枝后阔叶树的保留冠≥当前树高的2/3、针叶树的保留冠≥当前树高的1/2。

(e)定株:按间密留匀、去劣留优的原则,调整天然萌生幼树密度,同时对保留的同一穴中多株幼树进行选择性伐(割)除,伐(割)除后每穴保留1~2株。

(f)嫁接:对生长不良、无培育前途并适宜嫁接的中龄林木,采用低拉换头或枝接等方法,改造成有培育前途的林木。

(g)平茬:适于萌生能力强且退化的中龄林和灌木林。对平茬后的中龄林,萌发新枝条1~2年后应及时定株、确定合理密度;以平茬为主要修复技术的退化灌木林,应采取带状更替作业方式,相邻作业带之间保留不少于作业带宽度的保留带,等萌发幼树生长稳定后(一般3年),再平茬剩余部分,同时应在空地处进行补植补播。

4)渐进修复

渐进修复适用于不同退化等级、近熟、成熟或过熟的退化人工防护林(带、网)。修复方式包括隔株更新、半带更新、带外更新、隔带更新、断带更新等。

(1)隔株更新:按行每隔1~3株伐1~3株,采伐后在带间空地补植,待更新苗木生长稳定后,伐除剩余林木,视林带状况再进行补植。

(2)半带更新:根据更新树种生物学特性,将偏阳或偏阴一侧、宽度约为整条林带宽度一半的林带伐除,在迹地上更新造林,待更新林带生长稳定后,再伐除保留的另一半林带并进行更新。

(3)带外更新:根据更新树种生物学特性,在林带偏阳或偏阴一侧按原有林带宽度设计整地,或在相邻老林带之间空地上营造新林带,待新林带生长稳定后再伐除原有林带。

(4)隔带更新:采伐要求按照LY/T 1646规定执行,采伐后及时更新造林。

(5)断带更新:采伐要求按照LY/T 1646规定执行,采伐后及时更新造林。

5)封育修复

适用于不同退化等级、不同林龄阶段的特殊保护地区的退化防护林,以及其他地区经常遭受人畜破坏的退化防护林。修复方式包括封禁、封补以及封调。

(1)封禁:适于GB/T 18337.1规定的生态地位极端重要地区和生态环境极端脆弱地区,以及国家规定的其他特殊保护地。

(2)封补:适于具有一定天然更新能力,但由于经常遭受人畜破坏,导致林木不能正常生长、更新幼苗不能正常发育,无法天然更新的退化天然次生防护林。封补以人工补植补播为主,并对林分进行全封、半封或轮封。

(3)封调:适于中龄阶段、具有一定的天然更新能力,但由于经常遭受人畜破坏而无法自然生长并更新的退化人工防护林。可采取抚育间伐、交叉补植以及封山(沙)育林等方法。

6)综合修复

适用于用一种修复方式难以完全恢复林分生态功能和生态系统的退化防护林。采取的修复技术主要有择伐、间伐、复壮、补植、封育等,通过多种修复技术的综合运用,改善林分生境,恢复林分的正常生长,形成复层、异龄、多树种混交林,培育健康稳定、优质高效的森林生态系统。每项修复技术应达到前述5种修复类型中相应规定。

五、水土保持林

6.5.1　禁止开垦坡度以上的退耕地、荒山荒坡、道路两侧、沟(河)道两岸、湖泊水库及农田周围等区域,应根据适地适树原则,营造水土保持林。

【释义】　本条是对生态清洁小流域治理措施"水土保持林"的规定。主要内容如下:

1. 林种规划

根据不同用途布设下列林种:

(1)经济林。优先选择具有当地特色的干鲜果品及具市场竞争力的品种。

(2)薪炭林。在燃料缺乏的地区,根据各地人均年需烧柴数量和每公顷林木可能提供的烧柴数量确定种植面积。

(3)饲料林。我国北方干旱、半干旱饲草不足地区,可结合水土保持营造刺槐、紫穗槐等灌木饲料林作为补充。

(4)用材林。荒坡上水土保持人工造林作为用材林的,应修好蓄水保土的整地工程,避免用材伐木引起水土流失。干旱少雨的水土流失地区用材林应造在路旁、村旁、宅旁、渠旁、河滩和沟底,以及其他水源较好且伐木不致引起水土流失的地方。

根据不同地形部位布设下列林种:

(1)坡面水土保持林。根据荒坡所在位置、坡面坡度、立地条件与水土流失特点,可分别在坡面的上部、中部或下部布设灌木林、乔木林和经济林。

(2)沟壑水土保持林。分沟头、沟坡、沟底三个部位,应与沟壑治理措施中的沟头防护、谷坊、淤地坝等紧密结合。

(3)岸域水土保持林。主要用以巩固河岸、库岸及渠道,防止塌岸和冲刷。

(4)"四旁"水土保持林。在平原区和高原区的塬面,一般是道路与渠道结合形成大片方田,路旁、渠旁造林,应按照农田防护林网的要求进行。山区和丘陵区村旁、宅旁造林,应结合农区用材和村镇绿化建设配置树种。

2. 林相规划

1)纯林

(1)灌木纯林:主要适应于干旱、半干旱地区及水土流失严重,立地条件很差的地方。

(2)乔木纯林:主要适应于立地条件较好的地方,同时其树种生物学特点要求为纯林。

2)混交林

混交类型有:针叶树种与阔叶树种混交;乔木与灌木混交;乔木与灌木和草本混交;深根性树种与浅根性树种混交。

混交方式包括:

(1)株间混交。适应于瘠薄土地,在乔木株间栽种具有保水保土、改土作用和覆盖能力强的灌木;或在每5~10株灌木间,稀疏地栽植1株乔木。

(2)行间混交。一般乔木与灌木,阴性树种与阳性树种均适宜采用。

（3）带状混交。适应于初期生长较慢且两类互有矛盾的树种。带的宽度应根据树种特点具体研究确定。

（4）块状（不规则）混交。适应于树种间竞争较强烈或地形破碎、不同立地条件镶嵌分布的地方。

3. 树种规划

（1）适地适树。

造林应适地适树。应根据小流域内坡面、沟壑、地类，不同位置、不同立地条件等，布设不同林种；在同一林种中，还应配置不同树种。根据各地气温、降雨、土质等主要生态因素，可将全国粗略划分为 7 个不同立地条件的气候带，各气候带适应的树种见 GB/T 16453. 2—2008 附录 A 中表 A. 1 不同气候带主要水土保持树种和灌木。

适宜的树种或草种应根据林草措施基本类型、土地利用方向选择，各区域水土保持林树种选择应符合国家标准 GB/T 18337. 3—2001《生态公益林建设技术规程》附录 A 中表 A. 1 的规定。

（2）优质高产。

经济林（果园）：要求品种优良，在市场上有较强的竞争能力；同时应易于运销、存储和加工增值的树种。

薪炭林：要求萌芽、萌蘖力强，耐平茬，耐贫瘠，耐干旱，燃烧值高的树种。

饲料林：要求耐干旱、耐放牧、耐平茬，同时适口性好的树种。

用材林：要求材质好、价值高、速生丰产的树种。

水源涵养林：要求树体高大、冠幅大，林内枯枝落叶丰富和枯落物易于分解，具有深根系、根量多和根域广的树种；长寿、生长稳定且抗逆性强的树种；低耗水、耐旱树种；不对水环境造成污染的树种。

（3）在符合上述原则前提下，宜采用乡土树种；乡土树种不能满足要求时，应通过试验，引进外地优良树种。

4. 苗圃规划

（1）在较大规模进行林草生态工程建设时，应配套苗圃，苗圃设计应按现行行业标准 LYJ 128《林业苗圃工程设计规范》的有关规定执行。

（2）县、乡、村或小流域，可根据造林的需要，在规划范围内，分级设置苗圃，应避免从外地远距离购置运苗。

（3）苗圃地应选土质较好、管理方便且有灌溉条件的地方；在规划范围内应大致均匀分布，便于使用。

（4）苗圃面积应使其育苗数量能按计划逐年满足规划范围内全部造林的需要。有条件的在乡、村或小流域内部调剂，必要时可在县范围内调剂。

（5）应根据造林规划的林种和树种配备齐全，保证按规划要求全部种植所需林种、树种，避免有什么苗栽什么树，收不到应有的效益。对引进外来的新树种，应先经过试验，确认适宜性后，再纳入育苗计划。

（6）苗圃的建设和生产，应明确专人专职管理，按苗圃管理技术规范和有关制度严格执行，保证育苗任务和质量。苗圃生产的苗木质量应符合 GB 6000《主要造林树种苗木质量分级》的有关要求。

5. 其他有关规划

(1)残次林、疏林和低效林、小老树等的改造规划基本要求如下：

残次林、疏林，应根据不同的残疏程度与立地条件，分别采取封禁或更新、补植的措施进行改造。

低效林、小老树，应根据不同树种和形成小老树原因，分别采取间伐、修枝、嫁接改良、补修整地工程、松土、灌水等措施进行改造。如因树种选择不当，应以适宜树种更替。

(2)林地道路规划。

成片林地四周、较大面积林地内部，均应设置道路，宽为2~3 m，架子车或小型机动车应能通行。

(3)林地管护规划。

包括管护措施、管护组织、管护设备与管护人员的规划等。

6.5.2　**水土保持林营造应以优良乡土树种为主；造林密度应根据立地条件、树种的生物学特性、管护水平等综合确定，且应结合立地条件和选定树种，采取鱼鳞坑、水平竹节沟或穴状整地等措施。**

【释义】　本条是关于生态清洁小流域水土保持林营造的规定，主要内容如下：

1. 设计

1)设计一般规定

(1)具有生态功能的水土保持造林工程设计应符合下列规定：①应与水土保持区划所确定的水土保持主导功能相适应；②应以防治水土流失为主，并应与当地生产、生活条件相适应；③应注重生物多样性，采用以乡土树草种为主的多林种、多草种配置。

(2)坡地上具有生产功能的水土保持造林工程设计应符合下列规定：①应与水土保持区划所确定水土保持主导功能相适应；②应根据项目区的自然条件、当地经济状况、产业结构及发展方向，确定工程建设的规模和特性；③应在防治水土流失的基础上，注重经济效益，着力于提高土地生产力。

(3)与生产建设项目植被恢复与建设相关的水土保持造林工程设计应符合下列规定：在不影响主体工程安全的前提下，应优先满足生态与景观要求；应与生物多样性保护和景观建设相结合，合理配置水土保持林树种(树草种)。

2)造林密度设计

(1)造林密度的表现形式。

以行距(m)、株距(m)计，在造林施工时直接采用；以单位面积(hm^2)造林株数计，用以统计需苗数量和造林成果(成活率、保存率、效率等)。

(2)不同林种、树种的造林密度。

用材林造林密度宜为每公顷2 000~3 000株，根据树种特点和当地条件每公顷可放宽到600~5 000株。经济林与果园造林密度宜为每公顷1 000~2 000株，根据树种和管理水平可放宽到每公顷500~5 000株。以灌木为主的饲料林和薪炭林，宜为每公顷1万~2万丛，不同树种可少到每公顷6 000丛。水源涵养林乔木密度宜为每公顷1 000~3 000株，灌木密度宜为每公顷2 000~4 000株。

(3)不同立地条件的造林密度。

我国南方水热条件较好地区的造林密度可比北方水热条件较差地区大些。同一地区,立地条件较好地类的造林密度可比立地条件较差地类大些;同样立地条件,计划间伐的造林密度比不计划间伐的大些;农林间作、粮果间作等的造林密度,应采用每公顷30~40株或50~100株。

(4)根据GB/T 16453.2附录B(资料性附录)列出若干水土保持主要树种的初植密度,供各地设计时参考。应坚持因地制宜原则,对每一地区每一地类的造林密度,在具体分析立地条件的基础上,通过具体设计确定。

3)整地工程设计

(1)基本要求。

水土保持造林,宜采取整地工程,保水保土,促进树木正常生长。地势平坦的草原、草地、滩涂和无风蚀固定沙地,生产建设项目经土地整治后满足造林种草覆土要求的,及具有生产功能的造林种草措施应采取全面整地。生态脆弱地区不宜采取全面整地。

不同立地条件、不同林种,应分别采用不同形式的整地工程。采取局部整地的,可采用带状整地和块状整地方式。带状整地方向宜为南北向,在风害严重地区,整地带走向应与主风方向垂直;有一定坡度时,宜沿等高线进行。

整地工程防御标准,可按10~20年一遇3~6 h最大雨量设计。根据各地不同降雨情况,分别采用不同的暴雨频率和当地最易产生严重水土流失的短历时、高强度暴雨进行设计,干旱、半干旱地区应进行集水整地。

坡地林草工程措施中自然坡面及土壤母质层较厚的采挖坡面、土质堆垫坡面和覆土坡面,可采用鱼鳞坑、反坡梯田、水平阶及水平沟整地。有抗旱拦蓄要求的,整地设计应满足林木生长需水要求。

造林整地规格可按现行国家标准GB/T 18337.3《生态公益林建设 技术规程》和GB 16453《水土保持综合治理 技术规范》的有关规定执行。

(2)带状整地工程。

水平阶整地,适用于15°~25°的陡坡,阶面宽1.0~1.5 m,具有3°~5°反坡,上下两阶间的水平距离,以设计的造林行距为准。各水平阶间斜坡径流应在阶面上能全部或大部或容纳入渗,以此确定阶面宽度或阶边埂。亦可设计为隔坡形,隔坡距离根据现场确定。树苗植于阶边处。

水平沟整地,适用于15°~25°的陡坡。沟口上宽0.6~1.0 m,沟底宽0.3~0.5 m,沟深0.4~0.6 m,沟由半挖半填作成,内侧挖出的生土用在外侧作埂。树苗植于沟底外侧。根据设计的造林行距和坡面暴雨径流情况,确定上下两沟的间距和沟的具体尺寸。

反坡梯田整地,主要用于果树或其他对立地条件要求较高的经济树木。坡度较缓、土层较厚、坡面平整的地方,田面宜向内倾斜3°~5°反坡,田面宽2~3 m。应根据设计的果树行距,确定上下两台梯田的间距,并基本沿等高线布设,长度不限。隔一定距离可修筑土埂,预防水流汇集;横向比降宜保持在1%以内。在田面中部挖树穴种植果树。

水平犁沟整地,适用于地块较大、5°~10°的缓坡。用机械或畜力沿等高线上下结合翻土,做成水平犁沟,深0.2~0.4 m,上口宽0.3~0.6 m,根据设计的造林行距,确定犁沟间距。树苗应植于沟底中部。

(3)穴状整地。

鱼鳞坑整地,每坑平面呈半圆形,长径 0.8~1.5 m,短径 0.5~0.8 m,坑深 0.3~0.5 m,坑内取土在下沿做成弧状土埂,高 0.2~0.3 m(中部较高,两端较低)。各坑在坡面基本上沿等高线布设,上下两行坑口呈“品”字形错开排列。根据设计造林的行距和株距,确定坑的行距和穴距。树苗栽植在坑内距下沿 0.2~0.3 m 位置。坑的两端,开挖宽深各 0.2~0.3 m、倒“八”字形的截水沟。

大坑整地,在土层极薄的土石山区或丘陵区种植果树时,应在坡面开挖大型果树坑,深 0.8~1.0 m,圆形直径 0.8~1.0 m。方形各边长 0.8~1.0 m。取出坑内石砾或生土,将附近表土填入坑内。坑的排列形式和行距、坑距,可参照“鱼鳞坑整地”规定执行。

2. 施工

1)施工时间

(1)整地工程修筑时间。

宜在前一年秋冬二季整地,第二年春秋二季造林,利于容蓄雨雪,促进生土熟化。易风蚀的沙地,应随整地随造林。秋冬造林,最迟应在当年春季整地;雨季和春季造林,最迟应在前一年秋季整地。

(2)造林季节。

造林季节可根据当地具体情况选择春季造林、雨季造林及秋季造林。南方造林在土壤墒情好时宜早,北方造林宜待土壤解冻到适宜深度。

春季造林应根据树种物候期和土壤解冻情况,宜在树木发芽前完成,我国北方应在土壤解冻达到栽植深度时抓紧造林。雨季造林宜在雨季开始后的前半期造林,保证新栽或直播的幼苗在当年有 2 个月以上的生长期,有利于安全越冬。干旱、半干旱地区应结合天气预报,在连阴天墒情好时造林,可采用容器苗造林及飞机播种造林和小粒种子播种造林等。秋冬造林,应在树木停止生长后和土地封冻前抓紧进行。冻害严重的地区不宜秋季造林。大粒种子、带硬壳种子和休眠期较长的种子宜在秋冬直播造林。

2)施工质量要求

(1)整地工程施工质量要求。

各项工程的位置、尺寸应严格按照设计要求施工,不得任意改变,保证能容蓄设计的暴雨径流。各项整地工程的填方土埂,应分层夯实(或踩实),干密度达 1.3 t/m^3,保证蓄水后不坍塌或穿洞。各类带状整地工程,施工前应用手水准测量定线。修成后每 5~10 m,修一小土挡,高 0.2 m 左右,防止径流纵向集中。

(2)苗木质量要求。

营造水土保持林宜采用 0.5~3 年龄苗木,裸根苗应使用 GB 6000 规定的Ⅰ、Ⅱ级苗木。用材林应选用 GB 6000 规定的Ⅰ级苗木及优良无性系苗木;经济林选用品种优良、GB 6000 规定的合格苗木;未制定国家标准的树种应选用品种优良、植株健壮、根系发达的苗木。

容器苗应执行 LY 1000 的规定。

外地远距离、大范围调运苗木,应经过植物检疫。应根据水土保持造林任务,就近育苗,避免长途运输造成的损失。同一地块内栽植的树苗，苗龄和苗木生长状况应基本一致。

（3）植苗造林质量要求。

在带状整地工程内，应按设计的株距，挖好植树坑，并根据不同树种和树苗情况，以根系舒展为标准。栽植经济林果、珍贵树种和速生丰产林，应将坑底挖松 0.2 m 左右，施入基肥，与底土拌匀，上覆一层虚土；容器苗应拆除根系不易穿透的容器。栽植时应将树苗扶直、栽正，根系应舒展、深浅适宜。填土时应先填表土、湿土，后填生土、干土，分层踩实，以利保墒。干旱、半干旱地区具备灌溉条件的造林地，应浇水栽植或采取其他保墒措施。

（4）直播造林质量要求。

造林种子质量应达到 GB 7908 规定的合格种子标准，并按 GB 2772 规定方法检验种子质量。播种量应根据种子质量、立地条件、树种及造林密度确定。对于穴播，应人工挖穴，穴径 0.2～0.3 m，深 0.15～0.20 m。穴内应松土，清除草根、石砾，根据树木种子大小，覆土厚度为种子直径的 3～5 倍，用脚踩实。对于条播，应结合水平犁沟整地工程，用畜力或机械在犁沟底部再松土，并根据设计播量，进行条播，播后用犁覆土，覆土厚度为种子直径的 3～5 倍，随即踩实。对于飞播，在交通不便的大面积荒山、荒坡、疏林地可采用飞播造林，并参照 GB/T 15162 执行。

（5）分殖造林质量要求。

对于插条造林（或插穗），应选树皮光滑、1～2 年生的健壮枝条作为插条，直径 1.5～2 cm 生根性强的树种（如柳树），干旱地区应深埋少露；针叶树种的插穗应顶芽完好。插条一般长 30～50 cm，先在水中浸泡 12～24 h，利于成活。对于插干造林，插干材料应采用截根树干萌生枝，长 3～5 m，干径 3 cm 以上；栽植深度达 50 cm 以上。插条（埋干）时间，宜随采穗随造林。干旱、半干旱或其他土壤水分不足地区，应在秋季雨后土壤水分较好时插条（埋干）造林。插条（埋干）时应按设计要求定好行株距，按照深埋、浅露、踏实的原则，在种植点上先扎一孔，再将插条（埋于）插入其中，上端稍高于地表。分蔸造林，运用于竹类造林。

6.5.3　林分成熟前应采取营林措施进行森林抚育。

【释义】　本条是关于生态清洁小流域森林抚育的规定，主要内容如下。

1. 幼林管护

（1）林草工程在施工结束后，应进行最少为期 2～3 年的管护，新造幼林应实行封育，禁止放牧及其他不利幼林生长和破坏整地工程的活动。

（2）幼林郁闭前，在不影响幼林生长前提下，应在树盘以外可利用的林间空地，种植低秆、簇生的绿肥、蔬菜、药材或其他经济作物。结合耕作管理，兼顾幼林抚育。

（3）松土除草。主要在整地工程内进行，结合对工程进行养护维修，注意防治鼠害。

（4）定株除蘖。直播和丛植的幼苗应结合松土，分次间苗，至第二年秋冬定株。根茎萌蘖力强的树种，应留好主干，及时除蘖。

（5）修枝整形。对经济林果应根据不同树种的具体要求进行。用材林修枝应将主干下部 1/3 的枝条剪掉，阔叶林应在第二年秋后进行，针叶林可适当推迟。

（6）平茬复壮。对具有萌芽能力的树种，因干旱、冻害、机械损伤以及病虫兽害危害造成生长不良的，应及时进行。

(7)灌水施肥。幼林受旱应及时灌水保苗,经济林、果应根据不同树种适时灌水、施肥,保证优质高产。

(8)成活率调查。每年冬季对去冬今春新造幼林在不同部位进行。抽样成活率调查抽样比例如下:造林面积小于 10 hm^2 时,抽样比列为 3%~5%;造林面积为 10~50 hm^2 时,抽样比列为 2%~3%;造林面积大于 50 hm^2 时,抽样比列为 1%~2%。

(9)幼林补植适于成活率 30%~70%的情况。成活率 70%以上且分布均匀的,不需补植;成活率不到 30%的,不计其造林面积,重新造林。幼林补植应用同一树种的大苗或同龄苗。

2. 成林管理

(1)应固定专人管护,防止人畜破坏,防止林地火灾,防治病、虫、鼠害。

(2)乔木薪炭林修枝与灌木薪炭林平茬,应根据树种和长势,每 3~5 年一次,在深冬进行。乔木应结合修枝,伐去少数生长不良和互相影响的植株。陡坡上和风蚀严重地区灌木平茬应采用等高带状轮伐式,避免成片全面平茬引起水蚀和风蚀。

(3)用材林成材后的间伐,应根据设计要求,隔株、隔行或隔带间伐,以不加剧水土流失为原则。陡坡和风沙区,不得成片砍伐。间伐后应根据设计,及时补植新苗。

(4)经济林与果园,应根据不同树种的具体要求,实施集约经营,定期进行灌水、施肥、修枝,并采取防治病虫害等措施,保证优质高产。

(5)对由于各种原因导致林木成片生长不良或形成小老树等情况,应及时调查原因,进行更新改造。

(6)对某些经济林与果树,如原来品种不良,经济效益不高,应采取换头嫁接优良品种,力争短期内获得优质高产,提高经济效益。

(7)对各类整地工程,应长期保持完好。每年汛后应进行检查,发现损毁及时补修。

6.5.4　水土保持林营造应符合 GB 51018 的规定。

【释义】　本条是关于生态清洁小流域水土保持林参考标准的规定,主要内容包括:

(1)应固定专人管护,防止人畜破坏,防止林地火灾,防治病、虫、鼠害。

(2)乔木薪炭林修枝与灌木薪炭林平茬,应根据树种和长势,每 3~5 年一次,在深冬进行。乔木应结合修枝,伐去少数生长不良和互相影响的植株。陡坡上和风蚀严重地区灌木平茬应采用等高带状轮伐式,避免成片全面平茬引起水蚀和风蚀。

(3)用材林成材后的间伐,应根据设计要求,隔株、隔行或隔带间伐,以不加剧水土流失为原则。陡坡和风沙区,不得成片砍伐。间伐后应根据设计,及时补植新苗。

(4)经济林与果园,应根据不同树种的具体要求,实施集约经营,定期进行灌水、施肥、修枝,并采取防治病虫害等措施,保证优质高产。

(5)对由于各种原因导致林木成片生长不良或形成小老树等情况,应及时调查原因,进行更新改造。

(6)对某些经济林与果树,如原来品种不良,经济效益不高,应采取换头嫁接优良品种,力争短期内获得优质高产,提高经济效益。

(7)对各类整地工程,应长期保持完好。每年汛后应进行检查,发现损毁及时补修。

六、经济林

6.6.1　**经济林宜布设在坡度较缓、水源条件较好、背风向阳、土壤条件好、交通方便的荒山荒坡。**

【释义】　本条是对生态清洁小流域治理措施“经济林”的规定。经济林宜布设在坡度较缓、水源条件较好、背风向阳、土质好、交通方便的退耕地或荒山荒坡。经济林应以规模经营为主,并推广经济高效型水土保持植物。在土肥条件较好、坡度较缓的经济林地,可根据当地条件开展林下经济模式。在地表裸露的经济林下宜采取种草或条播灌木植物篱减少林下水土流失。应合理布设雨水集蓄利用等小型水利水保工程,增加经济林抗旱补灌水源。

6.6.2　**经济林应以适度规模经营为主,并推广经济高效型水土保持植物。在土肥条件较好、坡度较缓的经济林地,可根据当地条件合理发展林下经济。**

【释义】　本条是关于生态清洁小流域经济林的规定,根据适地适树、优质丰产高效的原则,按经营方向和市场需求,选择当地生产潜力大、市场前景好的树种(品种)。

6.6.3　**栽植时应做好整地措施,根据树种品种、地块地形可采用带状、穴状等整地措施。**

【释义】　本条是关于生态清洁小流域整地的规定,主要内容如下。

1. 造林(建园)地的选择

(1)根据树种(品种)生物学特性,选择适宜的立地条件规划造林(建园)。

(2)山坡地造林(建园),坡度应低于25°。

2. 整地

(1)整地方式包括穴状整地、带状整地、鱼鳞坑整地、沟状整地、集水整地等方式。

(2)根据立地条件、林种、树种、造林方法等选择整地方式和整地规格,并符合以下要求。

①保持水土。采用集水、节水、保土、保墒、保肥等整地方式;在流动和半固定沙地上,可采取工程固沙措施。

②保护已有植被。山地不应采用全面整地、炼山等破坏已有植被和野生动物栖息地的整地方式。利用已有林木、幼苗幼树,创造有利于造林苗木健康生长发育和森林形成的生境。

③经济实用。采用小规格、低成本的整地方式,减少地表的破土面积。

④限制全面清林。除杂草杂灌丛生、采伐剩余物堆积、林业有害生物发生严重等,不进行清理无法进行整地造林的造林地外,不应进行林地全面清理。

⑤平地和缓坡地可采用机械整地。机械整地时,应注意保护原生植被,特别是国家重点保护野生植物和野生动物栖息地。

(3)一般地区在造林前一年的秋、冬季,或造林一个月前进行整地。在有冻拔害的地区和土壤质地较好的湿润地区,可以随整地随造林。旱区造林整地,可在雨季前或雨季进行,也可随整地随造林。

6.6.4　在地表裸露的经济林下宜采取种草或条播灌木植物篱等措施。

【释义】　本条是关于生态清洁小流域播种栽植的规定，主要内容如下。

1. 栽植

(1)根据不同经济林树种的生物学特性和当地气候条件确定栽植的时间。

(2)要采用优种壮苗。苗木根系发达，苗干通直，色泽正常；植株芽体发育饱满，充分木质化，无病虫害。

(3)栽植前对苗木根部要进行修理，并采用浸水、蘸泥浆或浸蘸ABT生根粉等方法处理。栽植后及时浇水覆土，在干旱地区应采取覆膜等保墒措施。

(4)栽植后的苗木当年成活率应在85%以上，并预植10%～15%的补植苗，基地建成后幼林保存率应在95%以上。

2. 栽植密度

根据不同树种(品种)、砧木类型、栽植方式和立地条件等确定合理的栽植密度。

3. 选择和配置授粉树

(1)果品类基地，定植时应配置相适应的授粉品种。

(2)选择能适应当地自然条件，有较好的丰产特性，经济价值较高的授粉品种。

(3)授粉品种与主栽品种的花期相同，结果期、寿命长短相近，能互相授粉，有良好的授粉亲合力，产生的花粉量大，花粉发芽率高。

(4)授粉品种占总株数的15%～20%，授粉品种与主栽品种均匀混栽。

6.6.5　应通过布设雨水集蓄利用等小型水利水保工程措施增加经济林抗旱补灌水源。

【释义】　本条是关于生态清洁小流域经济林管理的规定，主要内容如下。

根据不同季节和树木生长发育的要求，及时松土清除杂草或深挖垦复，扩修树盘。在幼树期，可利用林地的空间间种豆类、花生、药材、绿肥等矮秆作物，以改善土壤地力。实行科学配方施肥，并做到适时、适量，合理施肥。提倡多施有机肥。根据树种(品种)物候期及土壤墒情，结合施肥进行适时适量灌溉。大力推广滴灌、喷灌、渗灌和覆盖地膜、覆草等节水、保墒措施。

6.6.6　经济林营造应符合GB/T 15776的规定。

【释义】　本条是关于生态清洁小流域经济林营造参考标准的规定。按树种(品种)生长发育特性，在不同年龄期，合理定干和整形修枝，培育丰产树形。果品类树种要根据需要在花期采取喷水、喷生长调节剂等保花保果或疏花疏果等措施，控制合理负载量。推广应用果实套袋、摘叶、转果和果园铺反光膜技术，以提高果品质量。冬季严寒和春初风沙较大的地区，对幼树实行防寒和防抽条保护措施。

七、种草

6.7.1　宜在荒山荒坡，退耕地，撂荒地，沟头、沟边、沟坡及河岸区域中不适宜造林的地块种草。

【释义】　本条是对生态清洁小流域治理措施“种草”的规定，主要内容如下。

1. 确定人工种草地的位置

(1)特种经济草生产基地，包括药用、蜜源、编织、造纸、沤肥、观赏等草类，应根据各种草类的生物生态学特点与适应性，分别选用相应立地条件安排种植。

（2）饲草基地，应以饲养牧畜为主，有以下两种情况：①刈割型草地，主要选距村较近和立地条件相对较好的退耕地或荒坡。②放牧型草地，主要选离村较远和立地条件相对较差的荒坡或沟壑地。

（3）种子基地，应选用地面坡度较缓、水分条件较好、通风透光、距村较近、便于田间管理的土地。

2. 确定人工种草地的面积

（1）特种经济草地面积，应根据以草为原料的工、副业发展规划，以及所需草类的单位面积产草量确定。如产品在市场适销对路并有竞争能力，规划中应满足其种草面积需要。

（2）饲草基地面积，应根据畜牧业发展规划和天然草场与人工草地的单位面积产草量及载畜量，用天然草场与人工草地二者共同满足牧畜饲草需要确定。

（3）种子基地面积，应根据各类草籽的需用量和单位面积产籽量确定。力争就地解决草籽，除特殊优良草种外，一般不从外地调运。

3. 人工种草防治水土流失的重点位置

（1）陡坡退耕地，撂荒、轮荒地；

（2）过度放牧引起草场退化的牧地；

（3）沟头、沟边、沟坡；

（4）土坝、土堤的背水坡，梯田田坎；

（5）资源开发、基本建设工地的弃土斜坡；

（6）河岸、渠岸、水库周围及海滩、湖滨等地。

6.7.2　草种类型应根据土地利用类型确定，宜选择抗逆性强、保土性好、生长迅速、经济价值高的乡土草种。

【释义】　本条是关于生态清洁小流域种草类型的规定，设计的一般规定如下：

（1）具有生态功能的种草工程设计应符合以下规定：①应与水土保持区划所确定的水土保持主导功能相适应。②应以防治水土流失为主，并应与当地生产、生活条件相适应。③应注重生物多样性，采用以乡土树草种为主的多林种、多草种配置。

（2）坡地上具有生产功能的种草工程设计应符合以下规定：①应与水土保持区划所确定水土保持主导功能相适应。②应根据项目区的自然条件、当地经济状况、产业结构及发展方向，确定工程建设的规模和特性。③应在防治水土流失的基础上，注重经济效益，着力于提高土地生产力。

（3）生产建设项目植被恢复与建设工程中的种草工程设计应符合以下规定：①在不影响主体工程安全的前提下，应优先满足生态与景观要求。②应与生物多样性保护和景观建设相结合，合理配置草种。

6.7.3　沟坡及河岸可根据防护要求种草和铺草皮。水淹频率较高的地块，宜选用湿生草类或水生草类。

【释义】　本条是关于生态清洁小流域种草的规定，主要内容如下：

1. 草种

（1）选作水土保持草种应抗逆性强，保土性好，生长迅速，经济价值高。

(2)适宜的草种应根据林草措施基本类型、土地利用方向选择。适地适草,应符合以下要求:

①根据地面水分情况,可分别选种以下草类:干旱、半干旱地区选种旱生草类,其特点是根系发达,抗旱耐干,如沙蒿、冰草等;一般地区选种中生草类,其特点是对水分要求中等,草质较好,如苜蓿、鸭茅等;水域岸边、沟底等低湿地选种湿生草类,其特点是需水量大,不耐干旱,如田菁、芦苇等;水面、浅滩地选种水生草类,其特点是能在静水中生长繁殖,如水浮莲、茭白等;小流域人工湿地宜采取以挺水植物为主,挺水植物、浮水植物与沉水植物相结合的配置方式。

②根据地面温度情况,可分别选种以下草类:低温地区选种喜温凉草类,如披碱草等,其特点是耐寒、怕热,高温则停止生长,甚至死亡;高温地区选种喜温热草类,如象草等,其特点是在高温下能生长繁茂,低温下停止生长,甚至死亡。

③根据土壤酸碱度,可分别选种以下草类:酸性土壤,pH 值在 6.5 以下,可选种耐酸草类,如百喜草、糖蜜草等;碱性土壤,pH 值在 7.5 以上,可选种耐碱草类,如芨芨草、芦苇等;中性土壤,pH 值在 6.5~7.5,可选种中性草类,如小冠花等。

④根据其他生态环境,可分别选种以下草类:在林地、果园内荫蔽地面,选种耐阴草类,如三叶草等;风沙地选种耐沙草类,如沙蒿、沙打旺等。

在坡地林草工程措施中草种的选择应选择攀缘植物、低矮匍匐型草种。应根据边坡的坡度、坡向、土层厚度等条件,采用乔、灌、草或其组合的防护措施,种植条件差的可采用藤本植物护坡。

在生产建设项目弃渣场、料场、采石场、高陡边坡和裸露地等工程扰动区域中,草种的选择应根据限制性立地因子选择适宜草种。适宜草种可按规范 GB 51018—2014 附录 C 选择。

具有生产功能的林草工程种草种选择,应结合当地产业结构等要求。

(3)不同气候带、不同生态环境的主要水土保持草种见规范 GB/T 16453.2 附录 C(资料性附录)。

2. 种草方式

1)直播

直播是种草的主要方式,分条播、穴播、撒播、飞播几种。

(1)条播,适应地面比较完整,坡度在 25°以下,一般用牧畜带犁沿等高线开沟,或牧畜带耧完成。南方多雨地区,犁沟可与等高线呈 1%左右的比降。根据不同的草冠情况和种草的目的,可分别采取不同行距,以最大草冠能全部覆盖地面为原则,放牧草地应采取宽行距(1.0~1.5 m)条播。

(2)穴播,适应于地面比较破碎,坡度较陡(有的达 25°以上),以及坝坡、堤坡、田坎等部位,或播种植株较大的草类时采用。沿等高线人工开穴,行距与穴距大致相等。相邻上下两行穴位呈“品”字形排列。

(3)撒播,对退化草场进行人工改良时采用。一般应选抗逆性较强的草种,特别注重选用当草场中的优良草种,并在雨季或土壤墒情较好时进行。

(4)飞播,地广人稀、种草面积较大时采用,可参照 GB/T 15162 执行。

2）混播

混播是直播中的特殊形式，在直播的几种方式中采取两种以上的草类进行混播，加速覆盖，增强保土，并促进草类生长，提高品质。一般以禾本科牧草与豆科牧草混播、根茎型草类与疏丛型草类混播较好，其配合比例见表 2-6-3。

表 2-6-3　混播配合比例　　%

草地年限	第一类混播		第二类混播	
	禾本科牧草类	豆科牧草类	根茎型草类	疏丛型草类
短期(2~3 年)	25~35	65~75	0	100
中期(4~5 年)	75~80	20~25	10~25	75~90
长期(8~10 年)	80~90	10~20	50~75	25~50

3）其他种植方式

（1）移栽，主要用于补植。一般可利用定苗时分株移栽；有条件的先覆膜育苗，然后移栽。

（2）插条，有的草类（如葛藤、小冠花等）可插条繁殖。

（3）埋植，有的草类（如芦苇、象草、小冠花等）宜埋植繁育。

3. 播种量设计

（1）在选用国家或省级牧草种子标准规定的一、二、三级种子基础上，进行下述播种量设计。

（2）理论播种量设计。当种子的纯净度和发芽率均为 100%时，所需播种量为理论播种量，以 km/hm² 计。

①理论播种量可按下式进行计算：

$$R = (N \times Z)/10^6 \qquad (2\text{-}6\text{-}1)$$

式中　R——理论播种量，km/hm²；

N——单位面积播种子数，粒/hm²；

Z——种子千粒重，g。

②种子千粒重，可取有代表性的种子 1 000 粒，称其重量测定。如是大粒种子，可改为百粒重，并将计算式（2-6-1）相应地修改为下式：

$$R = (N \times Z')/10^5 \qquad (2\text{-}6\text{-}2)$$

式中　Z'——种子百粒重，g；

其他符号含义同前。

（3）实际播种量的设计。

实际播种量可按下式计算：

$$A = R/(CF) \qquad (2\text{-}6\text{-}3)$$

式中　A——实际播种量，kg/hm²；

R——理论播种量，kg/hm²；

C——种子的纯净度(%)；

F——种子的发芽率(%)。

(4)种子纯净度可取有代表性的种子样品，在除去杂质和其他种子前后分别称重确定，并按下式计算：

$$C=\frac{W_C}{W_y}\times 100 \tag{2-6-4}$$

式中　C——种子纯净度(%)；

W_C——纯净种子重量，g；

W_y——样品重量，g。

4. 种子发芽率

可取100粒种子，放在有滤纸或沙的培养皿中，加少许清水，保持20~25 ℃温度和充足的光照，进行发芽试验，在规定时间内检查发芽籽数，按下式计算：

$$F=\frac{Q_F}{Q_X}\times 100 \tag{2-6-5}$$

式中　F——种子发芽率(%)；

Q_F——发芽种子数，粒；

Q_X——试验种子数，100粒。

6.7.4　种草应符合 GB 51018 的规定。

【释义】　本条是关于生态清洁小流域种草参考标准的规定，主要内容如下。

1. 施工

1)耕前土壤及表面处理

(1)酸性、碱性及盐渍化严重的土壤，均应进行相应处理，满足牧草及饲料作物生长的需要。一般盐碱地可采用灌水洗盐碱、排盐碱改良；酸性土壤施石灰改良；碱性土壤施石膏、磷石膏、明矾、绿矾、硫黄粉改良。

(2)有地表积水的应开沟排水。

(3)耕作及基肥施用应符合以下要求：①在耕作前或耕作过程中，有条件的应施基肥，有机肥施加量为20 000~30 000 kg/hm²。②土壤耕作视具体立地条件及有关技术要求，应采用常规耕作或少耕。要求土块细碎，地面平整。

2)种子处理

(1)破除休眠应符合以下要求：①对豆科牧草的硬实种子，通过机械处理、温水处理或化学处理，可有效破除休眠，提高种子发芽率。②对禾本科牧草种子，通过晒种处理、热温处理或沙藏处理，可有效地缩短休眠期，促进萌发。

(2)清选去杂应符合以下要求：①采用过筛、风选、水漂、清选机破碎附属物等对杂质多、净度低的播种材料在播前应进行必要的清选，提高播种质量。②对有长芒和长绵毛的种子，将种子铺于晒场上，厚度5~7 cm，用环形镇压器进行压切，而后过筛去除，也可选用去芒机去除芒和长棉毛。

(3)有条件时可采适量肥料拌种进行播种，有利幼苗生长。

3）播期

（1）不同草类在不同立地条件下，各有不同的最佳播种期，一般可根据当地实践经验确定。在干旱、半干旱地区应通过试验（在春夏之间 2～3 个月时期内，每 5～10 d 播种一次），分别观察出苗和生长情况，确定最佳播期。

（2）春播地面温度回升至 12 ℃以上，土壤墒情较好时进行。地下根茎埋植应在春季解冻后、植物萌芽前进行。

（3）春旱不宜播种时，可以夏播，并选在雨季来临和透雨后进行。地下根茎插播应在抽穗以前进行。

（4）北方秋播不宜太晚，出苗后应有 1 个月左右的生长期，利于越冬。

4）包衣拌种及根瘤菌接种

（1）可将黏合剂与根瘤菌剂（禾本科牧草无须根瘤菌）充分混合，用包衣机将混合液均匀喷在所需包衣的种子上，也可用手工混合均匀，手工包衣。常见豆科牧草的互接根瘤菌，见 GB/T 16453.2 中附录 D.1。

（2）可喷入细粉状的干燥剂、肥料、灭菌剂和杀虫剂等材料（豆科牧草接种根瘤菌后就不加杀菌剂），迅速而均匀地混合，直到有初步包衣的种子均匀分散开为止。豆科牧草种子根瘤菌接种包衣配方，见 GB/T 16453.2 中附录 E.1。

（3）低温鼓风快速干燥，温度宜在 40 ℃以下；手工包衣的种子宜随包随播，不得进行干燥，也不能保存，且不用于飞机播种。

5）播种深度

（1）大粒种子应深些（3～4 cm），小粒种子可浅些（1～2 cm）。

（2）禾本科草类种子应深些，豆科草类种子可浅些。

（3）土壤墒情差的应深些，土壤墒情好的可浅些。

（4）土质沙性大的可深些，土质黏重的可浅些。

（5）无论哪种情况，播后都应镇压。

2. 管理

1）田间管理

（1）松土、补种，播种后地面板结的，应及时松土，利于出苗；齐苗后，对缺苗断垄地方应及时补种或移栽。

（2）中耕除草，齐苗后 1 月左右，宜中耕松土，抗旱保墒，结合除去杂草，利于主苗生长。

（3）二龄以上草地，每年春季萌生前，应清理田间留茬，进行耙地保墒；秋季最后一次性茬割后，应进行中耕松土。

（4）种子田和经济价值高的草类，有条件时可适时灌水、施肥，促进生长。

（5）应有专人看管，防止人畜践踏。发现病虫兽害时，应及时防治，勿使蔓延。

（6）每年汛后和每次较大暴雨后，应派专人检查。发现整地工程损毁或其他问题，应及时采取补救措施。

（7）应根据不同多年生草类的生理特点，每 4～5 年或 7～8 年，进行草地更新，重新翻耕、整地、播种。

2）收割利用

（1）收割时间应符合下列规定：①应根据不同草类的生长特点和经济目的，分别确定其收割时间，划分收割区，各区分期进行轮收。②立地条件较好、管理水平较高、草类再生能力较强的，每年可收割 2~3 次；立地条件较差、管理水平较低、草类再生能力较弱的，每年只收割 1~2 次。③豆科牧草应在开花期收割，禾本科牧草应在抽穗期收割。收割时期最晚应在初霜来临 25~30 d 以前。④以收籽为目的的应在种子成熟后收割，以收草为目的的应在秋后收割。⑤雨后不宜收割。

（2）应根据不同草类、不同条件分别采取以下不同的留茬高度：①高大型草类留茬高 10~15 cm，稠密低草留茬高 3~4 cm。一般草类的留茬高 5~6 cm。②第二次刈割留茬高度应比第一次高 1~2 cm。

3）种子采收

（1）采收时间。

一年生草类在当年秋末种子成熟后，二年生草类在次年种子成熟后，多年生草类可在 2~5 年内随不同结籽期在种子成熟后采收。

草籽成熟后容易脱落的应及时采收。采种应在种子蜡熟期和完熟期进行，不得在乳熟期采青。

对于豆荚易爆裂的豆科草类，应避开在雨天收采。

（2）采后工作。

种子采回后，应及时脱粒，晒干，含水量应小于 13%。

清选、分级、贮藏，应严防种子混杂，确保种子的纯净和质量。

4）合理放牧利用

应制定合理放牧强度，以不破坏牧草再生能力为原则。

宜实行划区轮牧。

放牧时间，以秋冬为宜。

八、梯田

6.8.1　坡度在 5°以上、禁止开垦坡度以下，且土层厚度超过 25 cm 的坡耕地集中连片区宜修筑梯田。

【释义】　本条是对生态清洁小流域治理措施“梯田”的规定，梯田是指在坡耕地上分段沿等高线修筑的田面平整、地边有埂的阶梯式农田。根据《中华人民共和国水土保持法》的规定，梯田工程在 5°~25°的坡耕地上建设，25°以上区域为禁垦区。

6.8.2　坡度 5°及以下的坡耕地，可采取梯田及等高垄作、地埂植物带等保土耕作措施。

【释义】　本条是关于生态清洁小流域梯田的规定，梯田是指在坡耕地上分段沿等高线修筑的田面平整、地边有埂的阶梯式农田。根据《中华人民共和国水土保持法》的规定，梯田工程在 5°~25°的坡耕地上建设，25°以上区域为禁垦区。

1. 梯田的类型

由于各地的自然地理条件、治理程度、劳动力水平、土地利用方式与耕作习惯等不同，修筑梯田形式各异,其分类方法也有很多种类型,具体见表 2-6-4。常见的分类方式:按断面形式分为水平梯田、隔坡梯田、坡式梯田和反坡梯田。

表 2-6-4　不同分类方式下的梯田类型

分类方式	类型
地面坡度	陡坡区梯田、缓坡区梯田
田坎建筑材料	梯田、石坎梯田和植物坎梯田
用途	旱作物梯田、水稻梯田、果园梯田、茶园梯田、橡胶园梯田
断面形式	水平梯田、隔坡梯田、坡式梯田和反坡梯田

2. 梯田的选用

根据不同情况对不同类型的梯田进行选用。条件适宜且当地劳动力充裕的地区,尽可能一次性修成水平梯田。①在坡耕地、荒坡地土层较薄,或者当地劳动力较少的地区,可以先修坡式梯田,逐年向下方翻土耕作,来减缓田面坡度进而逐步变成水平梯田。②在地多人少且劳动力缺乏,同时年降雨量较少、耕地坡度在 15°～20°的地方,可以采用隔坡梯田。平台部分种庄稼,斜坡部分种牧草;暴雨中利用斜坡部分地表径流,增加平台部分的土壤水分。③在土质丘陵和塬、台地区修建土坎梯田,在土石山区或石质山区坡耕地中夹杂大量石块、石砾的,修梯田结合处理地中石块、石砾,就地取材修成石坎梯田。

丘陵区或山区的坡耕地的坡度一般为 15°～25°,按陡坡区梯田进行规划、设计。东北黑土漫岗区、西北黄土高原区的塬面,以及零星分布各地河谷川台地上的缓坡耕地的在坡度 15°以下,按缓坡区梯田进行规划、设计。应优先选用当地材料的梯田形式。

6.8.3　**梯田应配套建设坡面水系工程、田间生产道路等,有水源条件的地区可配套农田节水灌溉措施。**

【释义】　本条是关于生态清洁小流域梯田配套设施的规定。布置梯田时需要考虑很多因素。应该根据地形条件,大弯就势、小弯取直,以便人们进行耕作和灌溉,黑土区及其他地面坡度缓平的区域的田块布置应该便于机械作业。配套田间道路的同时,最好配套坡面小型蓄排工程等设施,根据拟定的梯田等级配套相应灌溉设施,黑土区的梯田道路设计应该满足大型机械的通行要求。梯田埂坎应该充分利用土地资源配置地埂植物,并且选用具有一定经济价值且胁地较小的埂坎植物种。

以小流域为单元,进行坡耕地治理的全面规划,根据不同条件,分别确定采取梯田、保土耕作法和坡面小型蓄排工程。对其中确定为梯田区的地段,进行有关梯田的具体规划;在此基础上,再进行相应的设计和施工。

当梯田区以上坡面为坡耕地或荒地时,应部署坡面小型蓄排工程,防止地表径流进入梯田区。我国南方雨多地区,梯田区内也应该部署小型蓄排工程,以排导梯田内多余的雨水,保证梯田安全。坡面小型蓄排工程的技术要求按 GB/T 16453.4 执行。

6.8.4　梯田设计应符合 GB 51018 的规定。

【释义】 本条是关于生态清洁小流域梯田设计参考标准的规定,主要内容如下。

1. 梯田的布设

梯田防御暴雨标准,一般采用 10 年一遇 3~6 h 最大降雨;在干旱、半干旱地区,可采用 20 年一遇 3~6 h 最大降雨。根据各地降雨特点,分别采用当地最易产生严重水土流失的短历时、高强度暴雨作为设计标准。根据坡度分为陡坡区梯田的布设和缓坡区梯田的布设两种情景。

1)陡坡区梯田的布设

需要选取土质较好、坡度相较缓、距离农村较近、交通便利、位置较低且邻近水源的地方修建梯田。有条件的应考虑小型机械耕作和就地蓄水灌溉。为了便利耕作,田块布设需要顺应山坡地形,大弯就势、小弯取直,田块长度尽可能达到 100~200 m。

梯田区不能全部设置在拦蓄暴雨径流的地方,应布置在相应的排蓄工程;在山丘的上部有地表径流进入梯田区的地方,应该布置截水沟等小型蓄排工程,用来保证梯田区的安全。

需要满足有从坡脚到坡顶、从村庄到田间的道路,要求路面一般宽 2~3 m,比降不超过 15%。在地面坡度超过 15%的地方,道路采用“S”形盘绕而上,以此减小路面最大比降。

2)缓坡区梯田的布设

以道路为骨架划分耕作区,在耕作区内布置宽面(20~30 m 或更宽)、低坎(1 m 左右)地埂的梯田,田面长 200~400 m,便于大型机械耕作和自流灌溉。

一般情况下的耕作区为矩形或正方形,四面或三面通路,路面宽 3 m 左右,路旁与渠道和农田防护林网结合,耕作区道路两端与村、乡、县公路相连。对少数地形有波状起伏的,耕作区应顺总的地势呈扇形,区内梯田埂线亦随之略有弧度,不要求一律成直线。

2. 梯田的设计

1)水平梯田的断面设计

水平梯田的断面设计需要不同坡度下梯田的优化断面。田面应有适当的宽度(陡坡区 5~15 m,缓坡区 20~40 m)。田坎的坡度需要适当,既能坚实稳固,又不多占耕地。水平梯田断面主要尺寸参考数值见表 2-6-5。水平梯田的断面要素见图 2-6-1。

表 2-6-5　水平梯田断面尺寸参考数值

适宜地区	地面坡度/(°)	田面净宽/m	田坎高度/m	田坎坡度/(°)
中国北方	1~5	30~40	1.1~4.0	70~85
	5~10	20~30	1.5~4.3	55~75
	10~15	15~20	2.6~4.4	50~70
	15~20	10~15	2.7~4.5	50~70
	20~25	8~10	2.9~4.7	50~70

续表 2-6-5

适宜地区	地面坡度/(°)	田面净宽/m	田坎高度/m	田坎坡度/(°)
中国南方	1~5	10~15	0.5~1.2	85~90
	5~10	8~10	0.7~1.8	80~90
	10~15	7~8	1.2~2.2	75~85
	15~20	6~7	1.6~2.6	70~75
	20~25	5~6	1.8~2.8	65~70

注:田面宽度与田坎坡度适用于土层较厚地区和土质田坎。至于土层较薄地区,其田面宽度应根据土层厚度适当减小;对石质田坎的坡度,将结合石坎梯田的施工另作规定。

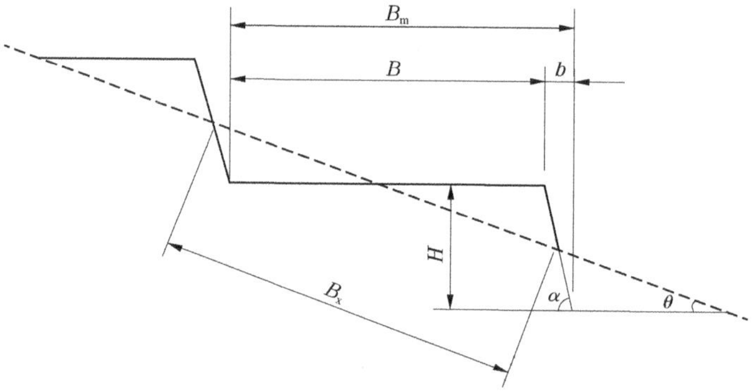

θ—原地面坡度,(°);α—梯田田坎坡度,(°);B_x—原坡面斜宽,m;H—梯田田坎高度,m;B_m—梯田田面毛宽,m;B—梯田田面净宽,m;b—梯田田坎占地宽,m。

图 2-6-1 水平梯田的断面要素示意图

各要素之间关系满足以下关系式:

田坎高度

$$H = B_x \sin\theta \tag{2-6-6}$$

原坡面斜宽

$$B_x = H\cos\theta \tag{2-6-7}$$

田坎占地宽

$$b = H\cot\alpha \tag{2-6-8}$$

田面毛宽

$$B_m = H\cot\theta \tag{2-6-9}$$

田坎高度

$$H = B_m\cot\theta \tag{2-6-10}$$

田面净宽

$$B = B_m - b = H(\cot\theta - \cot\alpha) \tag{2-6-11}$$

除上述各要素外,田边应布置蓄水埂,要求高 0.3~0.5 m,顶宽 0.3~0.5 m,内外坡比约 1:1。我国南方多雨地区，梯田内侧应布置排水沟，其具体尺寸根据各地降雨、土质和地表径流的情况而定，所需土方量根据断面尺寸量算，不纳入上述各要素设计。

(1)石坎梯田断面设计要求。

田坎高度应根据地面坡度、土层厚度、梯田级别等因素合理确定，其范围宜取 1.2~2.5 m，田埂高度宜取 0.3~0.5 m。

田坎坎顶宽度应为 0.3~0.5 m，需与生产路、灌溉系统结合布置时，应适当加宽。

田坎外侧坡比宜取 1:0.1~1:0.25，当田坎高度大于 2.0 m 时，内侧坡比宜取 1:0.1。

田坎基础应置于硬基之上，软基基础深不应小于 0.5 m，基面应外高内低，宽度应根据田坎顶宽及田坎侧坡坡比确定。

田面应外高内低，比降宜取 1:300~1:500，田面内侧设排水沟。梯田断面设计应结合土层厚度，修平后内侧活土层厚应大于 0.3 m，田面净宽和田坎高度应按下列公式计算：

$$B = 2(T - h)\cot\theta \tag{2-6-12}$$

$$H = B/(\cot\theta - \cot\alpha) \tag{2-6-13}$$

式中　B——田面净宽，m；

T——原坡地土层厚度，m；

h——修平后挖方处后缘保留的土层厚度，m；

θ——地面坡度，(°)；

H——田坎高度，m；

α——田坎坡度，(°)。

(2)土坎梯田断面设计要求。

田坎高度应根据地面坡度、土层厚度和梯田等级等因素合理确定，其范围宜取 1.2~2.0 m，田埂高度宜取 0.3~0.5 m。

田埂宽度宜取 0.3~0.5 m，当需要结合生产路布置时，应适当加宽。

田坎侧坡坡比宜取 1:0.1~1:0.4，田埂边坡宜采用 1:1。

(3)混凝土坎梯田设计要求。

混凝土坎梯田宜采用“柱-板”式结构，田面设计同石坎梯田。应根据立柱的形状不同，分为利用锚杆稳定和利用土体自重稳定两种形式，田坎立柱高度宜为 1.2~1.8 m，立柱宽 0.15 m，厚 0.07 m；横板长 1.14 m，宽 0.3 m，厚 0.04 m；锚杆形状为“7”字形，长 0.5 m，宽度及厚度均为 0.05 m。

水平梯田的工程量包括单位面积土方量计算和单位面积土方移运量计算。

单位面积土方量按下式计算：

$$V = \frac{1}{2}\left(\frac{B}{2} \times \frac{H}{2} \times L\right) = \frac{1}{8}BHL \tag{2-6-14}$$

式中　V——单位面积(hm^2 或亩)梯田土方量，m^3；

L——单位面积(hm^2 或亩)梯田长度，m；

H——田坎高度，m；

B——田面净宽，m。

当梯田面积按公顷计算时,单位面积土方量按下式计算:

$$V = \frac{1}{8}H \times 10^4 = 1\ 250H \tag{2-6-15}$$

当梯田面积按亩计算时,单位面积土方量按下式计算:

$$V = \frac{1}{8}H \times 666.7 = 83.3H \tag{2-6-16}$$

单位面积土方移运量可按下式计算:

$$W = V \times \frac{2}{3}B = \frac{1}{12}B^2HL \tag{2-6-17}$$

式中　W——单位面积(hm^2 或亩)土方移运量,m^3-m。

土方移运量的单位为 m^3-m,是一个复合单位,即需将若干 m^3 的土方量运若干 m 的距离。

当梯田面积按公顷计算时,单位面积土方移运量按下式计算:

$$W = \frac{BH}{12} \times 10^4 = 833.3H \tag{2-6-18}$$

式中　W——每公顷土方移运量,m^3-m。

当梯田面积按亩计算时,单位面积土方移运量按下式计算:

$$W = \frac{BH}{12} \times 666.7 = 55.6BH \tag{2-6-19}$$

式中　W——每亩土方移运量,m^3-m。

2)坡式梯田的断面设计

(1)确定等高沟埂间距。每两条沟埂之间的田面斜宽 B_x 需要足够大;沟埂间距大小要求见表 2-6-6。

表 2-6-6　沟埂间距大小要求

因素	沟埂间距要求小	沟埂间距要求大
地面坡度	陡	缓
雨量和强度	大	小
土壤颗粒含沙量	少	多
土壤渗透性	弱	强

不同地区根据表 2-6-6 中不同条件,经综合分析,确定沟埂间距的同时可参考当地水平梯田断面设计的 B_x 值,并考虑坡式梯田经过逐年加高土埂,最终变成水平梯田时的断面,应与一次修成水平梯田的断面相近。

(2)确定等高沟埂断面尺寸。沟埂的基本形式应采取埂在上、沟在下,从埂下方开沟取土,在沟上方筑埂,逐年加高土埂,最终变成水平梯田。埂的基本尺寸要求顶宽 30~40 cm,增高 50~60 cm,外坡 1:0.5,内坡 1:1。年降水量为 250~800 mm 的地区,田埂上方容量应满足拦蓄与梯田级别对应的设计暴雨所产生的地表径流和泥沙。年降水量为 800

mm 以上的地区,田埂宜结合坡面小型蓄排工程,妥善处理坡面径流与泥沙。通过降雨径流泥沙计算,干旱、半干旱地区,土埂上方容量需要能拦蓄当地 10~20 年一遇的一次降雨中两埂之间坡面所产生的地表径流与泥沙为宜;多雨地区土埂不能全部拦蓄的,应结合坡面小型蓄排工程,妥善排导多余的径流与泥沙(坡面径流泥沙计算,按 GB/T 16453.4 中 4.1.2 执行);当土埂上方由于泥沙淤积导致容量减小时,应及时从下方取土加高土埂,保持初修的尺寸和容量。坡式梯田断面如图 2-6-2 所示。

(3)草带(或灌木带)坡式梯田的断面设计。每两带间的斜坡田面宽度要求与缓坡区梯田布设中的以道路为骨架划分耕作区相关规定相同。草带(或灌木带)的宽度宜为 3~4 m。在种草带(或灌木带)之前,先修宽浅式软埂,不夯实,可将草(或灌木)种在埂上,见图 2-6-3。

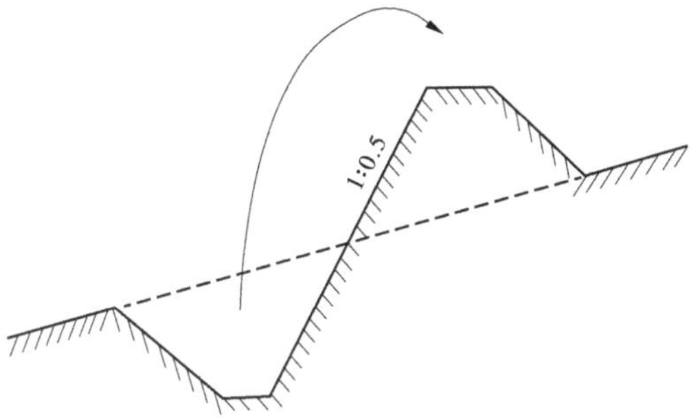

图 2-6-2　坡式梯田断面示意图

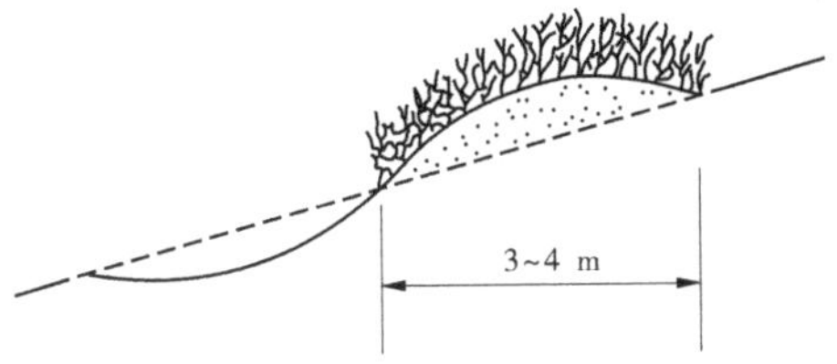

图 2-6-3　草带(或灌木带)坡式梯田

3)隔坡梯田的断面设计

隔坡梯田断面如图 2-6-4 所示。

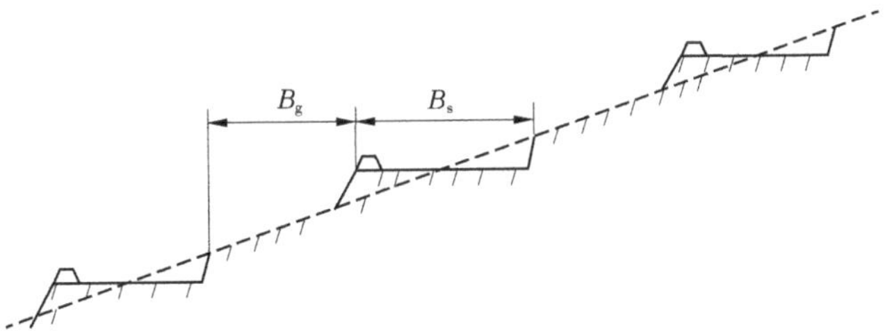

B_g—隔坡垂直投影宽度;B_s—水平田面宽度。

图 2-6-4　隔坡梯田断面示意图

(1)平台宽度的确定。根据隔坡梯田地面坡度在 15°~25°范围内,水平田面宽度 B_s 宜为 5~10 m,坡度缓的可宽些,坡度陡的可窄些。平台的宽度应能适应耕作,且能全部拦蓄斜坡径流,且能有效地保持水土,提高作物产量。

(2)隔坡垂直投影宽度 B_g 的确定。B_s 与 B_g 比值宜取 1:1~1:3。根据地面坡度、土质、植被和当地降雨情况,来确定隔坡部分在设计暴雨条件下产生的径流、泥沙量和林草需水量,作为确定 B_g 的主要依据。根据水平田面部分的宽度、土壤渗透性,分析暴雨中田面接受降雨后再接受隔坡部分径流的能力，具体确定 B_s 和 B_g，要求在设计暴雨条件下水平田面能全部拦蓄隔坡的径流不发生漫溢。B_s 和 B_g 应相互适应，根据不同情况通过试算确定。

4）埂坎植物设计

梯田埂坎应该充分利用并种植埂坎植物，选种经济价值高、胁地较小的植物，最好以乡土植物为主。

土坎梯田田面可根据田面宽度、坎高、坎坡度配置相应植物。当田面宽度北方小于 6 m、南方小于 4 m 时，适宜配置灌草植物；当田面宽度北方不小于 6 m、南方不小于 4 m 时，宜配置乔灌木。黄土高原土质梯坎高而缓时，可在坎上修筑台阶并在台阶上种植。梯田设埂时，宜在埂内种植 1 行乔灌木或草本植物。

石坎梯田田面宽度小于 4 m 时，不宜配置埂坎乔木植物，宜在埂内或坎下种植具有经济价值的 1 行灌木、草本或攀缘植物；当田面宽度大于 4 m 时，适宜种植灌或乔木经济树种。

5）田间道路设计

梯田的田间道路设计需要结合当地条件，可采用水泥、砂石、泥结碎石、素土等路面，实现路面排水与梯田排水相结合。田间道路路线与自然地形相互协调，避免深挖高填，同时也需要与梯田、小型蓄排工程等协调，路面宽度应根据生产作业与使用机械的情况取 1～5 m，纵坡不宜大于 8%。

3. 施工

梯田应根据地形坡度、土层厚度和田面宽度条件，确定合理的表土剥离和回覆方案。

梯田施工宜安排在秋冬季节。

梯田施工应先修筑临时道路，充分利用施工机械和设备，临时道路宜和田间道路永临结合。

田坎修筑时，石坎砌石粒径大于 300 mm 的不得少于 70%；土坎应分层夯筑，每层铺虚土厚度不应大于 0.2 m，田坎压实度不应小于 90%。

1）土坎梯田的施工

主要包括梯田定线、田坝清基、修筑田坝、保留表土、修平田面等五道工序。

（1）梯田定线。

根据梯田规划确定梯田区的坡面，在其正中（距左右两端大致相等）从上到下画中轴线。

根据梯田断面设计的田面斜宽 B_x，在中轴线上画出各台梯田的 B_x 基点。

从各台梯田的 B_x 基点出发，用手水准向左右两端分别测定其等高点；连各等高点成线，即为各台梯田的施工线。

定线过程中，遇局部地形复杂处，应根据大弯就势、小弯取直的原则处理。为保持田面等宽，可适当调整埂线位置。

（2）田坎清基。

以各台梯田的施工线为中心，上下各画出 50～60 cm 宽来作为清基线；在清基线范围内清除表土厚约 20 cm,暂时堆在清基线下方,施工中与整个田面保留表土结合处理。

将清基线内的地面翻松约 10 cm,清除石砾等杂物(如有洞穴,及时填塞),整平,夯实。

(3)修筑田坎。

田坎应用生土填筑,土中不应夹有石砾、树根、草皮等杂物。

修筑时应分层夯实,每层虚土厚约 20 cm,夯实后厚约 15 cm。

修筑中每道埂坎应全面均匀地同时升高,不应出现各段参差不齐,从而影响接茬处质量。

田坎升高的过程中应根据设计的田坎坡度,逐层向内收缩,并将坎面拍光。

随着田坎升高,坎后的田面也相应升高,将坎后填实,使田面与田坎紧密结合在一起。

(4)保留表土。

表土逐台下移法适用于坡度较陡、田面较窄(10 m 以下)的梯田。步骤(见图 2-6-5)如下:①整个坡面梯田逐台从下向上修,先将最下面一台梯田修平,不保留表土;②将第二台拟修梯田田面的表土取起,推到第一台田面上,均匀铺好;③第二台梯田修平后,将第三台拟修梯田田面的表土取起后推到第二台田面上,均匀铺好;④如此逐台进行,直到各台修平。

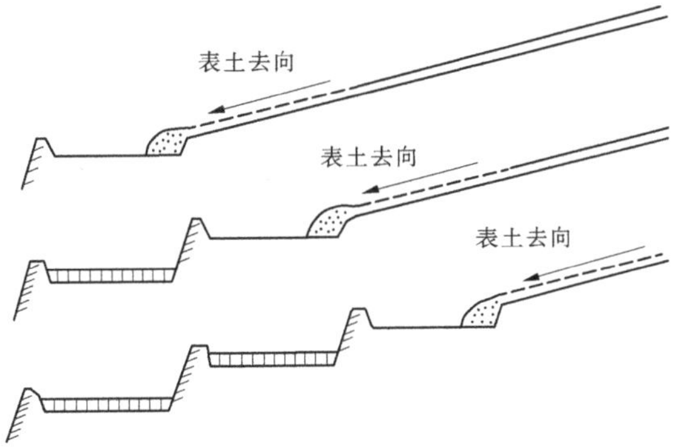

图 2-6-5　表土逐台下移法

表土逐行置换法适用于坡面坡度较缓、梯田田面较宽(20～30 m)的情况。步骤(见图 2-6-6)如下:①先将田面中部约 2 m 宽修平,将其上下两侧各约 1 m 宽表土取来铺上;②挖上侧 1 m 宽田面,填下侧 1 m 宽田面,将平台扩大为 4 m 宽;③按前述方法,再向上下两端各展 1 m 宽,将平台扩大为 6 m;④如此继续进行下去,直到将整个田面修平。

表土中间堆置法适用于田面宽 10～15 m 的情况。步骤(见图 2-6-7)如下:①将拟修田面的表土,全部取起,堆置在田面中心线位置,宽 2 m 左右;②将中心线上方田面生土取起,填于下方田面;③将堆置在中心线的表土,均匀铺运到整个田面上。

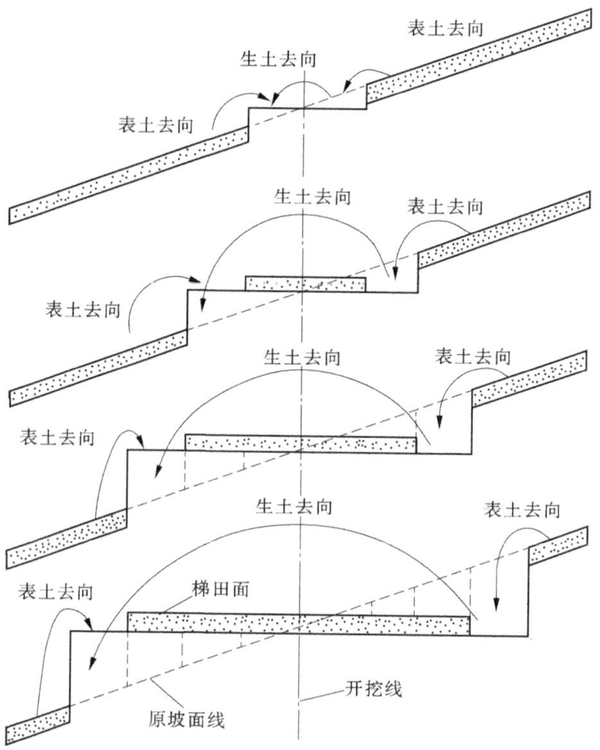

图 2-6-6　表土逐行置换法

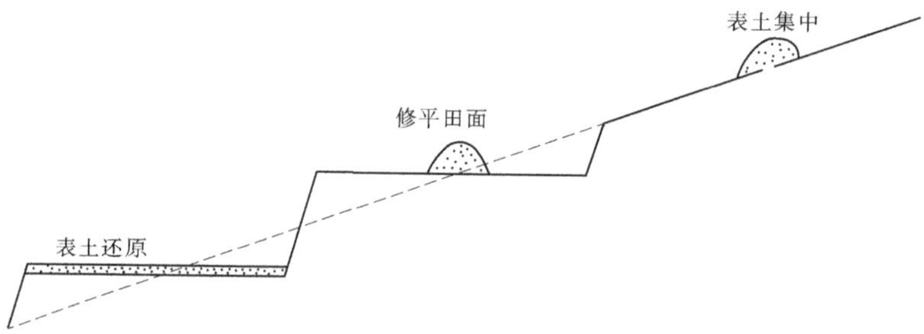

图 2-6-7　表土中间堆置法

(5)修平田面。

将田面分成下挖上填与上挖下填两部分：田坎线以下各 1.5 m 范围，采取下挖上填法，从田坎下方取土，填到田坎上方。其余田面采取上挖下填法，从田面中心线以上取土，填到中心线以下，见图 2-6-8。

田面挖填任务基本完成后，应用水准仪检查是否达到水平(或按设计要求的纵向比降)，允许误差为±1%。

2)石坎梯田的施工

主要分为修砌石坎工序和坎后填膛与修平田面工序。

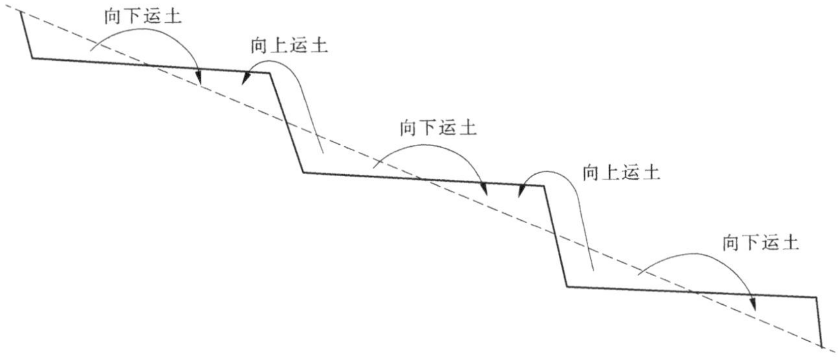

图 2-6-8　上挖下填与下挖上填

(1)修砌石坎。

先备好石料,大小搭配均匀且堆放田坎线下侧。

逐层向上修砌,每层应用比较规整的较大块石(一般要求长 40~50 cm,宽 20~30 cm,厚 15~20 cm)砌成田坎外坡,各块之间上下左右都应挤紧,上下两层的中缝要错开呈“品”字形。较长石坎每 10~15 m 留一沉陷缝。

石坎外坡以内各层,应与外坡相同,但所用石料不必强求规整。修砌过程中整个石坎应该均匀地逐层加高,压顶的块石应规整且具有较大尺寸。

石坎稳定系数可取 1. 15~1. 20,顶宽 0. 4~0. 5 m,根据不同坎高,计算石坎底宽,相应地加大清基宽度。

(2)坎后填膛与修平田面。

两道工序应该结合进行。在下挖上填与上挖下填修平田面过程中,将夹在土内的石块和石砾拾起,分层堆放在石坎后,形成一个三角形断面,以加强对石坎的支撑,见图 2-6-9。

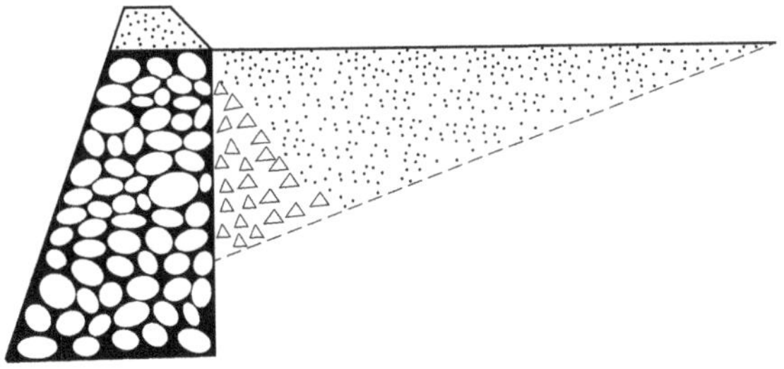

图 2-6-9　石坎梯田断面示意图

堆放石块、石砾的顺序是:从下向上,先堆大块,后堆小块。然后填土进行田面平整。通过坎后填膛,平整后的田面 30~50 cm 深以内应无石块、石砾,以利耕作。

4. 管理

1)维修养护

每年汛后和每次较大暴雨后,应对梯田区检查,发现田坎(田埂)有缺口、穿洞等损毁现象的，应及时进行修补。

梯田田面平整后，地中原有浅沟处，雨后产生不均匀沉陷，田面出现浅沟集流的，在庄稼收割后，应及时取土填平。

坡式梯田的田埂，应随着埂后泥沙淤积情况，每年从田埂下方取土，加高田埂，保持埂后按原设计应有足够的拦蓄容量。

隔坡梯田的平台与斜坡交接处，如有泥沙淤积，应及时将泥沙均匀摊在水平田面，保持田面水平。

2）促进生土熟化

梯田修平后，应在挖方部位多施有机肥（单位面积施肥量较一般施肥高1倍左右），同时深耕30 cm左右（如是畜力翻耕，可采用“套二犁”），促进生土熟化。

新修水平梯田（与隔坡梯田的平台部分），第一年应选种能适应生土的作物，如豆类和马铃薯等，或种一季绿肥作物与豆科牧草。

3）田坎利用

根据田面宽度、田坎高度与坡度，应分别选种经济价值高、对田面作物生长影响小的树种、草种，发展田坎经济。

根据所选树种、草种的植物生理特性，经过试验研究，确定在田坎上种植的方式（株距、位置），以及经营管理要求，力争田坎上植物可以优质、高产。

田坎利用应与搞好田坎的维修养护、保证田坎安全相结合。

九、坡面水系工程

6.9.1 应根据治理区地形条件，因地制宜，确定坡面截排水工程、蓄水池（水窖）、沉沙池等坡面水系工程。

【释义】 本条是对生态清洁小流域治理措施“坡面水系工程”的规定，坡面水系工程包含截排水工程、蓄水池（水窖）、沉沙池等。南方地区雨量充沛，一次性降雨量较大，降雨频繁，并且山高坡陡容易形成山洪灾害，因此坡面水系工程以排为主。北方地区雨水稀少，水资源宝贵，以蓄为主。

6.9.2 坡面水系工程设计应符合GB 51018的规定。

【释义】 本条是关于生态清洁小流域坡面水系工程设计参考标准的规定，主要内容如下。

1.规划

1）截水沟布设原则

（1）当坡面下部是梯田或林草，上部是坡耕地或荒坡时，应在其交界处布设截水沟。

（2）当无措施坡面的坡长太大时，应在此坡面增设几道截水沟。增设截水沟的间距为20~30 m，根据地面坡度、土质和暴雨径流情况，通过设计计算具体确定。

（3）蓄水型截水沟基本上沿等高线布设，排水型截水沟应与等高线取1%~2%的比降。

（4）当截水沟不水平时，应在沟中每5~10 m修一高20~30 cm的小土挡，防止冲刷。

(5)排水型截水沟的排水一端应与坡面排水沟相接,并在连接处做好防冲措施。

2)排水沟布设原则

(1)排水沟一般布设在坡面截水沟的两端或较低端,用以排除截水沟不能容纳的地表径流。排水沟的终端应连接蓄水池或天然排水道。

(2)排水沟在坡面上的比降,根据其排水去处(蓄水池或天然排水道)的位置而定。当排水出口的位置在坡脚时,排水沟大致与坡面等高线正交布设;当排水去处的位置在坡面时,排水沟可基本沿等高线或与等高线斜交布设。各种布设都应做好防冲措施(铺草皮或石方衬砌)。

(3)梯田区两端的排水沟,一般与坡面等高线正交布设,大致与梯田两端的道路同向。一般土质排水沟应分段设置跌水。排水沟纵断面可采取与梯田区大断面一致,以每台田面宽为一水平段,以每台田坎高为一跌水,在跌水处做好防冲措施(铺草皮或石方衬砌)。

3)蓄水池与沉沙池布设原则

(1)蓄水池一般布设在坡脚或坡面局部低凹处,与排水沟(或排水型截水沟)的终端相连,容蓄坡面排水。

(2)蓄水池的分布与容量,应根据坡面径流总量、蓄排关系和修建省工、使用方便等原则,因地制宜具体确定。一个坡面的蓄排工程系统可集中布设一个蓄水池,也可分散布设若干蓄水池。单池容量为100~10 000 m^3。

(3)蓄水池的位置,应根据地形有利、便于利用、岩性良好(无裂缝暗穴、砂砾层等)、蓄水容量大、工程量小、施工方便等条件具体确定。

(4)沉沙池一般布设在蓄水池进水口的上游附近。排水沟(或排水型截水沟)排出的水,先进入沉沙池,泥沙沉淀后,再将清水排入池中。

(5)沉沙池的具体位置,应根据当地地形和工程条件确定,可以紧靠蓄水池,也可以与蓄水池保持一定距离。

2. 设计

1)截水沟设计

(1)暴雨径流设计。

防御暴雨标准,可按10年一遇24 h最大降雨量。

坡面径流量与土壤侵蚀量,可根据水土保持试验站的小区径流观测资料,或查阅当地水文手册确定。

在上述设计频率暴雨下,不同坡度、不同土质、不同植被的坡面,应采取不同的暴雨径流量与土壤侵蚀量。以一次暴雨径流模数 M_w(m^3/hm^2)和年均土壤侵蚀模数 M_s(t/m^2)表示。

(2)截水沟断面设计。

①蓄水型截水沟断面设计。

每道截水沟的容量 V 可按下式计算:

$$V = V_w + V_s \tag{2-6-20}$$

式中　V——截水沟容量,m^3;

V_w——一次暴雨径流量,m^3;

V_s——1~3 年土壤侵蚀量,m^3。

V_s 的计算单位,根据各地土壤干密度,由 t 折算为 m^3。

V_w 和 V_s 值可按下列公式计算:

$$V_w = M_w F \tag{2-6-21}$$

$$V_s = 3M_s F \tag{2-6-22}$$

式中　F——截水沟的集水面积,hm^2;

M_w——一次暴雨径流模数,m^3/hm^2;

M_s——年均土壤侵蚀模数,m^3/hm^2。

根据 V 值计算截水沟断面面积 A_1:

$$A_1 = V/L \tag{2-6-23}$$

式中　A_1——截水沟断面面积,m^2;

L——截水沟长度,m。

截水沟断面要素的确定:截水沟由半挖半填做成梯形断面,其断面要素、符号和常用数值,见表 2-6-7。

表 2-6-7　截水沟断面要素常用数值

沟底宽 B_d/m	沟深 H/m	内坡比 m_i	外坡比 m_o
0.3~0.5	0.4~0.6	1:1	1:1.5

②排水型截水沟断面设计有两种情况,分别采取不同断面。

(a)多蓄少排型。暴雨产生的坡面径流大部蓄于沟中,只排除不能容蓄的小部。断面尺寸基本上参照蓄水型截水沟,沟底应取 1%左右的比降。

(b)少蓄多排型。暴雨产生的坡面径流小部蓄于沟中,大部排入蓄水池。断面尺寸基本上参照排水沟的断面设计,同时应取 2%左右的比降。

2)排水沟设计

(1)排水沟断面 A_2。根据设计频率暴雨坡面最大流量,按下式计算:

$$A_2 = \frac{Q}{C\sqrt{Ri}} \tag{2-6-24}$$

式中　A_2——排水沟断面面积,m^2;

Q——设计坡面最大径流量,m^3;

C——谢才系数;

R——水力半径,m;

i——排水沟比降。

(2)Q 值按下式计算:

$$Q = \frac{F}{6}(I_r - I_p) \tag{2-6-25}$$

式中　Q——设计最大流量,m^3/s;

I_r——设计频率 10 min 最大降雨强度,mm/min;

I_p——相应时段土壤平均入渗强度,mm/min;

F——坡面汇水面积,hm^2。

(3)R 值按下式计算:

$$R = A_2/\chi \tag{2-6-26}$$

式中　R——水力半径,m;

A_2——排水沟断面面积,m^2;

χ——排水沟断面湿周,m。

(4)C 值按下式计算:

$$C = \frac{1}{n}R^{1/6} \tag{2-6-27}$$

式中　C——谢才系数;

n——粗糙系数,土质排水沟取 0.025 左右。

(5)上述设计中应考虑排水沟的不冲不淤流速,尽量减少沟道冲淤。

3)蓄水池设计

(1)蓄水池容量设计。

蓄水池总容量按下式计算:

$$V = K(V_w + V_s) \tag{2-6-28}$$

式中　V——蓄水池容量,m^3;

V_w——设计频率暴雨径流量,m^3;

V_s——设计清淤年(n 年)累计泥沙淤积量,m^3;

K——安全系数。

V_w 与 V_s 值的计算分两种情况:

①蓄水池在坡面小型蓄排工程中,与坡面排水沟终端相连,并以沟中排水为其主要水源时,其 V_w 值与 V_s 值根据排水沟的设计排水量和淤积量计算。

②蓄水池不在坡面小型蓄排工程系统中,需独立计算暴雨径流时,采用下列公式计算 V_w、V_s 值。

$$V_w = M_w F \tag{2-6-29}$$

$$V_s = 3M_s F \tag{2-6-30}$$

式中　M_w——一次暴雨径流模数,m^3/hm^2;

M_s——年均土壤侵蚀模数,m^3/hm^2;

F——蓄水池的集水面积,hm^2。

(2)蓄水池的主要建筑物设计。

①池体设计。根据当地地形和总容量 V,因地制宜地分别确定池的形状、面积、深度和周边角度。

②进水口和溢洪口设计。石料衬砌的蓄水池,衬砌中应专设进水口与溢洪口;土质蓄水池的进水口和溢洪口,应进行石料衬砌。一般口宽 40 ~ 60 cm,深 30 ~ 40 cm,并用式(2-6-31)校核过水断面。

$$Q = M\sqrt{2g}\,bh^{2/3} \tag{2-6-31}$$

式中 Q——进水(或溢洪)最大流量,m^3/s;

M——流量系数,采用0.35;

g——重力加速度,9.81 m/s^2;

b——堰顶宽(口宽),m;

h——堰顶水深,m。

(3)引水渠设计。当蓄水池进口不是直接与坡面排水渠终端相连时,应布设引水渠,其断面与比降设计,可参照坡面排水沟的要求执行。

4)沉沙池设计

(1)池体尺寸设计。沉沙池为矩形,宽1~2 m,长2~4 m,深1.5~2.0 m。其宽度应为排水沟宽度的2倍,并有适当的深度。

(2)沉沙池的进水口与出水口,可参照蓄水池进水口尺寸设计,并做好石料(或砂浆砌砖或混凝土板)衬砌。

3. 施工

1)截水沟和排水沟的施工

(1)根据设计截水沟与排水沟的布置路线进行施工放样和定线。

(2)根据截水沟与排水沟的设计断面尺寸,沿施工线进行挖沟和筑埂。筑埂填方部分应将地面清理耙毛后方可均匀铺土,并进行夯实,沟底或沟埂薄弱环节处应做加固处理。

(3)在截水沟和排水沟的出口衔接处,应铺草皮或做石料衬砌防冲。在每道跌水处,应按设计要求进行专项施工。

(4)竣工后,应及时检查断面尺寸与沟底比降是否符合规划设计要求。

2)蓄水池和沉沙池的施工

(1)应根据规划的位置和设计的尺寸进行开挖,并及时检查开挖尺寸是否符合设计要求。

(2)应首先处理好基础,并按设计做好防渗。

(3)边墙用料可选择砖石等材料,随当地取料方便条件而定。石方衬砌要求料石(或较平整块石)厚度不小于30 cm,接缝宽度不大于2.5 cm,同时应做到砌石顶部要平,每层铺砌要稳,相邻石块要靠得紧,缝间砂浆要灌饱满,上层石块必须压住其下一层石块的接缝。砖衬砌要用12墙,压缝砌筑,缝间砂浆饱满。

(4)沉沙池施工做好石料(或砂浆砌砖或混凝土板)衬砌。

4. 管理

(1)根据设计要求和坡面侵蚀量大小,每1~3年应对各蓄排工程进行一次清淤,遇到淤积严重的大沙年,应及时清除。

(2)截水沟和排水沟的填方土埂外坡,可种植经济价值较高的浅根性植物护埂。

(3)每年汛后和每次较大暴雨后,应对坡面小型蓄排工程进行全面检查,如有冲毁现象应进行及时补修。

十、沟头防护工程

6.10.1　**沟头防护工程应布设在上方有坡面天然集流槽，且暴雨产生的径流由集流槽泄入沟头，引起沟头前进的区域。**

【释义】　本条是对生态清洁小流域治理措施“沟头防护工程”的规定，沟头防护工程是为了阻止坡面暴雨径流由沟头进入沟道，阻止沟头前进，保护地面不被沟壑割切破坏的沟道治理措施。沟头防护工程应在以小流域为单元的全面规划、综合治理中，与谷坊、淤地坝等沟壑治理措施互相配合，形成防护体系，以取得综合控制沟壑发展的效果。

6.10.2　**沟头防护工程应与坡面水系工程相结合。**

【释义】　本条是关于生态清洁小流域沟头防护工程的规定，主要内容如下：

修建沟头防护工程的重点位置应为沟头以上有坡面天然集流槽，暴雨中坡面径流由此集中泄入沟头，以引起沟头前进和扩张的地方。当坡面来水不仅集中于沟头，同时在沟边另有多处径流分散进入沟道时，应在修建沟头防护工程的同时，围绕沟边，全面地修建沟边埂，阻止坡面径流进入沟道。

沟头防护工程的防御标准为10年一遇3~6 h最大暴雨。可根据各地不同降雨情况，分别采取当地最易产生严重水土流失的短历时，高强度暴雨。当沟头以上集水区面积较大(10 hm^2 以上)时，应布设相应的治坡措施与小型蓄水工程，以减少地表径流汇集到沟头。

6.10.3　**沟头防护工程设计应符合GB 51018的规定。**

【释义】　本条是关于生态清洁小流域沟头防护工程设计参考标准的规定，主要内容如下。

1. 规划

1) 蓄水型沟头防护工程

(1) 围埂式。在沟头以上3~5 m处，围绕沟头修筑土埂，拦蓄上面来水，阻止径流进入沟道。

(2) 围埂蓄水池式。当沟头以上来水量单靠围埂不能全部拦蓄时，在围埂以上靠近低洼处，修建蓄水池，拦蓄部分坡面来水，配合围埂，共同防止径流进入沟道。

2) 排水型沟头防护工程

(1) 跌水式。当沟头陡崖（或陡坡）高差较小时，用浆砌块石修成跌水，下设消能设备，水流通过跌水安全进入通道。

(2) 悬臂式。当沟头陡崖（或陡坡）高差较大时，用塑料管或陶管悬臂置于土质沟头陡坎之上，将来水挑泄下沟，沟底设消能设施。

2. 设计

1) 蓄水型沟头防护设计应符合的要求

(1) 沟埂（见图2-6-10）位置应根据沟头深度确定，沟头深不宜大于10 m，沟埂位置宜距沟头3~5 m。沟坡较陡时，应注意避开存在陷穴或垂直裂缝的沟坡。

(2) 沟埂应采取土质梯形断面（见图2-6-11），顶宽应取0.4~0.5 m，埂高应取0.8~1.0 m，内外坡比均应为1:1，围埂高度应取决于集水区来水量。

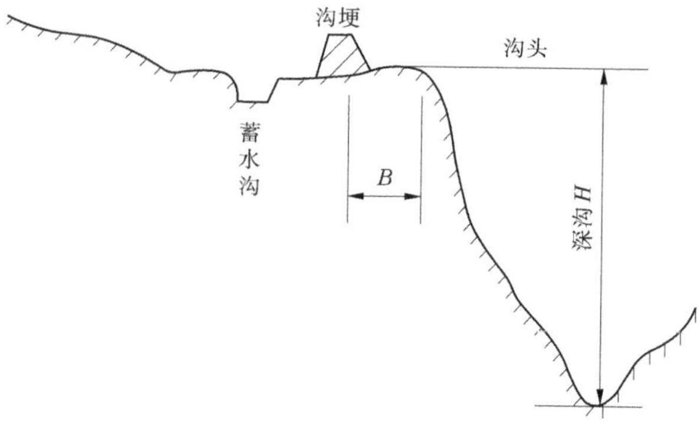

图 2-6-10　沟埂位置示意图

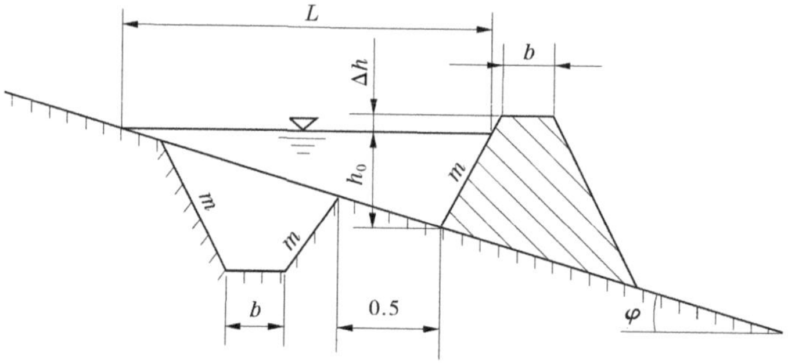

图 2-6-11　沟埂断面示意图

(3)围埂内水深应根据单位围埂长来水量与每延米围埂长蓄水容积比值合理确定。围埂高度偏大时应修正,围埂高度偏小时应加大围埂高度或增设第二道围埂。围埂安全超高可取 0.3~0.5 m。

(4)当来水量大于蓄水量时,应在围埂上游附近设置蓄水池,蓄水池位置应距沟头 10 m 以上。

(5)围埂顶部、边坡宜种植保土性能强的灌木或草。

(6)来水量可按下式计算:

$$W = 10KRF \tag{2-6-32}$$

式中　W——来水量,m^3;

F——沟头以上集水面积,hm^2;

R——10 年一遇 3~6 h 最大降雨量,mm;

K——径流系数。

(7)围埂蓄水量按下式计算:

$$V = L\left(\frac{HB}{2}\right) = L\frac{H^2}{2i} \tag{2-6-33}$$

式中　V——围埂蓄水量,m^3/s;

L——围埂长度，m；

B——回水长度，m；

H——埂内蓄水深，m；

i——地面比降(%)。

2）排水型沟头防护设计应符合的要求

（1）设计流量应按规范 GB 51018 附录 A 计算。

（2）跌水式沟头防护建筑物应由进水口（宽顶堰）、陡坡（或多级跌水）消力池、出口海漫等组成，设计宜按渠道跌水有关规定执行。

（3）悬臂式沟头防护建筑物主要用于沟头为垂直陡壁、高 3~5 m 的情况，应由引水渠、挑流槽、支架及消能设施组成。排水管（槽）断面尺寸按下式确定：

$$Q_m = AK_0\sqrt{i} \tag{2-6-34}$$

式中　A——系数，取决于管内充水程度，管内水深宜取 $0.75d$，此时 $A=0.91$；

K_0——管内完全充水时的特性流量，m/s；

i——排水管（槽）坡降，可取 1/50~1/100。

3. 施工

1）蓄水型沟头防护工程施工

（1）围埂式沟头防护应遵循的要求：

①应根据设计要求，确定围堰（一道或几道）位置走向，做好定线。

②应沿埂线上下两侧各宽 0.8 m 左右，清除地面杂草、树根、石砾等杂物。

③应开沟取土筑埂，分层夯实。埂体干密度为 1.4~1.5 t/m^3。沟中每 5~10 m 修一小土挡，防止水流集中。

（2）围埂蓄水池式沟头防护应遵循的要求：

①应根据设计要求，确定蓄水池位置、形式、尺寸，进行开挖。

②施工技术应按 GB/T 16453.4 中有关要求进行。

2）排水型沟头防护工程施工

（1）跌水式沟头防护应按 GB/T 16453.3 中 3.3.2.2 规定执行。

（2）悬臂式沟头防护应遵循的要求：

①应按设计备好管材及各种建筑材料。

②挑流槽应置于沟头上地面处，先挖开地面，深 0.3~0.4 m，长宽各约 1.0 m，埋水泥板，将挑流槽固定在板上，再用土压实，并用数根木桩铆固在土中，保证其牢固。

③水泥桩等下部扎根处，应铺设浆砌料石，石上开孔，将桩下部插于孔中，加以固定。扎根处应保证不因雨水冲蚀而摇动。

④浆砌块石应做好清基。座底（0.80 m×0.80 m）~（1.0 m×1.0 m），逐层向上缩小。

⑤消能设备（筐内装石或铅丝笼装石）应先向下挖深 0.8~1.0 m，然后放进筐石。

⑥消能设施应与沟道内植物和谷坊设施结合利用，不应产生破坏。

4. 管理

(1)汛前应检查维修,保证安全度汛;汛后和每次较大暴雨后,派专人到沟头防护工程巡视,发现损毁,及时补修。

(2)围埂后的蓄水沟及其上游的蓄水池,如有泥沙淤积,应及时清除,以保持其蓄水量。

(3)围埂顶部、边坡种植保土和固土性能强的灌木或草类,并禁止人畜破坏。

十一、淤地坝

6.11.1　黄土高原水土流失区干沟、支沟、毛沟内可建设淤地坝,淤地坝建设应与小流域水土流失综合治理其他措施相结合。

【释义】　本条是对生态清洁小流域治理措施“淤地坝”的规定,主要内容如下。

1. 坝库勘测

选定坝址应符合下列规定:

(1)应选在“口小肚大”,沟道比降较缓,支沟分岔的下方和沟底陡坡、跌水的上方,以求修坝工程量小,库容大,淤地多。

(2)坝端岸坡应有开挖溢洪道的良好地形和土质(或基岩);两岸岸坡不应大于45°,不应有集流洼地或冲沟,不应有陷穴、泉眼等隐患;土质应坚硬,地质构造应稳定;最好是黄土下面为红胶土或基岩,可节省溢洪道衬砌的工程量和投资。

(3)坝址附近应有良好的筑坝材料(土料、石料)和料场,而且采运容易,交通、施工方便。采用水坠法筑坝时,土场应紧靠坝址,并有一定高度,坝址附近还应有充足的水源(施工期间能提供比坝体冲填土方量大1倍的水量)。

(4)宜减小库区淹没损失,避免淹没村庄、公路、矿井、大片耕地和其他重要建筑物。

2. 坝系工程布设

坝系工程布设应遵循下列原则:①统筹规划,因地制宜,优化布局,合理配置。②坝系建设应坚持生态效益、经济效益和社会效益相统一的原则。③以小流域为单元,以大型淤地坝为控制节点,合理布设中、小型淤地坝,科学利用水沙资源,发挥坝系减蚀、滞洪、拦泥、淤地等综合效益。④妥善协调干支沟、上下游沟道工程生产、防洪关系,确保坝系安全运行。

坝系工程的布局和规模,应从防洪、拦沙、淤地、投资效益等方面进行方案比选综合确定。坝系工程的建设顺序,应按照保证防洪安全、合理利用水沙资源、大型淤地坝和除险加固淤地坝优先的原则合理确定。

大型淤地坝布设应符合下列规定:①单坝控制面积应充分考虑干支沟及上下游淤地坝布设需要,并与流域水土流失强度相适应。②下游影响范围内无居民点、学校、工矿、交通等重要设施。下游影响范围可通过溃坝流量及洪水过程线估算确定,溃坝流量估算方法参见SL/T 804。

6.11.2　应以大型淤地坝为控制节点,合理配置中小型淤地坝。

【释义】　本条是关于生态清洁小流域淤地坝的规定,中、小型淤地坝布设应符合下列规定:①宜布设在大型淤地坝控制范围内,按照快速淤地造田、延长大型淤地坝淤积年限，控制沟道下切的目标配置。②中型淤地坝下游影响范围内无居民点、学校、工矿、交通等重要设施。下游影响范围的确定同大型淤地坝。

6.11.3 淤地坝设计应符合 SL/T 804 的规定。

【释义】 本条是关于生态清洁小流域淤地坝设计参考的规定，主要内容如下。

1. 水文计算

在计算设计洪水和输沙量时，应收集分析洪水、泥沙实测资料和调查资料。当有包含近 30 年在内的长系列洪水、泥沙实测资料时，应根据资料条件及工程设计要求，采取多种方法计算设计洪水和输沙量，经论证后选用。当洪水资料缺乏时，可利用同类地区或工程附近地区的径流站、水文站实测洪水资料，通过综合分析计算设计洪水；或参照地区（市、州、盟）水文手册，由暴雨推求设计洪水。当泥沙资料缺乏时，可利用同类地区或工程附近地区的径流站、水文站实测泥沙资料、现状坝库淤积调查资料，通过综合分析计算输沙量；或参照地区（市、州、盟）水文手册等有关输沙模数等值线图，计算输沙量。根据当地试验数值分析水土保持综合治理对泥沙的影响。

1）设计洪峰流量计算

（1）推理公式法。采用推理公式法计算设计洪峰流量，可按下列公式计算：

$$Q_P = 0.278\frac{h}{\tau}F \tag{2-6-35}$$

$$\tau = 0.278\frac{L}{mj^{\frac{1}{3}}Q_P^{\frac{1}{4}}} \tag{2-6-36}$$

式中 Q_P——设计频率为 P 的洪峰流量，m^3/s；

h——净雨深，mm，在全面汇流时代表相应于各不同历时 τ 时段的最大净雨深，在部分汇流时代表由主雨峰产生的净雨深；

F——流域面积，km^2；

τ——流域汇流历时，h；

L——沿主沟道从出口断面至分水岭的最长距离，km；

m——汇流参数，在一定概化条件下，通过本地区实测暴雨洪水资料综合分析得出；

j——沿流程 L 的平均比降（以小数计）。

（2）洪水调查法。若坝址处沟道有可靠或较可靠的历史大洪水调查资料时，可借用邻近沟道的历年最大流量变差系数 C_v 及偏态系数 C_s，采用洪水调查法进行设计洪峰流量的计算。

测定洪峰流量，应根据洪痕高程、过水断面、沟道比降，按下列公式计算：

$$Q = \omega C\sqrt{Ri} \tag{2-6-37}$$

$$C = \frac{1}{n}R^{\frac{1}{6}} \tag{2-6-38}$$

式中 Q——明渠均匀流公式计算的洪峰流量，m^3/s；

ω——沟道横断面过水面积，m^2；

C——谢才系数；

R——沟道横断面的水力半径，m；

i——水力比降，由上下断面洪痕点的高差除以两断面间沿沟间距而得；

n——糙率，可根据沟道特征选用。

调查洪水经验频率按下式计算：

$$P = \frac{m}{n+1} \times 100\% \tag{2-6-39}$$

式中　P——调查洪水经验频率；

m——在已调查的几次洪水系列中由大到小的顺序位；

n——调查年代与洪水发生年代之差，年。

调查洪水的重现期与经验频率应符合式(2-6-40)所示的关系：

$$N = \frac{1}{P} \tag{2-6-40}$$

式中　N——调查洪水重现期，年。

如有一个洪水调查值，设计洪峰流量按下式计算：

$$\left.\begin{aligned} \overline{Q} &= \frac{Q'_P}{K'_P} \\ Q_P &= K_P \overline{Q} \end{aligned}\right\} \tag{2-6-41}$$

式中　$\overline{Q}$——最大流量系列的均值，m^3/s；

Q'_P——已知重现期的洪水调查值，m^3/s；

K'_P——相应于调查洪水频率 P 的模比系数；

K_P——频率为 P 的模比系数，由 C_v 及 C_s 的皮尔逊-Ⅲ型曲线 K_P 表查得。

如有两个洪水调查值，设计洪峰流量应按下式计算：

$$\left.\begin{aligned} \overline{Q}_1 &= \frac{Q'_{P_1}}{K'_{P_1}} \\ Q_2 &= \frac{Q'_{P_2}}{K'_{P_2}} \\ Q_P &= K_P\left(\frac{\overline{Q}_1 + \overline{Q}_2}{2}\right) \end{aligned}\right\} \tag{2-6-42}$$

式中　$\overline{Q}_1$、$\overline{Q}_2$——两次调查洪水的设计洪峰流量均值，m^3/s；

Q'_{P_1}、Q'_{P_2}——已知重现期的洪水调查值，m^3/s；

K'_{P_1}、K'_{P_2}——相应于调查洪水频率 P_1 和 P_2 的模比系数。

(3)经验公式法。经验公式法推算洪峰流量 Q_P，可采用洪峰面积相关法或综合参数法。

采用洪峰面积相关法，可按下式计算：

$$Q_P = K_N F^n \tag{2-6-43}$$

式中　K_N、n——重现期为 N 的经验参数，由当地水文手册中查得。

采用综合参数法，可按下列公式计算：

$$Q_P = C_1 H_P^{\alpha} \lambda^m J^{\beta} F^n \tag{2-6-44}$$

$$\lambda = \frac{F}{L^2} \tag{2-6-45}$$

$$H_P = K_P \overline{H}_{3(6)} \tag{2-6-46}$$

式中　C_1——洪峰地理参数；

H_P——频率为 P 的流域中心点 3 h（或 6 h）雨量，mm；

λ——流域形状系数；

α、m、β、n——经验参数，可采用当地经验值；

$\overline{H}_{3(6)}$——流域最大 3 h（或 6 h）暴雨均值，mm，可由当地水文手册查得。

2）设计洪水总量计算

（1）推理公式法。采用推理公式法推算设计洪水总量，可按下式计算：

$$W_P = 0.1\alpha H_P F \tag{2-6-47}$$

式中　W_P——设计洪水总量，万 m^3；

α——洪水总量径流系数，可由当地水文手册查得。

（2）经验公式法。采用经验公式法推算设计洪水总量，可按下式计算：

$$W_P = AF^m \tag{2-6-48}$$

式中　A、m——洪水总量地理参数及指标，可由当地水文手册查得。

（3）在重力侵蚀严重的黄土丘陵沟壑区第五副区，应考虑重力侵蚀对洪水总量的影响。可根据当地实测洪水含沙量或坝库洪水泥沙量分析计算。

3）设计洪水过程线推算

可采用概化三角形过程线法或概化五点过程线法推算设计洪水过程线。

（1）概化三角形过程线法推算设计洪水过程线，如图 2-6-12 所示。洪水总历时可按下式计算：

$$T = 5.56 \frac{W_P}{Q_P} \tag{2-6-49}$$

式中　T——洪水总历时，h。

涨水历时可按下式计算：

$$t_1 = a_{t_1} T \tag{2-6-50}$$

式中　t_1——涨水历时，h；

a_{t_1}——涨水历时系数，视洪水产汇流条件而异，其值变化在 0.1～0.5，具体计算时取用当地经验值。

（2）概化五点过程线法推求设计洪水，见图 2-6-13 所示。洪水总历时可按下式计算：

$$T = 9.63 \frac{W_P}{Q_P} \tag{2-6-51}$$

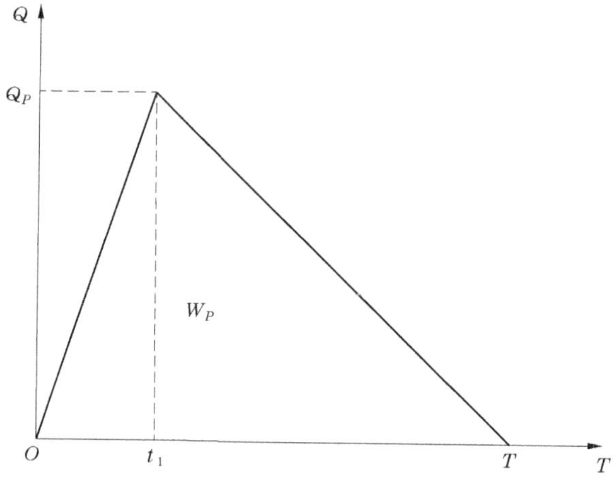

图 2-6-12　概化三角形洪水过程线

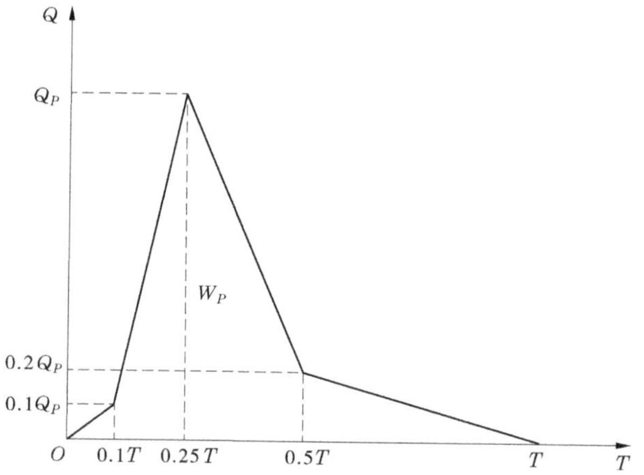

图 2-6-13　概化五点洪水过程线

4)调洪演算

淤地坝工程布设泄洪建筑物应通过调洪演算确定滞洪库容与泄洪建筑物最大下泄流量。拟建工程上游有设置泄洪建筑物的淤地坝工程,且未包含在本工程控制范围内时,应自上而下逐坝进行调洪演算,下游坝的最大下泄流量不得小于上游坝的。调洪演算宜按下式计算:

$$V_1 + \frac{1}{2}(Q_1 + Q_2)\Delta t = V_2 + \frac{1}{2}(q_1 + q_2)\Delta t \tag{2-6-52}$$

式中　V_1、V_2——时段初、时段末库容,万 m^3;

Q_1、Q_2——时段初、时段末入库流量,m^3/s;

q_1、q_2——时段初、时段末出库流量，m^3/s；

Δt——时段长度，h。

采用概化三角形过程线法推算设计洪水过程线的调洪演算可按下列简化公式计算。

单坝调洪演算可按下式计算：

$$q_P = Q_P\left(1 - \frac{V_Z}{V_P}\right) \tag{2-6-53}$$

式中　q_P——频率为 P 的洪水时泄洪建筑物最大下泄流量，m^3/s；

Q_P——区间面积频率为 P 的设计洪峰流量，m^3/s；

V_Z——滞洪库容，万 m^3。

拟建工程上游有淤地坝且设有泄洪建筑物，调洪演算可按下式计算：

$$q_P = (q'_P + Q_{P区间})\left(1 - \frac{V}{W'_P + W_P}\right) \tag{2-6-54}$$

式中　q_P——频率为 P 的上游工程最大下泄流量，m^3/s；

$Q_{P区间}$——区间面积频率为 P 的设计洪峰流量，m^3/s；

W'_P——本坝泄洪开始至最大泄流量的时段内，上游工程的下泄洪水总量，万 m^3；

W_P——区间面积频率为 P 的设计洪水总量，万 m^3。

5）输沙量计算

（1）输沙量可由侵蚀模数计算，按下式计算：

$$\overline{W}_{sb} = FM_0 \tag{2-6-55}$$

式中　$\overline{W}_{sb}$——多年平均输沙量，t/a；

F——坝控流域面积，km^2；

M_0——侵蚀模数，$t/(km^2 \cdot a)$。

（2）输沙量也可根据悬移质输沙量和推移质输沙量，按下式计算：

$$\overline{W}_{sb} = \overline{W}_s + \overline{W}_b \tag{2-6-56}$$

式中　$\overline{W}_s$——多年平均悬移质输沙量，t/a；

$\overline{W}_b$——多年平均推移质输沙量，t/a。

悬移质输沙量可采用下列两种方法进行计算。

输沙模数图查算法可按下式计算：

$$\overline{W}_s = \sum M_{si}F_i \tag{2-6-57}$$

式中　M_{si}——分区输沙模数，万 $t/(km^2 \cdot a)$，可根据土壤侵蚀普查数据和查输沙模数等值线图综合确定；

F_i——分区面积，km^2。

输沙模数经验公式法可按下列公式计算：

$$\overline{M}_s = K\overline{M}_0^b \tag{2-6-58}$$

$$\overline{W}_s = \overline{M}_sF = K\overline{M}_0^bF \tag{2-6-59}$$

式中　$\overline{M}_s$——多年平均输沙模数，t/(km^2 · a)；

$\overline{M}_0$——多年平均径流模数，m^3/(km^2 · a)；

b、K——指数和系数，可由当地水文手册查得。

推移质输沙量可采用比例系数法按下式计算：

$$\overline{W}_b = B\overline{W}_s \tag{2-6-60}$$

式中　B——推悬比，可取 0.05～0.15。黄河中游粗泥沙集中来源区取大值，除黄河中游粗泥沙集中来源区以外的多沙粗沙区取中值，其他区域取小值。

2. 工程设计

1）工程等级划分及建筑物级别

淤地坝工程的等别和建筑物级别，应根据库容按表 2-6-8 确定。

表 2-6-8　淤地坝工程等别及建筑物级别划分

工程等别	工程规模		总库容/万 m^3	永久性建筑物级别		临时性建筑物级别
				主要建筑物	次要建筑物	
Ⅳ	大型淤地坝	1 型	100～500	4	5	5
Ⅴ		2 型	50～100	5	5	—
Ⅴ	中型淤地坝		10～50	5	5	—
—	小型淤地坝		1～10	—	—	—

失事后损失巨大或影响严重的淤地坝工程中 5 级主要永久性建筑物，经论证可提高一级。

当永久性建筑物基础的工程地质条件复杂或采用新型结构时，5 级建筑物可提高一级。

淤地坝工程设计标准应根据建筑物级别按表 2-6-9 确定。大型淤地坝控制区域外的中型淤地坝校核洪水重现期应取上限。

表 2-6-9　淤地坝建筑物设计标准

工程规模		建筑物级别	洪水重现期/年	
			设计	校核
大型淤地坝	1 型	4	30～50	300～500
	2 型	5	20～30	200～300
中型淤地坝		5	20～30	50～200
小型淤地坝		—	10～20	30～50

坝坡稳定计算应按下列规定确定：

(1)坝坡抗滑稳定可采用瑞典圆弧法或简化毕肖普法计算，坝坡抗滑稳定安全系数不应小于表2-6-10规定的数值。

表2-6-10　淤地坝坝坡抗滑稳定安全系数

运用工况	最小安全系数	
	瑞典圆弧法	简化毕肖普法
正常运用	1.15	1.25
非常运用Ⅰ	1.05	1.15
非常运用Ⅱ	1.02	1.10

注：1. 正常运用条件包括：①设计洪水位与死水位之间的各种水位的稳定渗流期；②水位在上述范围内经常性的正常降落。

2. 非常运用条件Ⅰ包括：①施工期；②校核洪水位有可能形成稳定渗流的情况；③水位非常降落。

3. 非常运用条件Ⅱ：正常运用条件遇地震。

(2)水坠坝边埂的自身稳定可按折线滑动面计算，采用摩根斯顿-普赖斯法。边埂抗滑稳定安全系数不应小于表2-6-11规定的数值。

表2-6-11　水坠坝边埂抗滑稳定安全系数

运用工况	最小安全系数
正常运用	1.25
非常运用	1.15

注：1. 正常运用条件包括：①设计洪水位与死水位之间的各种水位的稳定渗流期；②水位在上述范围内经常性的正常降落。

2. 非常运用条件包括：①施工期；②校核洪水位有可能形成稳定渗流的情况；③水位非常降落。

2)工程布置

枢纽建筑物布置应符合下列规定：

(1)大型淤地坝应由坝体、放水建筑物和泄洪建筑物组成。

(2)在大型淤地坝控制区域内的中、小型淤地坝，可由坝体、放水建筑物或坝体、泄洪建筑物组成。

(3)在大型淤地坝控制区域外的中型淤地坝，应由坝体、放水建筑物和泄洪建筑物组成。

淤地坝宜采用碾压筑坝或水坠坝。坝址区土料性质、位置、水源条件等适宜水坠施工时可采用水坠筑坝。坝体布置应遵循坝轴线短、工程量小的原则。

放水建筑物布置应符合下列要求：

(1)卧管(竖井)应根据坝址地形条件、运行管护方式等因素布置。卧管应布置在岸坡稳定、开挖量少的位置，卧管与涵洞(涵管)连接处设消力池；竖井应布置在基础稳定坚实的位置，竖井与涵洞(涵管)连接处设消力井。

(2)涵洞(涵管)轴线布设应布置在岩基或稳定坚实的原状土基上；当受地形、地质条件限制需转弯时，转弯半径应大于洞径的5倍；涵洞(涵管)的进、出口均应伸出坝体以外。涵洞(涵管)出口水流应采取妥善的消能措施，并应使消能后的水流与尾水渠或下游沟道衔接。

泄洪建筑物布设应符合下列要求：

(1)泄洪建筑物布设宜利用开挖量小的有利地形，进、出口附近的坝坡和岸坡应有可靠的防护措施和足够的稳定性。

(2)泄洪建筑物应布置在稳定坚实的基础上。

(3)泄洪建筑物中心线应尽量顺直。受地形条件限制需转弯时，宜设置在流速较小、水流比较平稳、底坡较缓且无变化的部位。进口段转弯半径不宜小于4倍渠底宽度。在泄槽段转弯时应满足横断面流速分布均匀、冲击波对水流扰动影响小、弯段前设置缓和过渡段、弯段及缓和过渡段渠底设置横向坡。泄槽段转弯半径不宜小于6倍泄槽底宽度。

(4)泄洪建筑物进水口宜离开坝肩。泄洪建筑物出口应有可靠的消能措施，并使消能后的水流顺畅地泄入下游沟道，泄洪建筑物出水口应与下游坝脚保持安全距离。

3)坝体设计

(1)淤地坝库容应按下列规定计算：

总库容应按下式计算：

$$V = V_L + V_Z \tag{2-6-61}$$

式中　V——总库容，万 m^3；

V_L——拦泥库容，万 m^3；

V_Z——滞洪库容，万 m^3。

拦泥库容应按下式计算：

$$V_L = \frac{\overline{W}_{sb}(1-\eta_s)N}{\gamma} \tag{2-6-62}$$

式中　η_s——坝库排沙比，可采用当地经验值；

N——设计淤积年限，年。

滞洪库容计算：不设置泄洪建筑物时，应按一次校核洪水总量计算；设置泄洪建筑物时，要进行调洪演算确定。

(2)坝高应按下列规定确定：

坝高 H 应由拦泥坝高 H_L、滞洪坝高 H_Z 和安全超高 ΔH 三部分组成，按下式计算：

$$H = H_L + H_Z + \Delta H \tag{2-6-63}$$

拦泥坝高和滞洪坝高应由相应库容查水位—库容曲线确定。

土坝安全超高应按表2-6-12的规定确定。

表 2-6-12　土坝安全超高

坝高/m	<10	10~20	>20
安全超高/m	1.0	1.0~1.5	1.5~2.0

(3)坝顶宽度应按表 2-6-13 的规定确定,并应符合下列规定:坝顶有交通要求时,应满足交通要求;坝体采用机械碾压时,坝顶宽度应满足施工机械作业要求。

表 2-6-13　坝顶宽度

坝型	坝高/m			
	<10	10~20	20~30	30~40
碾压坝	3	3~4	4~5	≥5
水坠坝	4	4~5	5~6	≥6

(4)坝顶防护按下列规定确定:砂土坝坝顶宜采用黏土、砂砾土盖面或植物防风沙障防护,黏土、砂砾土盖面厚度宜取 0.3~0.5 m;坝顶有交通要求时应采用碎石防护,并应符合道路路基的规定。

(5)坝坡坡率应按下列规定确定:

①坝坡坡率应通过稳定计算确定。初拟坡率可根据坝型、坝高、坝体和坝基材料性质、工程运行条件等,按表 2-6-14 选用。

表 2-6-14　坝坡坡率

坝型	土料或部位	坝高/m			
		<10	10~20	20~30	30~40
碾压坝	上游坝坡	1.75	1.75~2.00	2.00~2.50	2.50~3.00
	下游坝坡	1.50	1.50~1.75	1.75~2.00	2.00~2.50
水坠坝	砂土	2.25	2.25~2.50	2.50~2.75	2.75~3.00
	砂壤土	2.00	2.00~2.25	2.25~2.50	2.50~2.75
	轻粉质壤土	2.25	2.25~2.50	2.50~2.75	2.75~3.00
	中粉质壤土	2.50	2.50~2.75	2.75~3.00	3.00~3.25
	重粉质壤土	2.75	2.75~3.00	3.00~3.25	3.25~3.50

注:1. 碾压坝采用砂壤土时,坝坡坡率经稳定分析后确定。
2. 水坠坝上下游坝坡宜采用相同坡率。蓄水运用的砂壤土、壤土坝坡按本表坡率增加 0.25~0.50。

②坝高大于 15 m 时,宜在下游坝坡每隔 10 m 左右设置一条马道,马道宽度应取 1.0~1.5 m。

(6)坝体排水型式应根据坝基、坝体填土和坝基土的性质、施工情况和排水设备的材料等情况,经技术经济比较,分别选用棱式、带水平砂沟的棱式排水和贴坡排水,具体设计要求参见 SL/T 804。

(7)坝坡应设置护坡。护坡形式应经过技术经济比较确定。护坡应考虑雨水淘刷、冰冻影响、生态环境等因素选用。护坡形式优先选用植物护坡。护坡范围上游面自坝顶至淤积面，下游面自坝顶至排水体，无排水体时应护至坝脚。

(8)土坝坝肩与岸坡结合处及下游坡面应设置纵、横向排水沟。排水沟可采用混凝土或浆砌石砌筑。纵向排水沟设于马道内侧，横向排水沟应根据坝轴线长度每 50~80 m 设置一道，每 10 m 左右设置一道伸缩缝。坝体填筑前，应对坝基和岸坡进行处理。

(9)淤地坝应进行渗流计算，可采用分段法、抛物线法等方法计算，淤地坝沉降计算应分别确定坝体和坝基的总沉降量和施工期的沉降量，还应计算淤地坝不同工况下坝坡抗滑稳定，计算方法参见 SL/T 804 附录 C。

(10)碾压均质土坝筑坝土料有机质含量不应超过 5%，水溶盐含量不应超过 5%，渗透系数不应大于 1.0×10^{-4} cm/s。填筑土料压实度不应小于 0.94。无黏性土相对密度不得小于 0.65。水坠坝冲填土料粒径在 0.005 mm 以下的颗粒含量应小于 30%，有机质、水溶盐的含量应分别小于 5%和 3%，崩解速度不应超过 30 min，渗透系数应为 1.0×10^{-6}~1.0×10^{-4} cm/s。不同土料的控制性指标应符合表 2-6-15 的规定。水坠坝坝体冲填质量应以起始含水率作为主要控制指标。砂土的起始含水率为 25%~40%，砂壤土和壤土起始含水率为 39%~50%。水坠坝的允许冲填速度应符合表 2-6-16 规定。水坠坝的边埂宜采用碾压法填筑，具体设计规定可参见 SL/T 804。

表 2-6-15　筑坝土料控制性指标

项目	砂土	砂壤土	壤土		
			轻粉质	中粉质	重粉质
黏粒和胶粒含量/%	<3	3~10	10~15	15~20	20~30
砂砾含量/%	—	—	—	—	—
塑性指数	—	—	7~9	9~10	10~13
崩解速度/min	—	1~3	3~5	5~15	<30
渗透系数/(cm/s)	2.0×10^{-5}~1.0×10^{-4}	1.5×10^{-5}~2.0×10^{-5}	1.0×10^{-5}~1.5×10^{-5}	3.0×10^{-6}~1.0×10^{-5}	1.0×10^{-6}~3.0×10^{-6}
不均匀系数	—	—	—	—	—

坝体与涵管(涵洞)、溢洪道等建筑物的连接部位处理应符合下列要求：应采用人工或小型机械夯实，涵管(涵洞)上部夯实厚度大于 1 m 后可采用机械碾压；坝下涵管连接处应设置防渗体或截水环等，并应将其布置在坚硬地基上。涵管较长时应设置永久伸缩缝和沉降缝，做好止水，地下水出露地区还应在底部和两侧设置排水设施。

表 2-6-16　水坠坝允许冲填速度

项目	砂土	砂壤土	壤土		
			轻粉质	中粉质	重粉质
两日最大升高/m	<1.0	<0.8	<0.6	<0.4	<0.3
旬平均日冲填速度/(m/d)	0.30~0.50	0.20~0.25	0.15~0.20	0.10~0.15	0.07~0.10
月最大升高/m	<7.0	<7.0	<5.5	<4.0	<3.0

注:土料的黏粒含量在 20%~30%,并按 SL/T 804 中的规定在坝体内布置砂井(沟)或聚乙烯微孔波纹管网状排水时,允许冲填速度宜取表中数值的 1.5 倍。

4)放水建筑物设计

(1)放水建筑物可包括进水段、输水段、消能设施和出水渠组成。进水段可采用卧管式或竖井式。

(2)卧管应布置在坝上游岸坡,采用 C20 钢筋混凝土现浇或浆砌石砌筑,卧管底坡应随地形布设,不陡于 1:2.0,卧管底板每隔 5~8 m 应设置齿墙,并应根据地基变化情况适地设置沉陷缝,台阶高差应为 0.3~0.4 m,每台设一个或两个放水孔。卧管顶部应设通气孔,顶高程应高出最高洪水位 0.5~1.0 m。卧管与涵洞连接处应设置消力池。卧管放水流量可按 4~7 d 泄完设计频率一次洪水总量或者 3~5 d 泄完 10 年一遇洪水总量。上游有淤地坝的工程,适当减少本工程放水时间。

(3)卧管最低放水孔设置宜符合下列要求:①卧管最低放水孔高度低于坝高的 1/5;②下游坝淤积不影响涵洞(涵管)的自由出流。

(4)卧管式放水工程(见图 2-6-14)可采用平面进水、侧面进水或斜面进水形式。

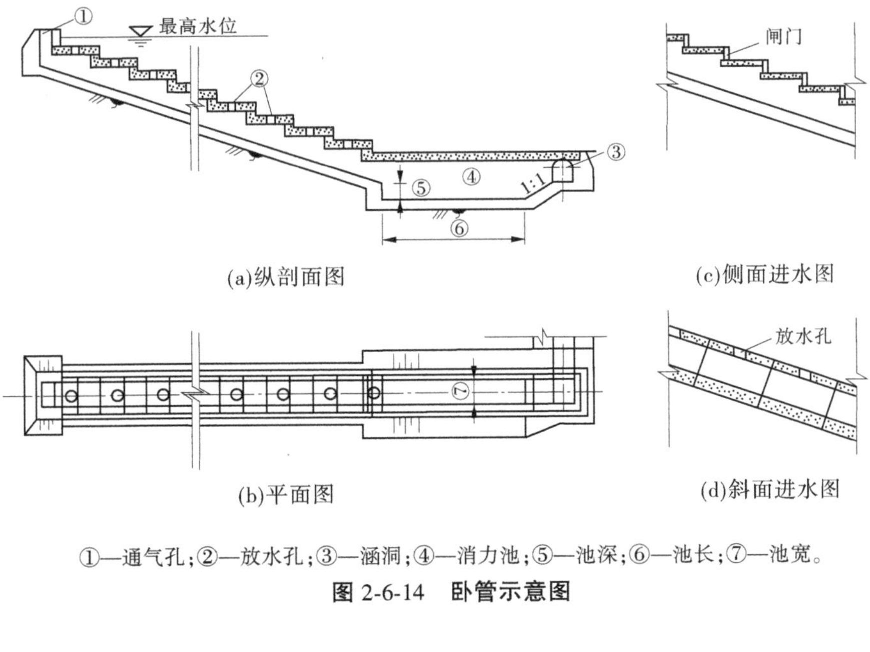

①—通气孔;②—放水孔;③—涵洞;④—消力池;⑤—池深;⑥—池长;⑦—池宽。

图 2-6-14　卧管示意图

(5)竖井式放水工程应采用混凝土(或浆砌石)修筑,如图 2-6-15 所示。

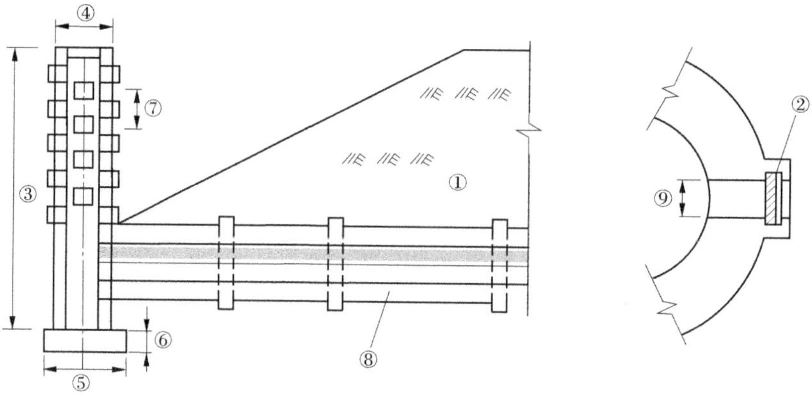

(a)竖井剖面图　　(b)放水孔大样图

①—土坝;②—插板闸门;③—竖井高;④—竖井外径;⑤—井座宽;⑥—井座厚;
⑦—放水孔距;⑧—涵洞;⑨—放水孔径。

图 2-6-15　竖井结构图

(6)输水段可采用混凝土预制管、浆砌石拱涵、预应力钢筒混凝土管(PCCP)等形式。放水建筑物各部分设计要求与计算公式参见 SL/T 804。

5)泄洪建筑物设计

(1)泄洪建筑物的形式,应根据地形、地质条件和运行管理要求,采用开敞式溢洪道或泄洪洞。泄洪洞的水力计算方法应根据水流形态确定。

(2)溢洪道宜采用开敞式,由进口段、泄槽和消能设施三部分组成,如图 2-6-16 所示。

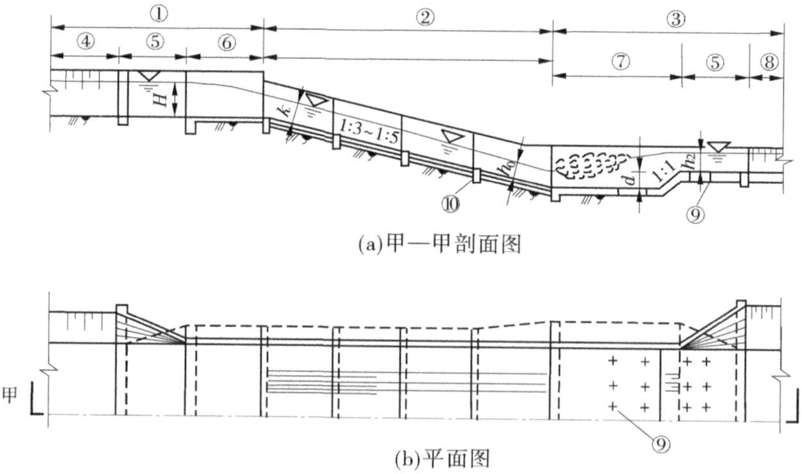

(a)甲—甲剖面图

(b)平面图

①—进口段;②—泄槽;③—出口段;④—引水渠;⑤—渐变段;⑥—溢流堰;
⑦—消力池;⑧—尾渠;⑨—排水孔;⑩—截水齿墙。

图 2-6-16　溢洪道示意图

(3)泄洪洞应按无压流设计,由进口段、洞身段和出口段三部分组成,如图2-6-17所示。

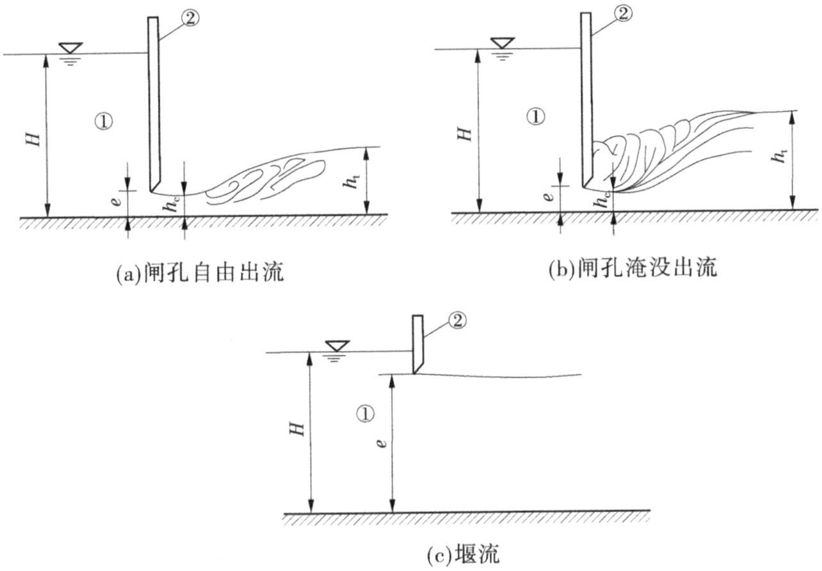

①—泄洪洞;②—限流墙。

图2-6-17　泄洪洞示意图

(4)溢洪道(泄洪洞)出口宜采用消力池或挑流消能。具体设计要求参见SL/T 804。

(5)当溢洪道下泄水流经消能后不能直接泄入沟道时应设置尾水渠。选择尾水渠线路应经济合理,其轴线方向应顺应下游河势。尾水渠宽度应使水流不过分集中,并应防止折冲水流对沟岸有危害性的冲刷。

(6)坝顶有交通要求时,跨越溢洪道的道路应按GB/T 51224《乡村道路工程技术规范》设计。

6)附属设施设计

(1)附属设施包括管护房屋、防汛抢险道路、卧管道路或竖井工作桥等。

(2)大型淤地坝管护房屋应满足管护人员居住、存放管护设备、抢险器材和抢险物资需要。管护房屋宜采用砖混结构。建筑面积不宜小于10 m^2。

(3)防汛抢险道路应满足防汛抢险人员和机具通行需要,路面宽度应不小于3.0 m,路边设置排水沟。

(4)卧管道路应满足运行调度工作的需要。竖井应设置工作桥或配备运行调度工作船只。

3. 除险加固

1)病险淤地坝认定

符合下列条件之一的可界定为病险淤地坝:

(1)下游影响范围有村庄、学校、工矿、道路等基础设施,无配套泄洪建筑物的淤地坝。

(2)无溢洪道的大型淤地坝。

(3)坝体、坝肩出现贯通性横向裂缝或纵向滑动性裂缝,坝坡发生破坏性滑坡、塌陷、冲沟,坝体出现冲缺、管涌、流土的淤地坝。

(4)放水建筑物或溢洪道出现损毁、断裂、坍塌、基部淘刷悬空等破坏的淤地坝。

(5)淤积面超过设计淤积高程,防洪能力达不到原设计防洪标准的淤地坝。

病险淤地坝应由专业机构提出认定报告,并经主管部门审定。认定报告应包括基本情况、主要病险问题、安全影响评价、认定结论等内容。

对需除险加固的病险淤地坝应及时进行除险加固,并由具相应资质的单位编制初步设计。当上下游均有病险淤地坝时,应自上而下进行调洪演算,确定各坝下泄流量,按自下而上的顺序进行除险加固。

对于不能及时除险加固的病险淤地坝,应编制应急预案,汛期应加强监测,控制运用。

2)坝体除险加固

坝体裂缝除险加固方案应根据坝体裂缝部位、形状、宽度、长度、深度、错距、走向和观测资料确定,宜采取下列措施:①裂缝宜采用开挖回填处理,开挖坑槽宜采用梯形或台阶形断面,边坡应满足稳定、便于施工。坑槽回填应分层夯实,每层填土厚度宜为0.15~0.2 m。裂缝较浅时,槽的深度应超过裂缝0.3~0.5 m,处理后随即铺设砂性保护层。裂缝较深时上部开挖回填,下部灌浆处理,灌浆时应先稀后稠,泥浆水土比宜为1∶1.2~1∶2.5。纵向滑动性裂缝,不宜采用灌浆处理。②贯通性横向裂缝,应顺缝挖槽、并沿裂缝开挖不少于三道垂直于裂缝的截水槽,回填夯实处理。

坝体滑坡除险加固方案应根据坝体滑坡和塌陷位置、形状、范围和观测资料确定,宜采取下列处理措施:①上游滑坡宜选择开挖回填、放缓坝坡或增设盖重体;下游滑坡宜选择开挖回填、放缓坝坡,并改建或新设坝体排水。②坝坡冲沟、塌陷,宜采用开挖、消除隐患、回填处理,完善坝坡排水。

坝体冲缺修复方案应在洪水复核、坝体填筑质量分析的基础上确定,宜采取开挖回填、加高坝体或增设溢洪道等措施。

坝体管涌、流土除险加固方案应根据管涌和流土的部位、涌水量、浑浊程度和观测资料确定,宜采取改建或新设坝体排水。

土坝加高可根据工程现状与运用条件,采用坝前式加高、坝后式加高或坝前坝后同时(骑马式)加高,见图2-6-18。坝前式加高,应根据淤泥面固结情况,进行变形和稳定分析;淤积层含水量在饱和状态下、黏粒含量大于20%时,应设置盖重体。坝后式加高,应延伸或新设坝体排水,延伸放水建筑物,布设坝坡排水系统。坝前坝后同时(骑马式)加高,应对原坝体的填筑质量、坝坡安全裕度以及坝基地质条件等情况进行论证,坝的整体安全应符合本规范要求。

坝体加高时,坝体渗流计算和稳定性验算应按SL/T 804确定。

淤地坝达到设计淤积高程、投入生产运行后,可配套溢洪道等泄洪设施。

3)放水建筑物除险加固

卧管(竖井)损毁、坍塌、断裂、基部淘刷悬空,应在分析成因的基础上,根据工程实际情况和地形条件,采用混凝土或浆砌石加固等措施。

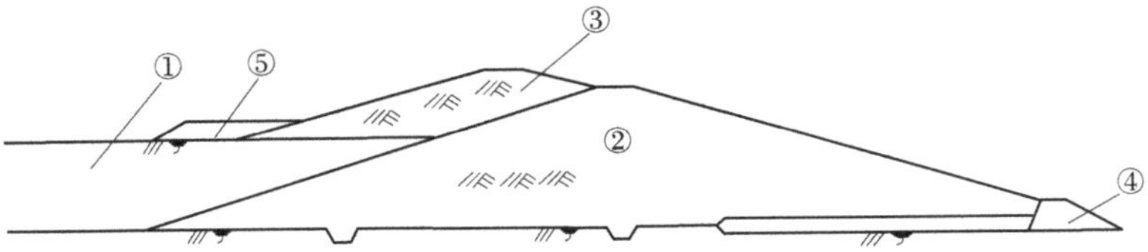

(a)坝前式

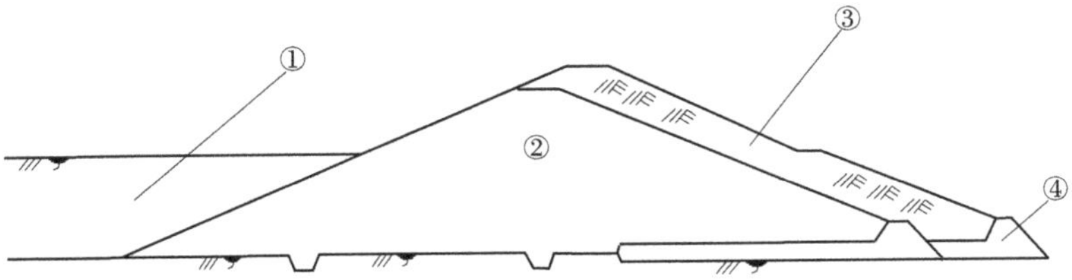

(b)坝后式

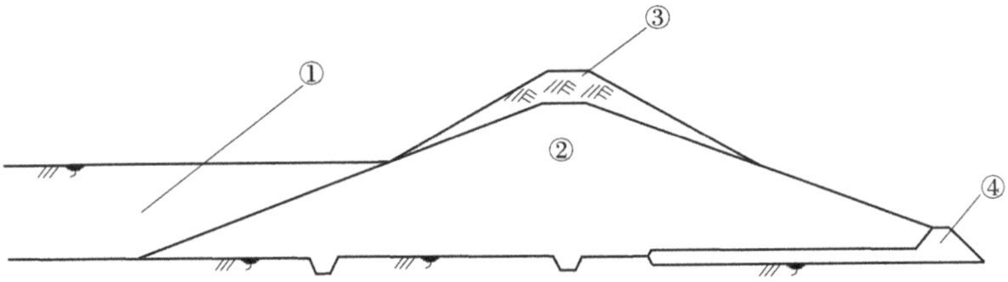

(c)骑马式

①—坝前淤积层;②—旧坝体;③—加高体;④—坝体排水;⑤—盖重体。

图 2-6-18　土坝加高形式示意图

涵洞(涵管)发生裂缝、断裂、渗漏,应在分析成因的基础上,根据位置、形状和观测资料,采取下列处理措施:①对因不均匀沉陷导致的涵洞(涵管)裂缝、断裂及分缝止水破坏渗漏,应在空库时挖开渗漏段加固,同时对涵洞(涵管)采用凿槽嵌补法处理,里缝用沥青水泥砂浆或环氧砂浆回填,外缝用玻璃丝布粘贴。也可采用内套钢管或塑钢缠绕管,内套管与原涵管间填充高强度的砂浆。②对于结合部位出现的沿管壁渗漏,应将上游坝坡开挖一段,回填黏土夯实,并在涵洞(涵管)增设几道截水环。

明渠损毁、坍塌、断裂、基部淘刷悬空,应在分析成因的基础上,根据工程实际情况和地形地质条件,在增设砂砾石垫层和透水波纹管排水的基础上,采取混凝土、浆砌石加固或采用塑钢缠绕管替代明渠,完善明渠和尾水消能设施。

4)溢洪道除险加固

无泄洪建筑物的大中型淤地坝,应按照相应设计要求增设泄洪建筑物。

对溢洪道损毁、坍塌、断裂、基部悬空,应在分析成因的基础上,根据工程实际情况和地形地质条件,在增设砂砾石垫层和透水波纹管排水的基础上,采取混凝土或浆砌石加固。

溢洪道裂缝宜采用凿槽嵌补法处理,用水泥砂浆或环氧砂浆回填。分缝止水破坏宜采用沥青麻丝塞填。

现有溢洪道泄洪能力不足时,可采取拓宽溢洪道、降低溢洪道进口高程、加高坝体等措施。

4. 工程施工

1) 施工组织设计

编制施工组织设计应遵循下列原则:

(1) 应积极采用新技术、新工艺、新材料和新设备。

(2) 应合理安排施工期,坝体填筑工程不宜临汛开工。

(3) 应做好人力、物力与施工设备的综合平衡,妥善协调各分部工程均衡施工。

(4) 工程施工布置应尽量少占地,减少对原地貌的扰动。

(5) 交通道路、供电、供水应满足施工要求。

编制施工进度计划应根据当地气候特征,选择施工时段,制定防护措施。土坝施工强度应根据坝体规模、控制进度要求、施工布置条件、导流度汛方案和有效施工天数等因素分析确定;施工时段应根据进度要求选取并计算拟定填筑强度。施工进度计划应根据施工强度和施工时段确定。

施工总布置图应标明主体工程,已有的建筑物和为施工服务的临时工程、导流工程、取土场、料场、道路、供电和施工用水等方面的内容;水坠坝还应标明蓄水设施、输泥渠、机泵、挖土机械及管道等的位置及技术指标。

临时工程的布置应符合安全、方便的规定。

导流工程围堰的布置应力求使水流平顺,并满足稳定、防渗和抗冲要求,围堰的接头和岸坡连接应安全可靠;导流涵(隧)洞、导流明渠应布置在河床的一侧。

取土场应做到低土低用,高土高用。坝体填筑(冲填)宜与溢洪道和放水建筑物基础开挖相结合。水坠坝边埂土料运距宜短,运土路线避免与输泥渠、造泥沟等交叉。

施工道路宜顺直,结合施工实际情况,还应在施工场地道路两侧设置必要的路标和照明设施。

施工水源应能满足施工期全过程的需要。

水坠坝造泥沟长度应根据冲填土料的性质确定:冲填土料为砂土类时,造泥沟长度宜大于 50 m;冲填土料为其他土料时,造泥沟长度宜大于 70 m。造泥沟底纵比降可取 10%~20%。

水坠坝输泥渠宜采用底宽 0.6~0.8 m、深 0.8~1.0 m 的窄深式断面;渠底纵比降,砂土宜采用 7%~10%,砂壤土、壤土宜采用 7%~20%;渠首可根据土场分布情况设置多条造泥沟,渠尾可根据坝面宽度设置 1~3 个出泥口,轮换使用;输泥渠沿程应间隔设置不少于 3 道跌坎,跌差以 1 m 左右为宜;出泥口与边埂的距离应大于 3 m,出泥口以上应设排水口;流量宜控制在 0.1~0.5 m^3/s 范围以内。

2) 导流与度汛

施工导流建筑物的度汛标准宜取 5 年一遇洪水重现期。

施工导流方法应遵循简单易行、工程量小、造价低、施工方便,并尽可能与永久建筑物结合利用。宜选择围堰导流、涵(隧)洞导流、分期导流和明渠导流等形式。

导流工程应按进度计划施工。施工导流期应保证导流建筑物的正常运用。

大中型、小型淤地坝施工期坝体度汛标准应分别达到20年、10年一遇洪水重现期。防汛库容应从死水位(或卧管最低放水孔)以上计算确定。大中型淤地坝坝体在汛前达不到度汛标准时,应采取抢修度汛临时小断面等措施。度汛临时小断面应满足安全超高、稳定、防渗等要求,顶部宽度不应小于5.0 m。外坡应与设计坝坡一致,内坡坡率不应陡于1:2.0。

跨汛期施工应在汛前编制度汛预案。度汛预案应主要包括抢险机构的建立,抢险队伍的组织,抢险物料、机具和车辆的储备,紧急抢险物资组织、车辆调度方案,人员撤离路线及报警联系方式等。

汛期施工,应在午休或晚间歇工时,将所有机械设备停放在较高位置或服务区,人员撤离沟底或坝体作业面。

3)工程施工放样

工程施工放样前应在坝轴线两端、坝体以外,不受施工、滑坡等影响的适当地点,设永久性标志,作为工程基准点。

坝体放样应按设计校核高程点,并补充不足或丢失部分,确定坝轴线和坝坡线位置。坝体断面放线应考虑预加沉降量。

泄洪建筑物放线应根据工程基准点,确定轴线和开挖线位置。

放水建筑物放样和泄洪建筑物放样方法相同。

4)地基处理

坝体施工之前,坝基和岸坡的处理应自上而下一次性完成,不应边开挖边填筑。坝基和岸坡的处理应符合下列规定:①坝基处理应清除坝基与岸坡上的草皮、树根、含有植物的表土、垃圾及其他废料,并将清理后的坝基表面土层压实;认真做好水井、泉眼、地道、洞穴、透水层等处理。②坝体与土质岸坡结合应在清基的基础上开挖结合槽。结合槽尺寸应符合设计要求。③坝体与岩石岸坡结合应采取斜面连接,不应成台阶状、急剧变坡、更不得有反坡,岩石岸坡开挖清理后的坡度,应符合设计要求,对于局部凹坑、反坡以及不平顺岩面,可用混凝土填平、补齐,使其达到设计坡度。坝基与岸坡应设置结合齿墙,齿墙尺寸和条数应符合有关规定设计要求。

放水建筑物基础处理应符合下列要求:①基槽开挖、放坡开挖时应保证边坡稳定。②基槽开挖后,夯实原状土,夯填灰土或水泥土,压实度不应小于0.94。③浇筑混凝土基础,应预留涵管接口槽,安装涵管后,再浇筑预留接口槽、管座及截水环。

溢洪道基础处理应符合下列要求:①石质山坡上开挖溢洪道,应沿溢洪道轴线拉槽,再逐步扩大到设计断面,修好稳定的边坡,中等风化岩石边坡应削至1:0.5~1:0.2,微风化岩石边坡应削至1:0.1,新鲜岩石可直立。②土质山坡上开挖溢洪道,过水断面边坡坡率应不陡于1:1.0,以上山体削坡黄土应不陡于1:0.75,红黏土应不陡于1:0.5。开挖溢洪道的土方应尽量利用上坝,减少弃土。③应在开挖好的原基上浇筑符合设计要求的混凝土垫层。

5)碾压坝施工

应在清基工程验收合格后,进行坝体填筑。碾压坝坝体填筑应符合下列规定:①坝体填筑土料含水量宜按最优含水量控制。②坝基表面应洒水、压实。③铺土应沿坝轴线方向进行，厚度应均匀，压迹应重合 1/3。④采用 74～80 kW 功率的施工机械碾压时，每层铺土厚度不宜超过 25～30 cm。采用大型机械碾压时，其铺土厚度应根据土料性质、含水量、最大干密度、压实遍数、机械吨位等参数试验确定，压实度不低于 0.94。⑤坝体碾压应沿坝轴线方向进行，与岸坡结合处 2.0 m 宽范围内可按垂直坝轴线方向碾压。不易压实的边角部位、机械碾压不到的地方、土坝与涵洞结合部位等，应采用人工或蛙式打夯机夯实，铺土厚度 10～15 cm，夯迹应重合 1/3。铺土前应对夯实表土刨毛、洒水。

坝体分段施工时，相邻施工段的作业面应均衡上升，若不可避免出现高差，结合部位坡度应不陡于 1:3.0，高差应小于 5.0 m。

土坝不宜安排冬季施工，确需冬季施工的应符合下列规定：①夜间停工时，应铺一层虚土，次日夯碾。②冻土块或含有冰雪的土料不应上坝。③连续 5 d 平均温度低于-3 ℃时应停止施工，停工后应在坝体作业面上采取覆土等保温措施。

坝体排水施工应符合下列要求：①反滤层应在清基平整后铺筑。②每层用料颗粒粒径应不超过邻层较小颗粒的 4 倍，最小的一层粒径应不小于 0.10 mm。③铺筑时，细粒料应浇水略加夯打，并预留相当层厚 5%的沉降量。④施工时间应选在非冻期。⑤堆石棱体施工，应先铺底面上的反滤层，次堆棱柱体，再铺斜向反滤层。干砌块石砌筑时应采用立架挂线法控制内外两侧坡度，每隔 10 m 立一根架桩，桩上定出相应标高，两桩之间挂线，砌筑时应自下而上，由内到外层层上升，接缝应相互交错牢固，不得有连续直缝现象，缝宽不得大于 3 cm，不允许采用外侧立石中间填心的方法，砌石的坡面，顶面必须平整且不得松动，然后用碎石填充面缝嵌紧找平。贴坡式排水施工，应从坝坡由内向外，自下而上依次铺筑至设计高度。⑥应确保反滤料的设计厚度，做好铺设反滤层的防护。⑦土工织物坝体排水施工，先将土工布平整地铺设在清理过的基面上，在其上人工铺砌卵石至设计断面，铺设面层土工布后，覆土植草皮保护。土工布应采用缝搭方式，搭接长度宜为 5～10 cm，采用双排尼龙线缝合，针距宜为 1 cm。

护坡工程施工前应先对坝坡进行整修，整修时只允许削土，穴坑要回填处理。护坡工程施工应符合下列要求：①植物护坡应选用易生根、能蔓延、耐干旱的草本植物，均匀密植。②砌石护坡应在夯实的砂砾层上，自下而上错缝锁结铺砌，嵌紧整平，铺砌厚度应达到设计要求。表面砌缝宽度不应大于 25 mm，砌石边缘应顺直、整齐牢固。

坝体竣工时坝顶应达到计入总沉降量的高程。

6）放水建筑物施工

涵管施工应符合下列要求：①管座砌筑应根据预制涵管每节的长度，在两管接头处预留接缝套管位置。凹槽在接口完成后，应随即用混凝土浇筑。②预制涵管应由一端依次逐节向另一端套装，接缝宽度不应大于 10 mm，接头缝隙应采取止水措施。③涵管与坝体的连接应参照 SL/T 804 设置截水环。④管壁附近填筑土体应采用小木夯分层夯实，当填土超过管顶 1.0 m 后，再采用大夯或机械压实。

混凝土涵洞施工应符合下列要求：①钢筋制安应按照设计的钢筋和形状尺寸进行加工，钢筋的连接宜采用焊接或绑扎，受力钢筋的连接接头应布置在应力较小处错开布置。②混凝土应分层连续浇筑并振实。分层高度应为振捣器作用部分长度的 1.25 倍，最大不超过 50 cm，移动间距不大于 30 cm，振捣上一层时应插入下层 5 cm。每隔 10～15 m 设置沉降(伸缩)缝,按防渗要求设置止水措施和截水环,止水应采取措施防止变形和撕裂。③混凝土涵洞养护,浇筑完成初凝后应及时采取洒水养护,养护时间不宜少于 28 d。

混凝土卧管、竖井的施工参照混凝土涵洞施工。

浆砌石涵洞砌筑应符合下列要求:①侧墙与底板应分开施工,先进行施工底板,然后在底板上施工侧墙。侧墙砌筑前,应根据涵洞中线确定边线的位置。砌筑有斜面的侧墙时,应在其周围用样板挂线,砌体外层预留 2 cm 的勾缝槽。砌筑应分层,每层应依次砌角石、面石,然后砌腹石。各砌层均应坐浆,随铺浆随砌筑,砂浆的稠度宜为 3~5 cm,砂浆饱满度不应小于 80%。②砌筑拱圈时,应以拱的全长和全厚同时由两端起拱线处对称向拱顶砌筑。相邻两行拱石的砌缝应错开,其相邻错缝距离不应小于 10 cm。应保持拱圈的平顺曲线形状。当砂浆强度能承受住静荷载的应力时,才允许拆除支承架。③块石砌筑,石料的抗压强度不低于 25 MPa,在地震及严寒地区应不低于 30 MPa,应看样选料,修整边角,选择平整的大块石,经修整后用作面石,上下两层石块应骑缝,内外石块应交错搭接,石料摆放就位后,及时进行竖缝灌浆,并插捣密实。竖缝宽宜为 2~4 cm,平缝宽宜为 2~2.5 cm,竖缝宽在 5 cm 以上时,应先填砂浆,后塞片石,填心石要根据自然形状,交错放置,尽量使石块缝隙最小。上下石块要上下错缝,内外搭接。不得采用外面侧立石块中间填心的砌法。④砌体应均衡上升。相邻段的砌筑高差不大于 1 m,每天砌筑高度不超过 1.2 m,分段砌筑时要留成踏步茬,不得留直茬。⑤浆砌石涵洞每 10~15 m 应留一伸缩缝,缝宽约 2 cm,缝内填塞沥青麻筋或沥青木板等材料。应考虑将伸缩缝与沉降缝合并设置。⑥水泥砂浆勾缝。勾缝前应将槽缝冲洗干净并保持封面湿润;勾缝顺序由上而下,先勾水平缝,后勾立缝;勾缝应采用水灰比 1:1~1:2之间的细砂浆;清缝应在砌筑 24 h 后进行,缝宽不应小于砌缝宽度,缝深不小于缝宽的 2 倍;勾缝完成和砂浆终凝后,砌体表面应刷洗干净,及时采取洒水养护,养护时间不宜少于 21 d。避免碰撞和振动。

浆砌石卧管和竖井的施工与浆砌石涵洞施工类同,但应注意脚手架的架设与中线、边线的控制,逐层加高,并应考虑砂浆的凝固时间。

放水、泄洪工程陡坡和消力池段应在原基或灰土(水泥土)基础上,设置砂砾石(碎石)或微孔波纹管排水设施。砂砾石(碎石)垫层厚度 20 cm,相对密度不应小于 0.7;微孔波纹管材料管径和铺设间距应符合设计要求。

7)泄洪建筑物施工

混凝土溢洪道施工应符合下列要求:①仓面清理。由人工撬凿处理松动块石,清运浮渣,清洗岩面,保持岩面湿润直至混凝土开仓。对新老混凝土结合面的已浇混凝土面层,由人工进行凿毛,用风水枪联合冲洗仓面至干净,待浇筑前保持仓面湿润。②伸缩缝及止水施工。伸缩缝混凝土表面应平整、洁净,并按设计制作止水等预埋件、填塞缝隙。止水部位混凝土应充分振捣密实。③钢筋制安。钢筋宜在钢筋厂加工成型,并根据混凝土分仓情况,按编号挂牌分别堆存于钢筋场,施工前转运至现场。按照设计图纸进行钢筋安装,钢筋连接以焊接为主、人工搭接为辅,人工绑扎固定,采用同标号砂浆垫块控制钢筋保护层,并在混凝土浇筑时进行维护。④模板制安。平面部位,宜采用木、钢模板,模板面涂刷保护性涂料。采用木背枋加拉钢筋的方式固定模板。异形模板应按设计制作。模板的架立由人工完成。⑤混凝土浇筑与养护要求参见规范 SL/T 804。混凝土泄洪洞施工、浆砌石溢洪道与泄洪洞施工参照规范 SL/T 804。

8)安全文明施工

施工企业应具有安全生产许可证书，施工现场应制定安全生产制度、配备安全员并持证上岗。工程施工中，制定的施工方案(实施细则)，应包括安全管理措施和事故应急处理预案等内容。施工场地、主要交通道路应与施工营地、材料库房保持安全距离；施工现场电力设施布设应安全可靠，便于操作；配电线路的路径、走向和配电设备位置应避开施工开挖危险区和永久建筑物；各类场地的布设均应避开可能发生滑坡、崩塌、洪水淹没等危险地段。施工过程中应有人身安全防护措施，施工人员应佩戴安全帽，按照有关规定安全施工，脚手架应经常检查、维修和加固。爆破施工应符合有关规定和操作规程。采用水坠法在取土造泥和冲填坝面施工时，应在输泥沟平稳段设置拦挡措施。

5. 工程运行管理

1)工程质量管理

淤地坝建设实行建设单位负责、监理单位控制、施工单位保证和政府监督相结合的质量管理体系。施工中应按照设计要求检查每一道工序并做好记录，应特别注意检查工程的隐蔽部位和关键部位；凡不符合设计要求的，应及时纠正和处理。

施工质量检查(检验)记录应符合下列要求：①检查所取试样平面位置、高程及测试成果，并按技术要求填表记录。②对施工中所采取的措施、试验和观测资料，应在施工记录上详细记载。③施工质量检查(检验)记录经检查人签字后，作为原始记录存档备查。

土方工程检查应主要包括下列内容：①挖方和填方工程应检查下列各项是否符合设计要求：土料的种类和性质；边坡坡度；中心线位置；坝体各部位尺寸；反滤料的颗粒级配和含泥量；排水设施的断面尺寸及高程；土料含水量、土方的压实度；取土场、弃土场、护道、山坡截水沟等的位置、形状和尺寸等。②隐蔽工程应检查下列各项是否符合设计要求：坝基的清理程度、开挖断面尺寸、结合槽(截水槽)的填筑质量、坝基的试坑和钻孔是否处理；坝体排水设施的断面尺寸、填料规格、接头部位、保护层及反滤层的填筑质量等；涵洞(涵管)基础强度、水平位置、高程、开挖断面尺寸和坡度等；涵洞(涵管)应进行灌水或在涵洞内放浓烟检查，如发现有漏水、漏烟处，必须进行处理。③碾压式土坝应检查坝体有无层间光面、剪切破坏、弹簧土、漏压虚土层、裂缝等问题，检查坝端连接处是否符合设计要求。冬季施工应检查冻土含量以及填筑面和料区的防冻措施；春季解冻后，还应进行复查。④碾压式土坝填筑时，应随填随取样检查，铺土厚度按作业面积每 100～200 m^2 取 1 个测点；压实质量按每 200 m^2 取样 1 个测点，但每层不应少于 5 个测点，对于结合部位、边角和可疑部位应加密测点。⑤水坠坝还应重点检查下列内容：边埂尺寸、边埂土料含水量的变化情况，取土造泥的施工安全措施；水坠坝体冲填质量应检查泥浆浓度、冲填速度、位移量和沉陷量；施工期应定期观测坝体的渗水量，掌握坝体排水设施的排水效果和冲填土体的固结情况，并通过渗水的浑浊程度分析坝体的渗透稳定情况；坝体运行期的变形和渗流等监测项目，可根据工程需要并结合水坠坝工程规模、结构形式及其地形、地质条件和地理环境等因素，参照 SL 551 执行。⑥铺筑反滤体前，应测定坝基土的天然干密度、含水量、颗粒级配，复核反滤料是否符合要求。反滤层填筑时，应检查其粒径、层厚、施工方法、接头及防护措施等。

石方开挖工程应检查中心线位置、断面尺寸、高程、坡度、边坡稳定程度。开挖溢洪道还应检查表面平整度，尤其是断面底部的平整度是否符合设计要求，否则应进行补挖和修整。

石方衬砌工程应主要检查以下内容：①石料质量、块体重量和形状尺寸是否符合设计要求。②检查垫层的级配、厚度、压实质量是否符合设计要求。③检查砌筑方法和砌筑质量，有无缝口不紧、底部空虚、鼓心凹肚、重缝、飞口、翘口、悬石、浮塞叠砌、严重蜂窝及轮廓尺寸走样等缺陷，必要时应返工重砌。对于抛石护坡应检查石料是否分离，块石是否稳定。

浆砌石工程的质量检查应主要包括以下内容：①浆砌石工程的外形尺寸是否符合设计要求。②砌缝宽度应符合以下规定：料石为1.5~2.0 cm，块石为3.0 cm左右，片石为4.0 cm左右。③每班均应对水泥砂浆配合比、坍落度等进行检查。④对浆砌石工程的重要部位应做砌体强度、砌体容重及空隙率、砌体密实性等试验，如与设计要求不符，应及早采取补救措施。

混凝土衬砌工程的质量应主要检查下列内容：①检查水泥的标号、凝结时间、体积安定性、出厂日期和存储方法，检查砂料颗粒级配、各级碎（砾）石骨料的规格、砂和碎石含泥量及拌合用水是否符合设计要求。每班检查应不少于一次。②浇筑期间，混凝土的配合比、坍落度每班至少应检查两次。掺用加气剂时，每班应检查两次。对设计提出要求的项目应取样塑制试件交实验室测试检查。③施工过程中，应有详细的施工记录，内容包括：水泥混合料和砂石料的品种、质量、配合比，混凝土标号、浇筑顺序、起讫时间，施工期发生的问题（如漏振、架空、模板走样），养护时间，模板和钢筋情况；气温，各种材料的温度，拆模日期；各种试件的分析结果；裂缝的部位、长度、宽度、发生日期及发展情况等。④混凝土衬砌工程应在达到龄期后，在建筑物上取一定数量芯样进行测试。小型工程缺乏试验条件时，可在现场使用回弹仪测定混凝土强度，对工程质量进行评价。⑤当采用混凝土板护坡时，应控制垫层级配、厚度、压实质量、接缝以及排水孔质量等。

2）工程竣工验收

工程竣工验收分为单坝验收和小流域坝系验收。单坝验收应在单元工程、分部工程、单位工程验收的基础上，对工程进行全面检查，对可否交付管理运用做出评价；对竣工决算进行审查；对工程遗留问题提出处理意见，出具验收鉴定书。小流域坝系验收应在所有单坝验收后进行，验收时应对工程进行全面检查，复核单坝验收整改意见落实情况，并出具验收鉴定书。

3）日常检查及运行监测

日常检查应包括下列内容：①坝体有无裂缝、塌陷、冲沟、滑坡及隆起现象，迎水坡有无冲刷，背水坡有无散浸和集中渗漏，坝肩有无绕坝渗漏，坝趾有无流土管涌迹象，排水导渗设施是否损坏。②放水、泄洪建筑物有无沉降、断裂、堵塞、积土，两侧有无滑坡迹象，衬砌工程是否损坏，放水孔塞或闸板是否完备。

淤地坝运行监测可根据工程规模和需要，开展降雨量、水位、淤积、渗流和位移等监测，并做好观测记录。在有条件的工程中采用先进技术，建立监测预警系统。

所有检查和监测资料，均应做好原始记录，及时整理分析，定期整编存档。

4）维修养护

运行管理单位应逐坝明确管护责任人，落实管护责任制和维修管护经费，保证运行管护责任落到实处，加强日常维护。对汛期发生的较大损坏部位应进行年度岁修。当工程不能满足防洪要求或发生重大毁坏时，应及时进行维修加固。当建筑物遭受突发性破坏或出现险情时，应及时采取紧急措施，制止险情扩大。应随时清除放水建筑物及溢洪道内的石块、杂土等阻水物，及时处理渗漏、断裂等险情。在坝址两岸、溢洪道和卧管两侧、泄水涵洞（涵管）进出口附近有松动土石体坍塌滑动危险时，应根据情况及时采取清理、削坡或锚固等措施进行处理。

5）防汛管理

运行管理单位应建立淤地坝防汛预警机制，从组织、制度、队伍、资金、物料等各个方面做好淤地坝防汛工作，确保工程安全度汛。

运行管理单位应把淤地坝防汛纳入当地防汛管理体系，实行行政首长负责制，分级管理，层层落实，并按基本建设管理制度逐坝明确防汛行政和技术责任人，在当地媒体上进行公示，接受社会监督。应制定并落实淤地坝防汛预案。

防汛预案主要包括工程基本情况、不同雨情水情可能发生险情的预测、工程抢护措施和人员撤离方案以及保障措施等。

淤地坝防汛道路应满足防汛抢险要求，通信设施满足汛期及紧急情况下报警要求，大型淤地坝可配备必要的管理用房。

每年汛前、汛中、汛后应分别对淤地坝进行安全检查；当发生特大洪水、强烈地震，工程非常运行时，应及时检查，及时处置。

6）降等、报废、销号

对淤地坝功能降低、丧失、改变的工程，经论证后可分别实施降等、报废、销号处理。淤地坝降等、报废、销号不应影响所在坝系整体安全，不应对下游沟道设施造成危害。淤积面超过设计淤积高程，防洪能力达不到原等别设计标准，或因其他原因导致淤地坝功能降低，加高坝体或其他改扩建措施在技术上不可行，经论证可降低工程的防洪标准，实施降等处理。淤地坝降等论证报告内容应包括淤地坝的原设计及运行现状、运用效益、洪水复核、淤地坝质量评价，降等理由，风险评估，必要的安全措施和运行管理措施等。淤地坝主要建筑物严重毁坏、设计功能丧失、无修复利用价值或改扩建技术上不可行，经论证可实施报废处理。淤地坝报废论证报告内容应包括淤地坝的原设计及运行现状、运用效益、水毁情况、洪水复核、淤地坝质量评价，报废理由，风险评估，报废后安全行洪的措施和资产处置的意见等。淤地坝已纳入小型水库运用管理或被合法征占改作他用，导致淤地坝功能和用途改变，经论证可实施销号处理，并移交或转入相关行业或部门管理。淤地坝销号论证报告内容应包括淤地坝的原设计及运行现状、运用效益、运用方式改变情况、洪水复核、淤地坝质量评价，销号理由，风险评估、销号后安全行洪的措施、后续管理责任的落实和资产处置的意见等。

十二、拦沙坝

6.12.1　**南方崩岗侵蚀区、黄河中游多沙粗沙区以及土石山区多沙沟道宜修建拦沙坝。**

【释义】　本条是对生态清洁小流域治理措施"拦沙坝"的规定，主要内容如下：

黄河中游多沙粗沙区拦沙坝的规划、设计、施工与管理同淤地坝。

本部分所论述的拦沙坝主要适用于南方崩岗治理，以及土石山区多沙沟道的治理。

拦沙坝不得兼作塘坝或水库的挡水坝使用。

拦沙坝设计应调查沟道来水、来沙情况及其对下游的危害和影响，重点收集下列资料：①应调查崩岗、崩塌体，包括崩岗、崩塌体位置和形态、崩岗和崩塌体稳定状况、治理现状、治理经验及可能的崩塌量等资料；②应调查山洪灾害现状和治理现状，主要包括洪水中的泥沙土石组成和来源资料、沟道堆积物状况以及两岸坡面植被情况。在西南土石山区应根据需要调查石漠化情况。

6.12.2　**黄河中游多沙粗沙区拦沙坝设计应符合 SL/T 804 的规定，其他地区拦沙坝设计应符合 GB 51018 的规定。**

【释义】　本条是关于生态清洁小流域拦沙坝设计参考标准的规定，主要内容如下。

1. 拦沙坝布设

拦沙坝布置应因害设防，在控制泥沙下泄、抬高侵蚀基准和稳定边岸坡体坍塌的基础上，应结合后续开发利用。

沟谷治理中拦沙坝宜与谷坊、塘坝等相互配合，联合运用。

崩岗地区单个崩岗治理应按"上截、中削、下堵"的综合防治原则，在下游因地制宜布设拦沙坝。

1）坝址坝型选择

坝址选择应遵循坝轴线短、库容大、便于布设排洪泄洪设施的原则。

崩岗地区拦沙坝坝址应根据崩岗、崩塌体和沟道发育情况，以及周边地形、地质条件进行选择，包括在单个崩岗、崩塌体崩口处筑坝，或在崩岗、崩塌体群下游沟道筑坝两种形式。

土石山区拦沙坝坝址应根据沟道堆积物状况、两侧坡面风化崩落情况、滑坡体分布、上游泥沙来量及地形地质条件等选定。

拦沙坝坝型应根据当地建筑材料状况、洪水、泥沙量、崩塌物的冲击条件，以及地形地质条件确定，并进行方案比较。

坝轴线宜采用直线。当采用折线型布置时，转折处应设曲线段。

泄洪建筑物宜采用开敞式无闸溢洪道，重力坝可采用坝顶溢流，土石坝宜选择有利地形布设岸边泄水建筑物。

2）规模确定

拦沙坝总库容应由拦沙库容和滞洪库容两部分组成。

拦沙坝工程设计洪峰流量、设计洪水总量计算参考 GB 51018。

拦沙坝淤积年限应按下式计算：

$$N = \frac{V\gamma_s}{W} \tag{2-6-64}$$

式中　N——淤积年限,年;

V——可淤库容,m^3;

γ_s——淤积泥沙干容重,t/m^3;

W——多年平均输沙量,t。

多年平均输沙量计算应符合下列规定:

(1)多年平均输沙量计算可参见 GB 51018 附录 A。

(2)应分析已有的、正在实施的和计划在近期内完成的各类水土保持措施对多年平均输沙量的影响。

(3)应分析坝址上游崩岗、崩塌体的崩塌量对拦沙坝来沙量的影响。

2. 工程设计

1)工程等级划分及建筑物级别

拦沙坝工程等别及建筑物级别应符合下列规定:

(1)拦沙坝坝高宜为 3~15 m,库容宜小于 10 万 m^3,工程失事后对下游造成的影响较小,其工程等别应根据表 2-6-17 确定。

表 2-6-17　拦沙坝工程的等别划分

工程等别	坝高/m	库容/万 m^3	保护对象		
			经济设施的重要性	保护人口/人	保护农田/亩
Ⅰ	10~15	10~50	特别重要经济设施	≥100	≥100
Ⅱ	5~10	5~10	重要经济设施	<100	10~100
Ⅲ	<5	<5			<10

注:1. 坝高大于 15 m,库容大于 50 万 m^3 时,应专门论证。
2. 当条件不一致时取高限。等别划分不同时,按最高等别来确定。

(2)拦沙坝建筑物级别应根据工程等别和建筑物的重要性按表 2-6-18 确定。

表 2-6-18　拦沙坝建筑物级别

工程等级	主要建筑物	次要建筑物
Ⅰ	1	3
Ⅱ	2	3
Ⅲ	3	3

注:1. 失事后损失巨大或影响十分严重的拦沙坝工程的 2~3 级主要建筑物,经论证可提高一级。
2. 失事后损失不大的拦沙坝工程的 1~2 级主要建筑物,经论证可降低一级。
3. 建筑物级别提高或降低,其洪水标准可不提高或降低。

拦沙坝工程建筑物的防洪标准应根据其级别按表 2-6-19 的规定确定。

表 2-6-19 拦沙坝建筑物的洪水标准

建筑物级别	洪水标准[重现期(年)]		
	设计	校核	
		重力坝	土石坝
1	20~30	100~200	200~300
2	20~30	50~100	100~200
3	10~20	30~50	50~100

稳定安全系数标准应符合下列规定:

(1)土坝、堆石坝的坝坡稳定计算应采用刚体极限平衡法。采用不计条块间作用力的瑞典圆弧法计算坝坡稳定性时,坝坡抗滑稳定安全系数不应小于表 2-6-20 规定的数值。采用其他精确计算方法时,最小抗滑稳定安全系数应提高 8%。

表 2-6-20 土坝、堆石坝坝坡的最小抗滑稳定安全系数

荷载组合或运用状况		拦沙坝建筑物的级别		
		1	2	3
基本组合(正常运用)		1.25	1.20	1.15
特殊组合(非常运用)	非常运用条件Ⅰ(施工期及洪水)	1.15	1.10	1.05
	非常运用条件Ⅱ(正常运用+地震)	1.05	1.05	1.05

注:1. 荷载计算及其组合应满足现行行业标准 SL 274《碾压式土石坝设计规范》的有关规定。

2. 特殊组合Ⅰ的安全系数适用于特殊组合Ⅱ以外的其他非常运用荷载组合。

(2)重力坝坝体抗滑稳定计算主要核算坝基面滑动条件,应按抗剪断强度或抗剪强度计算坝基面的抗滑稳定安全。抗滑稳定安全系数不应小于表 2-6-21 规定的数值。除深层抗滑稳定以外的坝体抗滑稳定计算,应分析下列情况:①沿垫层混凝土与基岩接触面滑动;②沿砌石体与垫层混凝土接触面滑动;③砌石体之间的滑动。

表 2-6-21 重力坝稳定计算抗滑稳定安全系数

安全系数	采用公式	荷载组合		1 级、2 级、3 级坝	备注
K'	抗剪断公式	基本		3.00	—
		特殊	非常洪水状况	2.50	—
			设计地震状况	2.30	—

续表 2-6-21

安全系数	采用公式	荷载组合		1级、2级、3级坝	备注
K	抗剪公式	基本		1.20	软基
		特殊	非常洪水状况	1.05	
			设计地震状况	1.00	
K	抗剪公式	基本		1.05	岩基
		特殊	非常洪水状况	1.00	
			设计地震状况	1.00	

溢洪道控制段及泄槽抗滑稳定安全系数应符合表 2-6-22 的规定。

表 2-6-22　溢洪道控制段及泄槽抗滑稳定安全系数

安全系数	采用公式	荷载组成		1级、2级、3级坝
K'	抗剪断公式	基本		3.00
		特殊	非常洪水状况	2.50
			设计地震状况	2.30
K	抗剪公式	基本		1.05
		特殊	非常洪水状况	1.00
			设计地震状况	1.00

2)坝体设计

坝顶高程确定应符合下列规定：

(1)坝顶高程应为校核洪水位加坝顶安全超高，坝顶安全超高值可取0.5~1.0 m。

(2)坝高 H 应由拦泥坝高 H_L、滞洪坝高 H_Z 和安全超高 ΔH 三部分组成，拦泥高程和校核洪水位应由相应库容，查水位库容关系由线确定。

土石坝筑坝材料选择与填筑应符合下列规定：

(1)筑坝材料应就地、就近取材，优先选择崩岗削级、修坡开挖料。

(2)防渗土料渗透系数不宜大于 1×10^{-4} cm/s。

(3)坝壳料可利用无黏性土、石料、风化料和砾石土。

(4)黏性土的填筑标准应按压实度确定，压实度不应小于94%；无黏性土的填筑标准按相对密度确定，相对密度不得小于0.65。

重力坝筑坝材料选择与浇筑应符合下列规定：

(1)浆砌石重力坝所用砌石应新鲜、完整，质地坚硬，不得有剥落层及裂纹。胶凝材料可采用水泥砂浆或者一、二级配混凝土。

(2)混凝土重力坝混凝土标号不宜低于 $R_{90}100$。

土石坝坝体结构与构造应符合下列规定：

(1)坝体上下游边坡应经稳定计算确定。

(2)坝顶宽度应根据构造、施工、运行等因素确定。当无特殊要求时，坝顶宽度不宜小于3.5 m。坝顶盖面材料宜采用密实的砂砾石、碎石或单层砌石等柔性材料。

(3)坝体下游护坡施工完毕后应种植适生草本固坡。

(4)坝高大于10 m时，在下游坝坡脚应设反滤排水体。

重力坝坝体结构与构造应符合下列规定：

(1)重力坝上游坝面可为铅直面、斜面或者折面。下游坝坡应根据稳定及应力计算确定。

(2)浆砌石重力坝坝顶宽度不应小于0.5 m，混凝土重力坝坝顶宽度不应小于0.3 m。

土石坝坝基处理应符合下列规定：

(1)坝断面范围内应清除坝基与岸坡上的草皮、树根、含有植物的表土、卵石、垃圾及其他废料，并应将清理后的坝基表面土层压实。

(2)土质防渗体底部坝基应开挖结合槽，并应用黏土回填夯实。

(3)坝基覆盖层与下游坝壳粗粒料接触处应符合反滤要求，不符合时应设置反滤层。

重力坝坝基处理后应符合下列规定：

(1)应具有足够的强度。

(2)应具有足够的整体性和均匀性。

(3)应具有足够的耐久性。

坝的计算与分析应符合下列规定：

(1)土石坝坝型拦沙坝应进行渗流及稳定计算。

(2)重力坝坝型拦沙坝应进行稳定及应力计算。

3)溢洪道设计

泄水建筑物溢洪道应进行稳定及应力计算。

土石拦沙坝坝体上的泄槽应补充计算泄槽沉降。泄槽分缝应采用半搭接缝、全搭接缝或者键槽缝。缝间应设置止水，宜在泄槽底板上游端设置齿槽。

3. 工程施工

拦沙坝宜在枯水期施工。当需跨汛期施工时，应按现行行业标准SL 303《水利水电工程施工组织设计规范》的有关规定进行施工导流设计。

工程施工、交通运输、施工总布置及施工进度可按现行行业标准SL 303《水利水电工程施工组织设计规范》的有关规定执行。

十三、谷坊

6.13.1　沟底比降较大、沟底下切侵蚀剧烈发展的沟段，宜修建谷坊，可与沟头防护工程、拦沙坝或淤地坝等措施相结合。

【释义】　本条是对生态清洁小流域治理措施“谷坊”的规定，谷坊适用于有沟底下切危害的沟壑治理地区，包括土石山区、丘陵区、高塬区、漫岗区等。

6.13.2 **根据当地建筑材料情况,可修建土谷坊、石谷坊、植物谷坊、格宾石笼谷坊、柳石谷坊等。**

【释义】 本条是关于生态清洁小流域谷坊的规定,谷坊按建筑材料不同,可分为土谷坊、石谷坊、植物谷坊三大类。细分为浆砌石谷坊、干砌石谷坊、土谷坊、混凝土预制块谷坊、柳桩编篱谷坊、多排密植谷坊、编织袋谷坊和石笼谷坊等。

6.13.3 **谷坊设计应符合 GB 51018 的规定。**

【释义】 本条是关于生态清洁小流域谷坊设计参考标准的规定,主要内容如下。

1.规划

(1)确定谷坊位置应符合下列规定:

①通过沟壑情况调查,选沟底比降大于5%~10%的沟段,系统地布设谷坊群。用手水准(或水平仪)测出其比降。绘制沟底比降(纵断面)图。

②根据沟底比降图,从下而上初步拟定每座谷坊位置。一般高2~5 m,下一座谷坊的顶部大致与上一座谷坊基部等高,见图2-6-19。

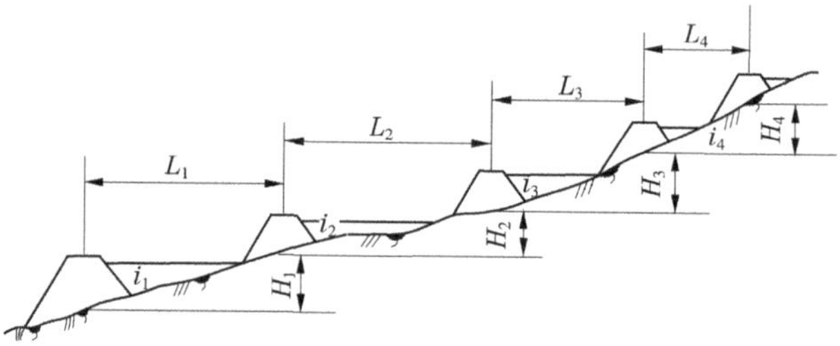

图2-6-19 谷坊布设示意图

③谷坊坝址要求:“口小肚大”,工程量小,库容大。

沟底和岸坡地形、地质(土质)状况良好,无孔洞或破碎地层,没有不易清除的乱石和杂物。取用建筑材料(土、石、柳桩等)比较方便。

(2)谷坊工程的防御标准为10~20年一遇3~6 h最大暴雨;根据各地降雨情况,分别采用当地最易产生严重水土流失的短历时、高强度暴雨。

(3)除柳桩编篱谷坊、多排密植谷坊等植物谷坊外,谷坊出口处应配套护坡、护底等防护措施。末级谷坊出口处应布设消力池、海漫等消能防冲设施。

2.设计

(1)谷坊间距(下一座谷坊与上一座谷坊之间的水平距离)应按下式计算:

$$L = H/(i - i') \tag{2-6-65}$$

式中 L——谷坊间距,m;

H——谷坊底到溢水口底高度,m;

i——原沟床比降(%);

i'——谷坊淤满后不冲比降(%)。

不同淤积物淤满后形成的不冲比降应符合表2-6-23的规定。

表 2-6-23 淤积物淤满后不冲比降

淤积物	粗沙(夹砾石)	黏土	黏壤土	沙土
比降/%	2.0	1.0	0.8	0.5

(2)溢洪口矩形宽顶堰应按式(2-6-66)计算,梯形断面应经试算确定:

$$Q = Mbh^{3/2} \tag{2-6-66}$$

式中 Q——设计流量,m^3/s;

b——溢洪口底宽,m;

h——溢洪口水深,m;

M——流量系数,宜采用 1.55。

(3)干砌石谷坊高度不宜大于 3 m,顶宽宜取 0.8~1.5 m,上游边坡宜取 1:1.25~1.75,下游边坡宜取 1:1.0~1:1.5。

(4)浆砌石、混凝土预制块谷坊高度不宜大于 5 m,顶宽宜取 0.6~1.0 m,上游边坡宜取 1:0.1,下游边坡宜取 1:0.2~1:0.5。谷坊墙体应设置排水孔,孔径宜取 0.05~0.20 m,孔距宜取 0.5~1.0 m。

(5)石笼谷坊高度不宜大于 3 m,顶宽宜取 1.0~1.5 m,上游边坡宜取 1:0.8~1:1.0,下游边坡宜取 1:1.0~1:1.2。

(6)土谷坊设计应符合下列条件:

①谷坊高宜取 2~5 m,顶宽宜取 1.5~4.5 m,上游边坡宜取 1:1.5~1:2,下游边坡宜取 1:1.25~1:1.75。

②坝顶作为交通道路时,应按交通要求确定坝顶宽度。在谷坊能迅速淤满的地方,迎水坡比可与背水坡比一致。

(7)编织袋谷坊高不宜大于 3 m,顶宽宜取 1.5~2.0 m,上游边坡宜取 1:1.1~1:1.2,下游边坡宜取 1:3。

(8)多排密植型植物谷坊设计应符合下列条件:

①在沟中已定谷坊位置,垂直于水流方向,挖沟密植柳(或杨)杆,柳(或杨)杆长宜取 1.5~2.0 m,埋深宜取 0.5~1.0 m,露出地面高度宜取 1.0~1.5 m。

②每处谷坊柳(或杨)杆应大于 5 排,行距宜取 1.0 m,株距宜取 0.3~0.5 m,埋杆直径宜取 50~70 mm。

(9)柳桩编篱型植物谷坊设计应符合下列条件:

①柳桩应布设 4~5 排,排距宜取 1.0 m,桩距宜取 0.3 m,相邻两排柳桩呈"品"字形布置,桩长宜取 1.5~2.0 m,埋深宜取 0.5~1.0 m。

②排篱间应填入卵(块)石,并应用捆扎柳梢盖顶,相邻排树桩宜用铁丝固定绑牢。

3. 施工

1)土谷坊施工

(1)定线:根据规划测定的谷坊位置,按设计的谷坊尺寸,在地面画出坝基轮廓线。

(2)清基:将轮廓线以内的浮土、草皮、乱石、树根等全部清除。

(3)开挖结合槽:沿坝轴线中心,从沟底至两岸沟坡开挖结合槽,宽深各 0.5~1.0 m。

(4)填土夯实:填土前先将坚实土层探松 3~5 cm,每层填土厚 0.25~0.3 m,夯实一次;将夯实土表面刨松 3~5 cm,再上新土夯实,要求干密度 1.4~1.5 t/m^3。如此分层填筑,直到设计坝高。

(5)应在谷坊上种植灌草,加强固土。

(6)开挖溢洪口,并用草皮或砖、石砌护。

2)石谷坊施工

(1)定线和土沟床清基要求与土谷坊相同。

(2)岩基沟床清基:应清除表面的强风化层,基岩面应凿成向上游倾斜的锯齿状,两岸沟壁凿成竖向结合槽。

(3)砌石施工要求如下:

①根据设计尺寸,从下向上分层垒砌,逐层向内收坡,块石应首尾相接,错缝砌筑,大石压顶。

②要求料石厚度不小于 30 cm,接缝宽度不大于 2.5 cm。

③同时应做到"平、稳、紧、满"(砌石顶部要平,每层铺砌要稳,相邻石料要靠紧,缝间砂浆要灌饱满)。

3)柳谷坊施工

(1)桩料选择:按设计要求的长度和桩径,选生长能力强的活立木。

(2)埋桩:按设计深度打入土内;桩身应与地面垂直,打桩时勿伤柳桩外皮,芽眼向上,各排桩位呈"品"字形错开。

(3)编篱与填石施工要求如下:

①以柳桩为经,从地表以下 0.2 m 开始,安排横向编篱。

②与地面齐平时,在背水面最后一排桩间铺柳枝厚 0.1~0.2 m,桩外露枝梢约 1.5 m,作为海漫。

③各排编篱中填入卵石(或块石),靠篱处填大块,中间填小块。编篱(及其中填石)顶部做成下凹弧形溢水口。

④编篱与填石完成后,在迎水面填土,高与厚各约 0.5 m。

(4)柳谷坊断面示意图见图 2-6-20。

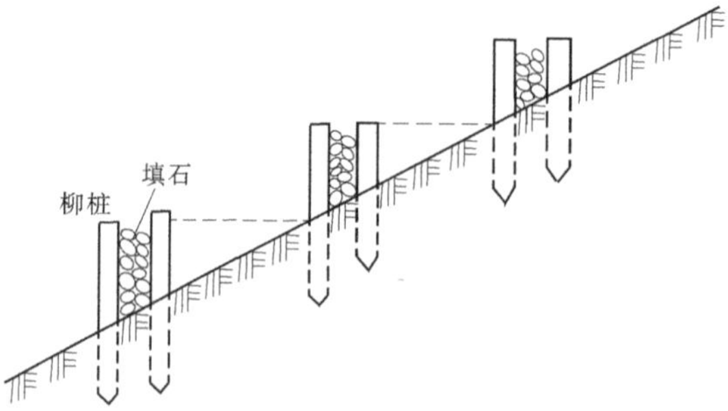

图 2-6-20　柳谷坊断面示意图

4)其他

(1)矩形溢洪口布设在浆砌石谷坊、干砌石谷坊、混凝土预制块谷坊和石笼谷坊的坝顶中间部分;梯形溢洪口布设在土谷坊和编织袋谷坊顶部,上下两座谷坊溢洪口宜左右交错布设,土谷坊溢洪口堰及下游斜坡应砌石或混凝土防护。

(2)质量要求较高的浆砌石谷坊应作坝体稳定性分析。在谷坊墙体设置排水孔,径流量大时使水能尽快泄出,保证谷坊坝体的稳定性。

(3)石笼可用铁丝编成网格,格眼尺寸100~120 mm,网内用块石填充,形成铁丝石笼。石笼体横断面为矩形,长0.6~0.8 m,高和宽各0.4~0.6 m。石笼从下向上分层垒砌,上下层石笼之间“品”字形交错排列,错缝砌筑,并逐层向内收敛。石料应填满铁丝笼,石块厚度不应小于200 m,石笼间接缝宽度不应大于20 mm,并用铁丝固定形成整体结构。

(4)用编织袋装80%容积的土,以线绳缝好袋口,顺沟道方向从下向上分层摆放,并按设计边坡逐层向内收坡;摆放编织袋时各袋要靠紧压实,袋与袋间首尾相连;表层编织袋装土应事先拌进木种子,编织袋摆放好后,将表层编织袋扎孔。

(5)柳桩编篱型谷坊最好采用新鲜的柳桩树或杨桩,且桩牙眼向上,以便树桩成活。如果施工区没有适宜的柳树桩、杨树桩,也可用其他树桩代替,并在木桩周边(紧邻)插3~5株柳条。

4. 管理

(1)暴雨中应有专人到谷坊现场巡视,如有险情,及时组织抢修。

(2)每年汛后和每次较大暴雨后,应到谷坊现场检查,发现损毁等情况,及时补修。

(3)坝后淤满成地,应及时种植喜湿、耐淹、经济价值较高的用材林、果树或其他经济作物。

(4)柳谷坊的柳树桩成活后,可利用其柳枝,在谷坊上游淤泥面上成片种植柳树,形成沟底防冲林,巩固谷坊治理成果。

十四、护坡

6.14.1 **在破坏严重、土层裸露、稳定性差的边坡上,应采取护坡措施。**

【释义】 本条是对生态清洁小流域治理措施“护坡”的规定,本规范中的护坡主要指生态护坡技术。生态护坡是指采用植物或工程和植物措施,在水利工程开挖、堆渣、路基等边坡中形成具有保持水土、保护边坡、修复生态、改善环境和景观等综合功能的防护体系。

6.14.2 **坡度不大于15°时可采用植物护坡,宜优先选择易成活、根系发达、抗逆性强的多年生适生植物。**

【释义】 本条是关于生态清洁小流域护坡的规定,主要内容如下。

生态护坡设计包括基体表层处理、护坡结构层设计以及植被层设计三个方面。

1. 基体表层处理

为利于护坡结构层布置或植被层附着,基体表层宜根据各类生态护坡形式的要求进行处理。基体表层处理一般包括不稳定松散体、危岩体处理及杂物清除等。基体表层可结合景观设计进行坡形整修。

2. 护坡结构层设计

护坡结构层一般由支撑骨架、种植土、截排水设施及附属设施等组成。

（1）支撑骨架强度、变形、耐久性等技术指标应满足相关标准的要求。

（2）种植土应满足 CJ/T 340 和 CJJ 82 标准要求，否则应采取原土改良和客土措施。

（3）截排水设施一般包括坡顶截水、坡面截排水设施等，应形成集水分区合理、出水顺畅、耐冲刷、防冻结的有效排水系统。

3. 植被层设计

优先选择易成活、生长快、根系发达、抗逆性强的多年生乡土物种。应注重生物多样性，以多年生、能形成稳定群落的植物为建群种，不宜选用单一物种。有景观要求的生态护坡，可增加观赏性植物种类。种植密度应根据植物生长特性、边坡特点及生态承载力确定。具体要求为：

（1）所选草本植物种子质量应不低于 GB 6142 中所规定的二级要求；所选灌木植物种子质量应不低于 GB 7908 中所规定的二级要求。

（2）植物种类应根据边坡坡度、种植层厚度等适用条件，选择草本、草灌、乔灌等组合。

（3）坡度为 5°～45°的弃土场、料场边坡绿化防护应根据立地因子选择适宜的植被，可选择速生乔灌木、攀缘植物或者低矮匍匐型植物。

（4）自然条件下难以成活或主体功能为景观绿化的护坡植被，宜布设灌溉系统，优先选用滴灌、微喷等节水灌溉方式。

6.14.3　坡度大于 15°时宜采用混凝土格状框架护坡、六棱砖护坡、三维植物网植草护坡、生态砖护坡、木桩护坡等综合护坡措施。

【释义】　本条是关于生态清洁小流域护坡的规定，边坡类型按基体粒料密实程度可分为土基体、松散岩基体、岩基体或混凝土基体。生态护坡形式一般包括人工植被护坡、平铺草皮护坡、固结植生护坡、生态袋护坡、三维土工网垫植草护坡、土工格室植草护坡、混凝土或砌体框格网护坡、多孔植生砌块护坡、喷混植生护坡、生态混凝土植被护坡等。常用生态护坡形式及适用性见表 2-6-24。

表 2-6-24　各类常用生态护坡型式及适用性

序号	类型	适用范围		
		土基体	松散岩基体	岩基体或混凝土基体
1	人工植被护坡	√	√	×
2	平铺草皮护坡	√	√	×
3	固结植生护坡	√	√	√
4	生态袋护坡	√	√	√
5	三维土工网垫植草护坡	√	√	√

续表 2-6-24

序号	类型	适用范围		
		土基体	松散岩基体	岩基体或混凝土基体
6	土工格室植草护坡	√	√	√
7	混凝土或砌体框格网护坡	√	√	√
8	多孔植生砌块护坡	√	√	√
9	喷混植生护坡	√	√	√
10	生态混凝土植被护坡	√	√	√

注：√代表适用，×代表不适用。

6.14.4　**护坡设计应符合 SL 386 的规定。**

【释义】　本条是关于生态清洁小流域护坡设计参考标准的规定，主要内容如下。

1. 人工植被护坡

人工植被护坡是直接在基体上进行播种或栽植形成植被防护体系的一种边坡防护形式，应符合下列规定：

(1)应选用易成活、生长快、根系发达、叶茎矮或有匍匐茎的多年生乡土植物。

(2)播种宜采用三种以上种子混播，符合互补原则。

(3)栽植穴宜呈“品”字形布置，穴距按要求密度进行排列。

2. 平铺草皮护坡

平铺草皮护坡是在基体坡面上铺设人工草皮形成植被防护体系的一种边坡防护形式，应符合下列规定：

(1)草皮短边尺寸不宜小于 30 cm。

(2)草皮应密实铺设，防止脱空，草皮块之间宜保留 2~3 cm 间隙，块与块的间隙填入细土。

(3)草皮宜采用竹签、U 形钉等措施固定。

3. 固结植生护坡

固结植生护坡是将生态复合材料、缓释肥、草种、喷播土(需要时)等与水的混合物喷播到基体坡面形成植被防护体系的一种边坡防护形式，应符合下列规定：

(1)水和生态复合材料的浓度比宜为 30:1~300:1。

(2)缓释肥的用量不宜小于 0.1 kg/m^2。

(3)单位喷洒量宜为 1.5~5 L/m^2。

4. 生态袋护坡

生态袋护坡是由生态袋、生态袋装填的种植土和生态袋连接件形成植被防护体系的一种边坡防护形式，应符合下列规定：

(1)生态袋应具有保土、透水、抗紫外线、耐腐蚀、易于植物穿透生长等特性。

(2)生态袋植被可通过植物种子与种植土预先混播、插播、表层铺草皮及喷播种子等方法实现。

(3)生态袋上下层之间宜用联结扣联结。

(4)生态袋基础宜做5%的倒坡抗滑。

(5)顶层生态袋上部宜覆盖黏性土,厚度不宜小于20 cm且种植植被。

5. 三维土工网垫植草护坡

三维土工网垫植草护坡是在铺设的三维结构网垫内充填种植土并喷播种子等形成植被防护体系的一种边坡防护形式,应符合下列规定:

(1)三维土工网垫要求品质良好,单位面积质量不宜小于350 g/m^2,厚度不宜小于1.4 cm,纵横向最大抗拉力不宜小于2.0 kN/m。

(2)三维土工网垫宜顺坡铺设,铺于坡顶时延伸长度不宜小于40 cm,网与网之间平搭宽度不宜小于10 cm,搭接部位用连接钉固定。

(3)三维土工网垫宜采用U形钉、地锚钉等措施固定。

(4)土质边坡喷播厚度不宜小于5 cm,岩质边坡喷植厚度不宜小于10 cm。

6. 土工格室植草护坡

土工格室植草护坡是在展开并固定于基体坡面的土工格室内填充种植土、喷播种子形成植被防护体系的一种边坡防护形式,应符合下列规定:

(1)土工格室应顺坡就势均匀布设。

(2)土工格室采用钢筋进行锚固时,钢筋直径不宜小于8 mm,长度不宜小于30 cm,并做除锈、防锈处理。

(3)土工格室内填充种植土,表层宜回填黏性土,高出格室1~2 cm。

7. 混凝土或砌体框格网护坡

混凝土或砌体框格网护坡是在混凝土或浆砌石框架内铺草皮、喷播植草等形成植被防护体系的一种边坡防护形式,应符合下列规定:

(1)混凝土强度等级不宜低于C20。

(2)混凝土或砌体框格可采用方格形、菱形、拱形等形状。框格截面宽度不宜小于20 cm,厚度不宜小于30 cm,框格间距不宜大于3 m。

(3)框格节点处宜设置锚杆,以固定框架。

8. 多孔植生砌块护坡

多孔植生砌块护坡是在拼接固定好的带孔砌块内填充种植土、喷播种子形成植被防护体系的一种边坡防护形式,应符合下列规定:

(1)砌块强度等级不宜低于MU10。

(2)砌块铺砌不应有通缝,平直段水平缝宽不宜大于8 mm,其他不宜大于10 mm。

9. 喷混植生护坡

喷混植生护坡是将种子、肥料、黏合剂、土壤改良剂、保水剂等与水的混合物喷播到基体坡面形成植被防护体系的一种边坡防护形式,应符合下列规定:

(1)锚杆长度根据坡面岩体破碎情况确定,长锚杆不宜大于 100 cm,短锚杆不宜大于 50 cm。

(2)锚杆密度应根据边坡坡度情况设计,边坡坡度<60°,锚杆密度可为 100 cm×100 cm;边坡坡度 60°~75°,锚杆密度可为 80 cm×80 cm;边坡坡度>75°,锚杆密度可为 60 cm×60 cm。

(3)挂网网孔尺寸不宜大于 5 cm×5 cm,搭接宽度不宜小于 10 cm。

(4)挂网与基面间距宜为喷播厚度的 2/3。

10. 生态混凝土植被护坡

生态混凝土植被护坡是将特定植被混凝土和种子的混合基材喷射至坡面形成植被防护体系的一种边坡防护形式,应符合下列规定:

(1)生态混凝土的强度等级应根据结构和种植要求设计,厚度不宜小于 5 cm。

(2)生态混凝土护坡结构中格构梁的结构设计应符合 SL 191 的相关规定。

(3)用于 45°以上陡坡时,坡面应挂网,网孔尺寸不宜大于 5 cm×5 cm,网片的搭接尺寸不宜小于 1 m。

(4)长锚杆长度不宜小于 60 cm,短锚杆长度不宜小于 30 cm。

(5)长锚杆与短锚杆交错排列,纵横向间距不宜小于 1 m。

(6)排水孔设计宜按照梅花形布置,孔间距不宜小于 1 m,直径不宜小于 5 cm,外倾坡度不宜小于 5%,并采取措施防止排水孔堵塞。

十五、生产道路建设

6.15.1　生产道路建设宜结合当地条件,可采用简易铺装、沥青、水泥混凝土等路面。对于景观要求较高的区域,可采用生态透水混凝土或条石路面砖。

【释义】　本条是对生态清洁小流域治理措施“生产道路”的规定,道路侵蚀已经成为主要的侵蚀源,因此鼓励生产道路建设一般应采取沥青路面、水泥混凝土路面、简易铺装路面等硬化路面,并应做好路基的防护与支挡以及排水。

6.15.2　应综合采取工程措施和植物措施,加强生产道路、田间道路、林道、滨河道路等乡村非等级道路路面、边坡的水土流失防治,合理设置道路排水系统。

【释义】　本条是关于生态清洁小流域生产道路的规定,主要内容如下。

1. 路基防护与支挡

(1)有条件的路段,可适当放缓边坡,不进行边坡防护;条件受限时,应采取措施进行边坡防护。

(2)应根据气候条件、岩土性质、边坡高度、边坡坡率、水文地质条件、环境保护、水土保持等因素,按表 2-6-25 经技术经济比较后选择适宜的防护措施。边坡防护宜采用植物防护,并与适当的工程防护相结合。

表 2-6-25　边坡防护工程类型及适用条件

防护类型		适用条件
植物防护	植草	可用于坡率不陡于 1:1的土质边坡防护,当边坡较高时,植草可与土工网、土工网垫结合防护
	种植灌木	可用于坡率不陡于 1:0.75 的土质、软质岩石和全风化岩石边坡防护
骨架植物防护	—	可用于坡率不陡于 1:0.75 的土质和全风化、强风化的岩石边坡防护
工程防护	防护网	可用于坡率不陡于 1:0.5 的岩石边坡防护
	现浇混凝土、混凝土预制块护坡	可用于坡率不陡于 1:1的易风化的岩石和土质边坡防护
	干砌片石护坡	可用于坡率不陡于 1:1.25 的土质边坡或岩石边坡防护
	浆砌片石护坡	可用于坡率不陡于 1:1的易风化的岩石和土质边坡防护
	护面墙	可用于坡率不陡于 1:0.5 的土质和易风化剥落的岩石边坡防护

(3)冲刷防护设计应符合下列规定:

①沿河路基受水流冲刷时,应根据河流特性、水流性质、河道地貌、地质等因素,结合路基位置,按表 2-6-26 经技术经济比较后,选用适宜的防护工程类型。

表 2-6-26　冲刷防护工程类型及适用条件

防护类型		适用条件
植物防护		可用于允许流速为 1.2~1.8 m/s、水流方向与公路路线近似平行、不受洪水主流冲刷的季节性水流冲刷地段防护
浆砌片石、混凝土护坡		可用于允许流速为 3~6 m/s,波浪作用较强,有流冰、漂浮物等撞击的边坡
抛石防护		可用于经常浸水且水深较大的路基边坡或坡脚以及挡土墙、护坡的基础防护
石笼防护		可用于允许流速为 4~5 m/s 的沿河路堤坡脚或河岸防护
导流	丁坝	可用于宽浅性河段,保护河岸或路基不受水流直接冲蚀而产生破坏
	顺坝	可用于河床断面较窄、基础地质条件较差的河岸或沿河路基防护,以调整水流曲度和改善流态

②经常浸水或长期浸水的路堤边坡,不宜采用植草防护。用于冲刷防护的树种应具

有喜水性。

③用于冲刷防护的浆砌片石护坡厚度应不小于0.35 m,混凝土护坡厚度应不小于0.15 m,护坡基础应埋置在一般冲刷线以下0.5~1.0 m。对过分潮湿或冻害严重的土质边坡应先采取排水措施再进行铺筑。

④抛石防护宜用于抢修工程。大块石料缺乏的地区,也可用预制混凝土异形块作为抛投材料。

⑤沿河路堤坡脚或河岸,当受水流冲刷和风浪侵袭,且防护工程基础不易处理或沿河挡土墙、护坡基础局部冲刷深度过大时,可采用石笼防护。石笼防护设计应满足下列要求:

(a)石笼内所填石料,应选用相对密度大、浸水不崩解、坚硬且未风化石块,块径应大于石笼的网孔尺寸。

(b)石笼不宜设置碎石、砾石或卵石垫层,厚度宜为0.2~0.4 m。

⑥丁坝设计应满足下列要求:

(a)丁坝长度应根据防护长度、丁坝与水流方向的交角、河段地形、水文条件及河床地质情况等确定,垂直于水流方向上的投影长度不宜超过稳定河床宽度的1/4。

(b)用于路基防护的丁坝宜采用漫水坝或潜坝,丁坝与水流方向的交角以小于或等于90°为宜。

(c)丁坝可采用铁丝石笼或相互铰接的预制混凝土块等柔性结构物,也可采用石砌或现浇混凝土等刚性结构物。

⑦顺坝设计应满足下列要求:

(a)顺坝与上、下游河岸的衔接,应使水流顺畅,起点应选择在水流匀顺的过渡段,坝根位置宜设在主流转向点的上方。

(b)顺坝宜采用石砌或混凝土结构。

(c)顺坝坝根应嵌入稳定河岸内不小于3~5 m。漫溢式顺坝,应在坝后设置格坝。

(4)挡土墙设计应根据路基横断面、地形、地质条件和地基承载力,合理确定挡土墙位置、起讫点、长度和高度,并按表2-6-27进行技术经济比较后,选择适宜的挡土墙类型。

表2-6-27　挡土墙类型及适用条件

挡土墙类型	适用条件
重力式挡土墙	适用于一般地区、浸水地段的路堤和路堑等支挡工程。墙高不宜超过12 m,干砌挡土墙的高度不宜超过6 m
半重力式挡土墙	适用于不宜采用重力式挡土墙的地下水位较高或较软弱的地基上。墙高不宜超过8 m
石笼式挡土墙	可用于地下水较多的土质、风化破碎岩石、边坡容易垮塌等路段
锚杆挡土墙	宜用于墙高较大的岩质路堑地段。可用作抗滑挡土墙。可采用肋柱式或板壁式单级墙或多级墙。每级墙高不宜大于8 m,多级墙的上、下级墙体之间应设置宽度不小于2 m的平台

(5)不同类型挡土墙技术要求应符合表 2-6-28 的规定。

表 2-6-28　不同类型挡土墙技术要求

挡土墙类型	技术要求
重力式挡土墙	1. 墙顶宽度,当墙身为混凝土浇筑时,不应小于 0.40 m;当墙身为浆砌片石时,不应小于 0.50 m;当墙身为干砌片石时,不应小于 0.60 m。 2. 墙高小于或等于 10 m 的挡土墙可采用浆砌片石,墙高大于 10 m 的挡土墙和浸水挡土墙宜采用片石混凝土
半重力式挡土墙	1. 应按弯曲抗拉强度和刚度计算要求,确定立壁与底板之间的转折点数。 2. 端部厚度不应小于 0.40 m,底板的前趾扩展长度不宜大于 1.5 m
石笼式挡土墙	1. 永久工程应采用重镀锌钢丝;使用年限 8~12 年时,可采用镀锌铁丝;使用年限 3~5 年时,可采用普通铁丝石笼。 2. 石笼内填充物应采用质地坚硬、不易崩解和水解的片石或块石,石料粒径宜为 100~300 mm,小于 100 mm 的粒径不应超过 15%,且不得用于石笼网格的外露面,石料空隙率不得超过 30%。 3. 墙背应设置反滤层,以防止淤堵
锚杆挡土墙	1. 肋柱式锚杆挡土墙的肋柱间距,宜为 2.0~3.0 m。肋柱宜垂直布置或向填土一侧仰斜,但仰斜度不应大于 1:0.05。 2. 多级肋柱式锚杆挡土墙的平台,宜用厚度不小于 0.15 m 的 C15 混凝土封闭,并设置向墙外倾斜 2%的横坡度。 3. 每级肋柱上的锚杆层数,可设计为双层或多层。锚杆可按弯矩相等或支点反力相等的原则布置,向下倾斜。每层锚杆与水平面的夹角宜为 15°~20°,锚杆层间距不小于 2.0 m。 4. 肋柱受力方向的前后侧面内应配置通长受力钢筋,钢筋直径不应小于 12 mm。 5. 挡土板宜采用等厚度板,板厚不得小于 0.30 m。预制墙面板应预留锚杆的锚定孔

2. 排水

1)地表排水

(1)一般填方路基可采用横向分散漫流方式排水。

(2)挖方路基、低填浅挖路基及冲刷较大的高路基地表排水,宜设置边沟、排水沟、截水沟、跌水及急流槽等设施。

(3)设计降雨重现期应结合地形、地貌以及设施的重要性确定,并符合表 2-6-29 的规定。

表 2-6-29　地表排水设施设计降雨重现期

排水设施	设计降雨重现期/年
边沟、排水沟	3~5
截水沟	3~10
跌水及急流槽	3~10
排水管	3

注:地势平坦,植被良好地区取低值;反之,取高值。

(4)边沟、排水沟设计应符合下列规定:

①山区公路或年降水量大于或等于 250 mm 的路段,挖方路基和低路堤应设置边沟;年降水量小于 250 mm 或无集中排水要求的平原区路段可不设置边沟,局部冲刷严重路段宜设置边沟并根据需要加固。

②边沟、排水沟断面形式、尺寸宜根据降雨强度、汇水面积、地形地质条件以及对路侧安全与路域环境的影响程度确定,可采用三角形、碟形、U 形、L 形、矩形、梯形以及暗埋式边沟等;条件允许时,宜采用浅碟形等宽浅形排水设施。

③边沟、排水沟加固类型可根据当地气候、材料、沟底纵坡及冲刷强度等,按表 2-6-30 选择。

表 2-6-30　加固类型及适用条件

加固类型	适用条件
植草	三角形或碟形
砂砾、石渣、卵石、石块、砖块等	排水量大、水流速度较高的三角形或碟形
浆砌卵石、浆砌片石、现浇混凝土、混凝土预制块、石板等	所有断面

④山区公路两侧设置边沟受限时,可采用单向路拱设置单侧边沟。

⑤石质边沟可不加固,但应找平沟底,保证排水通畅,靠近路基侧沟壁宜采用水泥砂浆抹面等防冲刷措施。

⑥沟、排水沟出水口的间距不宜超过 300 m,最大不宜超过 500 m,三角形和碟形边沟出水口的间距不宜超过 200 m。受条件限制导致排水距离过大时,应设置必要的排水设施将水引流至路基之外或调整排水设施的截面尺寸。矩形和梯形边沟的底宽不应小于 0.3 m、深度不应小于 0.4 m。

(5)截水沟设计应符合下列规定:

①流入路界的地表径流量大或坡体稳定性较差、有可能形成滑坡的路段,宜设置拦截地表径流的截水沟。

②土质截水沟宜采用梯形,冲刷严重路段宜进行加固,特殊性岩土路段应做好防渗设计。

③截水沟长度宜为 200~500 m,超过 500 m 时,宜在中间适宜位置处增设泄水口,由急流槽分流排引。

(6)跌水、急流槽设计应符合下列规定:

①边沟、排水沟水流通过坡度大于10%且水头高差大于1.0 m的陡坡地段或特殊陡坎地段时,宜设置跌水或急流槽。

②当土陡坡路段较长时,为减缓水流速度,宜采用多级跌水,长度、宽度可根据地形设置。

2)地下排水

(1)地下水影响路基稳定或强度时,宜采取工程措施拦截、排引含水层地下水,降低地下水位,疏干坡体内的地下水。

(2)当填方路基地下水位较高时,宜采取砂砾、卵石等材料换填,并抬高路基使路床处于干燥或中湿状态。

(3)当挖方路基地下水位较高、路基高度受限时,宜在路基顶面铺设砂垫层,并加大加深两侧的边沟,必要时可沿两侧边沟设置渗沟、盲沟等地下排水设施。

(4)有地下水出露的挖方路基、斜坡路堤、路基填挖交界结合部等,宜采用渗沟、盲沟等地下排水设施。

3)村镇路段排水

(1)村镇路段排水设施宜选择盖板边沟,有条件时可采用暗埋式边沟、排水管道等形式。

(2)有排水管网收集系统的村镇,公路排水可接入村镇排水系统,雨水和污水应分开排放。为公路排水增建的排水管网收集系统应符合下列规定:

①排水管管顶最小覆土深度,应根据管材强度、外部荷载、冰冻深度和土质等条件,结合当地埋管经验确定。管顶最小覆土深度宜为:人行道下0.6 m,车行道下0.7 m。

②汇水点、人行横道上游及易积水段应设置雨水口。

③雨水口的形式、数量和布置应按汇水面积产生的流量、雨水口的泄水能力确定。

4)特殊地区及特殊路段排水

(1)软土、冻土、膨胀土、黄土、盐渍土、滑坡等特殊地区(段),其排水设计应结合工程的处治措施综合进行,并应符合现行JTG/T D33《公路排水设计规范》的相关规定。

(2)水环境敏感区路段的排水应以保护水体为基本原则,结合工程具体条件,分别采取必要的排水设计和处理措施。

十六、土地整治

6.16.1　应对需要复耕或恢复植被的扰动及裸露土地采用土地整治措施。

【释义】　本条是对生态清洁小流域治理措施“土地整治”的规定,土地整治范围包括工程征占地范围内需要复耕或恢复植被的扰动及裸露土地。

6.16.2　应根据土地恢复利用方向,确定土地整治内容。

【释义】　本条是关于生态清洁小流域土地整治的规定,根据工程扰动占压的具体情况以及土地恢复利用方向等选择确定土地整治内容,主要包括表土剥离及堆存、土地平整及翻松、表土回覆、田面平整和犁耕、土地改良,以及水利配套设施恢复。

6.16.3　**土地整治设计应符合 GB 51018 的规定。**

【释义】　本条是关于生态清洁小流域土地整治设计参考标准的规定，主要内容如下。

1. 表土剥离

(1)根据表土厚度及分布均匀程度、土壤肥力、施工条件等因素，确定表土剥离的厚度和施工方式，厚度可取 0.20～0.80 m。

(2)黄土覆盖地区可不剥离表土。

(3)高寒草原草甸地区，应对表层草甸土进行剥离、养护、回覆利用。

2. 土地平整及翻松

(1)对扰动占压后凹凸不平的地面进行削凸填凹，进行粗平整。

(2)扰动后地面相对平整或粗平整后的土地，对压实度较高的应予以翻松。

3. 表土回覆

覆土厚度要根据土地利用方向确定，并结合表 2-6-31 取值。

表 2-6-31　分区覆土厚度　　单位：m

分区	覆土厚度		
	耕地	林地	草地(不含草坪)
西北黄土高原区的土石山区	0.60～1.00	≥0.60	≥0.30
东北黑土区	0.50～0.80	≥0.50	≥0.30
北方土石山区	0.30～0.50	≥0.40	≥0.30
南方红壤区	0.30～0.50	≥0.40	≥0.30
西南土石山区	0.20～0.50	0.20～0.40	≥0.10

注：1. 土覆盖地区不需覆土。

2. 采用客土造林、栽植带土球乔灌木、营造灌木林可视情况降低覆土厚度或不覆土。

3. 铺覆草坪时覆土厚度不小于 0.10 m。

4. 田面平整和犁耕

(1)恢复林草的，可采取机械或人工辅助机械对田面进行细平整，并可视林草种采取犁耕。

(2)恢复为耕地的，除进行细平整、犁耕外，还要符合土地复垦有关标准的规定。

5. 土地改良

(1)对恢复为耕地的土地增施有机肥、复合肥或其他肥料。

(2)对于恢复林草地的，优先选择具有根瘤菌或其他固氮菌的绿肥植物。工程管理范围的绿化区可在田面细平整后增施有机肥、复合肥或其他肥料。

(3)当地表为风沙土、风化砂岩时，可以添加污泥、河泥、湖泥、木屑等进行改良。

(4)pH 值超标土地，可施加黑矾、石膏、石灰等改良土壤。

(5)盐渍化土地，可采取灌水洗盐、排水压盐、客土等方式改良土壤。

6. 水利配套设施恢复

恢复为水田和水浇地的，应恢复其灌溉及配套水利设施。

十七、保土耕作

6.17.1 应推广实施少耕免耕、覆盖种植、等高耕作、草田轮作等相结合的保土耕作措施，并结合优化土地利用和种植结构等方式，减少农田水土流失。

【释义】 本条是对生态清洁小流域治理措施“保土耕作”的规定，保土耕作是一种耕作方法，是在耕地上结合每年农事耕作，采取各类改变微地形或者增加地面植物被覆，或增加土壤入渗，提高土壤抗蚀性能，以保水保土，减轻土壤侵蚀，提高作物产量。保土耕作包括改变微地形、增加覆盖以及改良土壤等三大类措施。

6.17.2 保土耕作应符合 GB 51018 的规定。

【释义】 本条是关于生态清洁小流域保土耕作参考标准的规定，主要内容如下：

1. 改变微地形

改变微地形措施包括等高耕作、地埂植物带、等高植物篱、沟垄种植、掏钵种植、抗旱丰产沟、休闲地水平犁沟等。

1）等高耕作

等高耕作应符合下列规定：

（1）等高耕作可适用于坡度25°以下坡地，最适宜于坡度不大于10°的缓坡地。

（2）应沿等高线起垄，并根据地形、坡度、土质等条件适当调整垄向。淮河以南地区，耕作方向宜与等高线呈1%~2%的比降。风蚀缓坡地区，耕作方向宜与主风向垂直，斜交时与主风方向夹角宜小于45°。

（3）坡地等高耕作应由下至上进行翻耕，垄高和垄间宽度视耕作机具和坡度确定。

2）地埂植物带

地埂植物带设计应符合下列规定：

（1）地埂植物带可应用于东北黑土区坡度3°~5°的坡耕地，常与垄作区田配合使用，地埂分为单埂、双埂两种形式。

（2）单埂可适用于平均坡度3°的坡耕地，埂间距可按表2-6-32确定并根据机耕播幅倍数及当地经验适当调整。单埂布置时埂顶宽宜取0.3~0.5 m，埂高宜取0.5~0.6 m，内外边坡比宜取1∶0.5~1∶1。当遇水线洼兜时，地埂应适当加高、夯实。

表2-6-32 单埂间距参考数值表

降水量/mm	<300	300~500	>500
埂间距/m	60	50	40

（3）双埂可适用于坡度大于5°的坡耕地（见图2-6-21），双埂埂高、间距、埂顶宽应根据拦洪量和来洪量计算确定，设计洪水标准按10年一遇24 h最大降水强度计算。

每延米双埂拦洪量按下式计算：

$$Q_1 = (h^2/\sin\theta - A)/2 + (h + B)h \tag{2-6-67}$$

式中 Q_1——每延长米双埂拦洪量，m^3；

A——单埂断面面积，m^2；

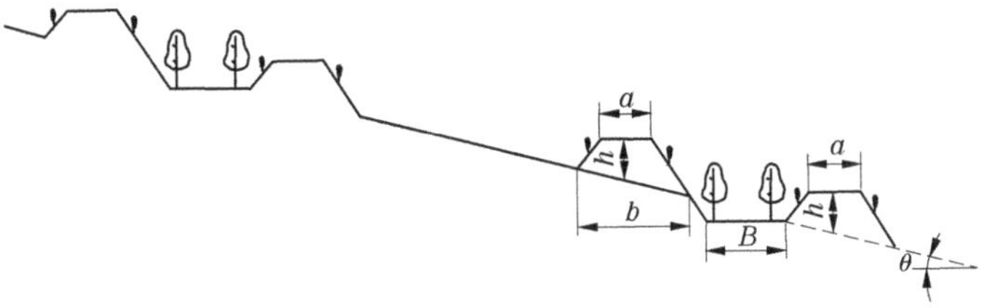

图 2-6-21　双埂断面示意图

θ——原地面坡度,(°);

h——埂高,m;

B——埂间距,m。

设计洪水总量按下式计算:

$$W = 1.16 \times 0.1(K_{10\%}/K_{5\%}) \times B_1 \times 20^{0.83} \times F/20 \tag{2-6-68}$$

式中　W——10 年一遇 24 h 最大暴雨条件下洪水总量,m^3;

$K_{10\%}$——10 年一遇模比系数(查水文图集);

$K_{5\%}$——20 年一遇模比系数(查水文图集);

B_1——最大 24 h 洪量参数,m;

F——集水面积,km^2。

(4)地埂植物带宜采用多植物种混交,宽度小于 30 cm 的埂坎应选择草种植物。

3)等高植物篱

(1)等高植物篱可应用于西南紫色区坡度小于 25°的坡耕地。

(2)根据坡度,植物篱间距可按表 2-6-33 执行。

表 2-6-33　植物篱间距确定

坡度/(°)	临界坡长/m	植物带带间距/m
5	8~9	9.5
10	6~6.5	7~7.5
15	4~4.5	5~5.5
20	2.5~3	3.5~4
25	1.5~2	2.5~3

(3)乔木宜栽植一行,株距宜为 1.5 m;灌木行距宜为 0.4 m,株距宜为 0.2~0.6 m;草本选用撒播或植苗方式,带宽宜为 0.6 m。在土坎和地埂上撒播草籽,带间距依地面坡度而定。

(4)植物篱配置可采用地埂+单种乔木植物篱、地埂+单种灌木植物篱、地埂+单种草本植物篱、地埂+乔木混交植物篱、地埂+灌木混交植物篱以及地埂+灌草混交植物篱等模式。

4)沟垄种植

沟垄种植可应用于坡度小于 20°的坡耕地。垄高宜取 20~30 cm,沟内或垄上种作物。南方地区沟内不隔埂时，沟垄应与等高线呈 1%～2%比降。不同地区根据区域特点可选择以下耕作法：

（1）水平沟可适用于黄土高原地区的坡耕地。宜采用套二犁开沟起垄播种，开沟深度宜取 17～30 cm，垄高 10 cm，沟距宜取 60 cm，沟间距可根据坡度和降雨条件适当调整，坡度陡、雨量大，间距宜小；坡度缓、雨量小，区间距宜大。

（2）垄作区田可适用于东北黑土区坡度 1°～15°的坡耕地，最适宜坡度小于 6°的坡耕地。区田土埂应从田块最高处开始修筑，土埂应低于垄台 2～3 cm，高度宜取 14～16 cm，土埂间距宜为 60～70 cm，底宽宜为 30～45 cm，顶宽宜为 10～20 cm。

（3）格网式垄作可适用于西南紫色土区坡耕地。顺坡开厢，垂直起垄，形成封闭垄沟，厢宽 1.8～2 m。

（4）畦状沟垄可适用于南方红壤区，坡地起垄沟，每隔 5～6 条沟垄留一田间小路，兼作排水道，形成坡面长畦；沿排水道每 20～30 m 作一横向畦埂，将长畦隔成短畦。

（5）蓄水聚肥改土耕作。表土集中于沟、生土起垄，沟内种植农作物，沟中表土和松土层厚宜为 30～40 cm，生土垄高宜为 10～20 cm。

5）掏钵种植

掏钵种植应在坡耕地上沿等高线划分成若干 1 m^2 的小耕作区，每区掏 1～2 钵，种植坑上下交错，等高成行。一钵一苗种植坑直径宜为 20～25 cm，深宜为 20～25 cm，穴间距离宜为 15～20 cm；一钵数苗种植坑直径宜为 50 cm，深宜为 30～40 cm，穴间距离宜为 50 cm。

6）抗旱丰产沟

（1）人工操作步骤见图 2-6-22。

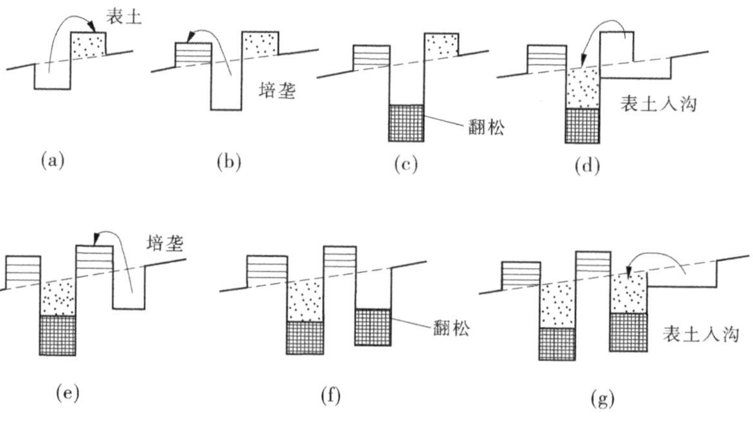

图 2-6-22　抗旱丰产沟人工操作步骤

从坡耕地下边开始，离地边约 30 cm，顺等高线方向开挖宽约 30 cm 的一条沟，深 20～25 cm，将挖起的表土暂时堆放在沟的上方，见图 2-6-22（a）；

将沟内生土挖出，堆在沟的下方，形成第一条土埂，见图 2-6-22（b）；

将沟底用锹翻松，深 20～25 cm，见图 2-6-22（c）；

将沟上方暂时堆放的表土推入沟中，同时将沟上方宽约 60 cm、深约 20 cm 的原地面上的表土取起，推入沟中，大致将沟填满，见图 2-6-22（d）；

在60 cm宽去掉表土的地面上，将上半部30 cm宽位置挖一条沟，深20~25 cm，挖出的生土堆在下半部30 cm宽位置上，做成第二条土埂，见图2-6-22(e)；

将第二条沟底翻松，深20~25 cm，见图2-6-22(f)；

将第二条沟底上方约60 cm宽的表土取起约20 cm深，推入第二条沟中，见图2-6-22(g)。

按此继续操作，直到整个坡面都成生土作埂，表土入沟，沟中表土和松土层厚深40~50 cm，保水保土保肥，有利作物生长。

(2)人畜结合，其施工步骤与人工操作基本一致。所不同的是：在取表土、取生土、翻松沟底等步骤，都用牲畜带犁，顺等高线翻松地面土层，再用人工以生土作埂，推表土入沟，以提高工效，节省人力。

7)休闲地水平犁沟

(1)在坡耕地内，从上到下，每隔2~3 m，沿等高线或与等高线保持1%~2%比降，做一道水平犁沟。犁时向下翻土，使犁沟下方形成一道土垄，以拦蓄雨水。

(2)在同一位置翻犁两次(套二犁)，加大沟深和垄高，加大沟垄容蓄能力。

(3)根据不同坡度和降雨情况，犁沟的间距可加大或缩小。坡度陡、雨量大的地方间距小些，坡度缓、雨量小的地方间距大些。

2. 增加覆盖

1)草田轮作

(1)草田轮作，适用于地多人少的农区或半农牧区。

(2)短期轮作，主要适用于农区，种2~3年农作物后，种1~2年草类，草种以短期绿肥、牧草为主。

(3)长期轮作，主要适用于半农半牧区，种4~5年农作物后，种5~6年草类，草种以多年牧草为主。

2)间作

(1)选为间作的两种作物应具备生态群落相互协调、生长环境互补的特点。

(2)间作形式可采取行间间作和株间间作。

3)套种

(1)在同一地块内，前季作物生长的后期，在其行间或株间可播种或移栽后季作物，两种作物收获时间应不同。

(2)套种作物配置的协调互补要求应与间作相同。

4)带状间作

(1)作物带状间作的作物种类应符合GB 51018的规定；间作条带方向，基本上沿等高线，或与等高线保持1%~2%比降；条带宽度宜取5~10 m，两种作物可取等宽，也可采取不同宽度。

(2)草粮带状间作，草类可按GB 51018的规定执行，作物带与草带的宽度宜取二者等宽。

5)合理密植

合理密植可适用于耕作粗放、作物植株密度偏低的地区。

6）休闲地种绿肥

作物未收获前 10～15 d，在作物行间顺等高线地面播种绿肥植物；暴雨季节过后，将绿肥翻压土中，或收割作为牧草。

7）覆盖种植

覆盖种植包括秸秆还田、砂石覆盖、地膜覆盖、青草覆盖等措施。

（1）秸秆还田，可适用于燃料、饲料比较充裕的地方，包括秸秆覆盖或粉碎直接还田、秸秆堆沤还田、秸秆养畜（过腹还田）、留茬覆盖等，稻草、麦秸用量宜为 4 500～7 500 kg/hm^2

（2）砂石覆盖，可适用于西北干旱、半干旱地区。将河卵石、冰碛石与粗砂混合后覆盖于农田地表，直接种植，多年不犁耕。有条件灌溉的水砂田，砂石覆盖厚度宜取 5～6 cm，旱砂田砂石覆盖厚度宜取 15～18 cm。

（3）地膜覆盖，可适用于半湿润、半干旱地区，结合早春作物播种使用。

（4）青草覆盖，可适用于南北方地区果园、茶园，中耕除草后，将青草直接覆盖在地表。

8）少耕免耕

少耕免耕适用于干旱、半干旱及受风蚀影响较大地区。对于坡耕地，宜与等高种植措施结合，还可与秸秆覆盖措施相结合形成免耕覆盖。

3. 改良土壤

1）深耕深松

深耕深松适用于耕作层薄、土壤质地为中、重壤土或黏土的坡耕地。耕松深度宜取 25～30 cm。

2）增施有机肥

增施有机肥适用土质黏重或砂性大的土壤以及新修梯田生土熟化，宜与配方平衡施肥相结合，不同土壤通过土壤化验，确定相应施肥方案。新修梯田生土熟化也可与种植绿肥、施有机肥等相结合。

3）留茬播种

适用于采用“一年两熟小麦+秋作物”种植制度的、半湿润的华北及关中地区，残茬结合秋作中耕时进行处理。

十八、面源污染防治

6.18.1　耕地和园地面源污染防治应在采取水土保持措施的基础上，综合采取测土配方施肥等科学施肥技术、秸秆综合利用、合理农药使用、全生物降解地膜、配置农田生态沟渠与塘坝以及节水灌溉等措施。

【释义】　本条是对生态清洁小流域治理措施“面源污染防治”的规定，耕地和园地面源污染防治应在采取水土保持措施的基础上，综合采取测土配方施肥等科学施肥技术、秸秆综合利用、合理农药使用、全生物降解地膜、配置农田生态沟渠与塘坝以及节水灌溉等措施。农业面源污染防治首先应严格控制畜禽养殖污染，其次科学施用农药和化肥，加强无害化处理污染物力度，最后优化农村生产生活环境。

6.18.2　应推广测土配方施肥等科学施肥技术，优化肥料结构，合理安排施肥时间，提高肥料利用率，肥料使用应符合 NY/T 496 的规定。

【释义】　本条是关于生态清洁小流域面源污染防治的规定，测土配方施肥是综合运用现代科技成果，根据作物需肥规律、土壤供肥能力、肥料效应和农业生产要求，在施用有机肥为基础的条件下，产前提出所需施用氮、磷、钾等营养元素肥料的适量适时适法施用的科学施肥技术。

1. 土壤样品的采集与分析

测土配方施肥首先需要进行土壤样品的采集与分析，确定土壤有机质、有效磷、有效硼、全氮等养分含量。分析方法按照国标或者行业标准进行。

2. 确定肥料养分施用量

在土壤样品分析的基础上，确定肥料养分的施用量，常用方法有：

(1)养分丰缺指标法。应用某一区域土壤养分测定结果，对照所分析确定该区域的土壤养分丰缺评判指标和不同土壤养分丰缺级别下的各主要种植作物达到一定产量所需施用肥料养分施用量指标，确定肥料养分施用量。

(2)目标产量法。根据作物产量的构成由土壤和肥料两方面供给养分的原理计算肥料养分施用量。

(3)肥料效应函数法。通过某区域某作物反复的田间肥效试验，得到该区域该作物产量与肥料养分施肥量的函数关系式，从而确定相关肥料养分施用量。

3. 设计肥料配方

首先根据取样区域内实际情况确定配方肥料的总养分，配方肥料的总养分不低于25%。一个配方系列的各个配方的总养分应一致、各配方中氮的含量应基本一致。按配方肥料中氮含量占配方肥料总养分的30%～60%确定配方肥料中的氮含量。确定氮含量后，确定肥料中的磷、钾的含量。

4. 确定配方肥料施用量与氮肥追施量

首先选用适宜配方型号的配方肥料。分别按照不施或少施有机肥以及在有机肥施用较多两种情况下计算配方肥料用量以及氮肥追施量。

5. 施肥建议通知单

将土壤养分测试与评价结果、推荐施用的肥料、用量与施用方法等编排成施肥建议通知单。

6.18.3　应推广秸秆还田、秸秆肥料化利用、秸秆饲料化利用。

【释义】　本条是关于生态清洁小流域面源污染防治秸秆的规定，秸秆综合利用主要包括肥料化利用、饲料化利用、燃料化利用、基料化利用以及原料化利用等方向，具体技术名称、内涵与内容、注意事项以及适宜秸秆如下。

1. 秸秆肥料化利用

1)秸秆犁耕深翻还田技术

(1)技术内涵与技术内容。

秸秆犁耕深翻还田技术是利用拖拉机牵引犁具(铧式犁或翻转犁)将粉碎(或切碎)后抛撒在耕地表面的秸秆翻埋到耕作层以下，用耙将土壤耙平，秸秆在耕层以下自行腐解。秸秆粉碎方式主要有两种：一是在农作物机收的同时将秸秆粉碎（或切碎）抛撒在耕地表面。二是在人工收获作物后，利用还田机将秸秆粉碎。秸秆犁耕翻埋还田深度随不同地区、不同耕地类型（水田与旱地）、不同秸秆种类而有所不同，但以不低于 20 cm 为宜，旱地大规模农机化作业一般在 30 cm 以上。

（2）技术实施注意事项：

①对于年降水量不足 400 mm、存在严重风蚀风险的雨养旱地，或有效耕层不足 20 cm 的耕地，应避免进行翻埋还田。②初期秸秆翻埋还田犁耕深度不宜过大。为避免将过多的生土翻到地表，前 2～3 次犁耕翻埋深度以 20 cm 左右为宜，然后逐年增加翻埋深度。③旱田秸秆翻埋还田后，及时耙平，避免土壤立垡敞口越冬。④配备大马力拖拉机和配套犁具，以提高秸秆翻埋还田质量。⑤收获机要加装均匀抛撒装置板，抛撒均匀率≥80%，覆盖率≥95%。⑥尽量趁秸秆青绿时进行机械粉碎和翻埋，以促进秸秆快速腐熟；东北地区应以秋季翻埋还田为主。⑦按照还田秸秆的碳氮比和土壤残留氮肥量，适量配施氮肥；也可根据农作物生长需求，在不改变氮肥施用总量的前提下，适度增加前期氮肥用量；若生土犁翻到表土比例较大，可适当增加肥料用量。

（3）适宜秸秆。

除病虫害严重或具有连作障碍的农作物秸秆外，都适宜深翻还田。病虫害严重或具有连作障碍的农作物秸秆应收集离田，妥善处置。

2）秸秆旋耕混埋还田技术

（1）技术内涵与技术内容。

秸秆旋耕混埋还田技术以秸秆粉碎、破茬、旋耕、耙压等机械作业为主，将秸秆直接混埋在耕作层土壤中。秸秆旋耕混埋还田一般需要进行 2 遍秸秆粉碎，即在农作物收获时将秸秆粉碎一次，然后利用秸秆还田机将抛撒在耕地表面的秸秆再粉碎一次。经过 2 次粉碎，秸秆切碎长度≤10 cm，切碎长度合格率≥95%。秸秆混埋还田一般需要进行 2～3 次旋耕作业。东北地区的耙耕混埋可视为旋耕混埋的特例。

（2）技术实施注意事项：

①对于年降水量不足 400 mm、存在严重风蚀风险的雨养旱地，严禁进行秸秆旋耕混埋还田。②收获机要加装均匀抛撒装置板，抛撒均匀率≥80%，覆盖率≥95%。③注重深旋，提高作业质量，旋耕深度一般达到 15～20 cm，否则易导致耕层过浅、作物易倒伏，耕层秸秆积累过多、土壤松散透风等问题。稻作区既可使用大中型旋耕机或反转灭茬机进行旱耕深旋作业，也可选用犁旋一体复式机作业，还可使用水田埋茬耕整机进行水整秸秆还田作业。④个别地区根据轻简作业的要求，可进行一次性旋耕作业，但必须以满足下茬作物播种要求为准。⑤为解决长期秸秆混埋还田耕层过浅的问题，应适时开展深松或深耕整地，以 3～4 年一次为宜。⑥因地因时开展秸秆还田，尽量趁秸秆青绿时进行机械粉碎和混埋还田，按照还田秸秆的碳氮比和土壤残留氮肥量，适量配施氮肥或适度增加前期氮肥用量，以促进秸秆快速腐熟。

（3）适宜秸秆。

除病虫害严重或具有连作障碍的农作物秸秆外，都适宜混埋还田。病虫害严重或具有连作障碍的农作物秸秆应收集离田，妥善处置。

3)秸秆免耕覆盖还田技术

(1)技术内涵与技术内容。

秸秆覆盖是保护性耕作的“三要素”(免耕覆盖、秸秆覆盖、深松)之一。秸秆免耕覆盖还田是在少(免)耕、秸秆地表覆盖情况下,进行农作物直播或移栽,主要包括条带式秸秆覆盖还田、秸秆全覆盖还田、根茬覆盖还田、整秆秸秆垄沟覆盖还田。其中,条带式秸秆覆盖耕作已成为国际保护性耕作发展的主导方向。秸秆保护性耕作要求秸秆覆盖率不低于30%,但70%以上秸秆覆盖率才能更好地发挥保护性耕作的效益。

(2)技术实施注意事项:

①为保证良好的秸秆覆盖效果及减少播种时的堵塞现象,一般进行一次秸秆粉碎作业。但在风力较大的干旱、半干旱地区,秸秆不宜过碎。②为避免长期少(免)耕有可能引起的底层土壤板结问题,常年秸秆免耕覆盖还田要与定期土壤深松相结合。③少(免)耕播种时地面扰动不要太大,最好一次性完成开沟、播种、施肥、镇压等复式作业。④在年降雨量不低于400 mm的湿润、半湿润地区,可将秸秆犁耕翻埋还田与免耕覆盖还田相结合,实行“一翻两免”模式(两年免耕、一年深翻)。⑤秸秆覆盖还田虽然可提高冬季地温,但也会抑制春季地温的升高,在东北地区和新疆北部,应积极推行秸秆覆盖还田条带式耕作。⑥应加强对作物病虫害的监测,做好适时预防。

(3)适宜秸秆。

适用秸秆主要有玉米秸、麦秸、稻草等。病虫害严重或具有连作障碍的农作物秸秆应收集离田,妥善处置。

4)秸秆田间快速腐熟技术

(1)技术内涵与技术内容。

秸秆田间快速腐熟技术是在农作物收获后,及时将秸秆均匀平铺农田,撒施腐熟菌剂,调节碳氮比,加快还田秸秆腐熟下沉,以利于下茬农作物的播种和定植,实现秸秆还田利用。该技术适用于降雨量较丰富、积温较高的地区,特别是种植制度为早稻-晚稻、小麦-水稻、油菜-水稻的农作地区。

(2)技术实施注意事项:

秸秆田间快速腐熟技术的关键是选择适宜的腐熟菌剂。有水条件下,应选用兼性厌氧微生物(细菌、真菌或放线菌)为主要成分的腐熟菌剂;旱地选用好氧微生物(真菌)为主要成分的腐熟菌剂。秸秆平铺还田优先选用中低温菌组成的腐熟菌剂;沟埋还田选用中高温微生物组成的腐熟菌剂。

(3)适宜秸秆。

适用的秸秆主要有稻草、麦秸、油菜秆等。

5)秸秆生物反应堆技术

(1)技术内涵与技术内容。

秸秆生物反应堆技术是通过加入微生物菌种,在好氧条件下,将秸秆分解为二氧化碳、有机质、矿物质等,并产生一定的热量。二氧化碳促进作物光合作用,有机质和矿物质为作物提供养分,产生的热量有利于提高温度。该技术按照利用方式可分为内置式和外置式生物反应堆,内置式主要是开沟将秸秆埋入土壤中,适用于大棚种植和露地种植;外置式主要是把反应堆建于地表,适用于大棚种植。

(2)技术实施注意事项:

①内置式反应堆要注重定期补水和打孔补气,除定植前打孔外,每次浇水后都要打孔。②外置式反应堆要定期补水,适时补料,按时开机抽取二氧化碳。③秸秆反应液要及时利用,不宜过多积存,以免降低肥效。

(3)适宜秸秆。

适用的秸秆主要有玉米秸、麦秸、稻草、豆秸、蔬菜藤蔓等。

6)秸秆堆沤还田技术

(1)技术内涵与技术内容。

秸秆堆沤还田是将秸秆与人畜粪尿等有机物进行堆沤腐熟,不仅能产生大量可构成土壤肥力的重要活性物质"腐殖质",而且能产生多种可供农作物吸收利用的营养物质,如有效态氮、磷、钾等,是秸秆无害化处理和肥料化利用的重要途径。

(2)技术实施注意事项。

秸秆堆沤还田技术的关键是调节好碳氮比、腐熟菌剂、含水率、温度、pH 值,控制好发酵条件,为微生物提供良好的生存环境。

(3)适宜秸秆。

适用于所有秸秆,但重金属超标的农田秸秆除外。

7)秸秆炭基肥生产技术

(1)技术内涵与技术内容。

秸秆炭基肥生产技术是先通过热解工艺将秸秆转化为富含稳定有机质的生物炭(俗称秸秆炭),然后将生物炭与化肥、有机肥等按照一定的比例混合造粒,制成复合炭基肥,或进一步配混成炭基微生物肥,用以改善土壤结构及理化性状。生物炭也可直接还田。

(2)技术实施注意事项:

①生物炭不宜施用于碱性太高的土壤,pH 值接近或超过 8 的土壤应严禁施用。②生物炭直接施用不宜表施,应与整地相结合,将其混合在土壤中。③生物炭不能完全替代肥料,可将生物炭与适量化肥或有机肥配合施用。

(3)适宜秸秆。

适用的秸秆主要有玉米秸、麦秸、稻草、棉秆等。

2. 秸秆饲料化利用

1)秸秆青(黄)贮技术

(1)技术内涵与技术内容。

秸秆青(黄)贮技术又称自然发酵法,是把秸秆填入密闭设施中(青贮窖、青贮塔或裹包等),经过微生物发酵作用,达到长期保存其青绿多汁营养成分的一种处理方法。其关键技术包括窖池建设、物料收集与配混、发酵条件控制等。在秸秆青(黄)贮的过程中,可添加微生物菌剂进行微生物发酵处理,也称秸秆微贮技术。

(2)技术实施注意事项:

①为降低土杂率、提高饲草质量,用于青(黄)贮的秸秆要尽可能不落地打包收集或进行人工收割。②青贮窖(袋)要填实、密封,隔绝空气。③青贮窖要进行分层、分段取

料，并注意取料后的及时密封，防止物料雨淋和发霉。

(3)适宜秸秆。

适用的秸秆主要有玉米秸、高粱秆、稻草、麦秸、花生秧、豆秸等。

2)秸秆碱化/氨化技术

(1)技术内涵与技术内容。

秸秆碱化/氨化技术是指借助于碱性物质，使秸秆纤维内部的氢键结合变弱，破坏酯键或醚键，纤维素分子膨胀，溶解半纤维素和一部分木质素，从而改善秸秆饲料适口性，提高秸秆饲料采食量和消化率。秸秆碱化处理应用的碱性物质主要是氧化钙；秸秆氨化处理应用的氨性物质主要是液氨、碳铵或尿素。方法主要有窑池法、氨化炉法、氨化袋法和堆垛法。

(2)技术实施注意事项：

①适时适量添加氨源，避免高温季节氨素挥发，同时均匀施氨，提高氨化质量。②刚开封的氨化秸秆要进行放氨处理。③氨化饲料慎用于未断奶的犊牛和羔羊养殖，氨化饲料饲喂后不宜立即饮水，避免氨中毒。④氨化失败的秸秆不能养畜，只能做肥料。

(3)适宜秸秆。

适用的秸秆主要有麦秸、稻草等。

3)秸秆压块饲料加工技术

(1)技术内涵与技术内容。

秸秆压块饲料加工技术是指将秸秆机械铡切或揉搓粉碎后，配混必要的营养物质，经过挤压而成的高密度块状饲料或颗粒饲料。

(2)技术实施注意事项：

在秸秆收集与处理过程中，一要确保不收集霉变秸秆；二要对收集到的秸秆妥善保存以防止霉变；三要在压块成型前对秸秆进行除土除杂处理。

(3)适宜秸秆。

适用的秸秆主要有玉米秸、稻草以及豆秸、向日葵秆(盘)等。

4)秸秆揉搓丝化加工技术

(1)技术内涵与技术内容。

秸秆揉搓丝化加工技术是一种秸秆物理化处理手段，通过对秸秆进行机械揉搓加工，使之成为柔软的丝状物，有利于反刍动物采食和消化。

(2)技术实施注意事项：

①严格按照安全技术规范进行揉搓丝化作业。②避免秸秆中含有砂石、铁丝等硬物损坏机器。③秸秆喂入不宜太多，以免堵塞机器。

(3)适宜秸秆。

适用的秸秆主要有玉米秸、豆秸、向日葵秆等。

5)秸秆挤压膨化技术

(1)技术内涵与技术内容。

秸秆膨化技术是将秸秆输入膨化机的挤压腔，依靠秸秆与挤压腔中螺套壁及螺杆之间相互挤压、摩擦作用，产生热量和压力，当秸秆被挤出喷嘴后，压力骤然下降，从而使秸秆体积膨大。

(2)技术实施注意事项。

加工前需筛除金属、砂石等杂质和发霉变质秸秆。

(3)适宜秸秆。

适用的秸秆主要有玉米秸、麦秸、稻草、豆秸等。

6)秸秆汽爆技术

(1)技术内涵与技术内容。

秸秆汽爆技术是将秸秆装入汽爆罐中,向罐体中充入高温水蒸气,逐渐加压至1.5~2.0 MPa,将半纤维素降解成醛酸,并破坏纤维素结构中的酯键;在瞬间泄压的过程中,物料通过喷料口时,会因瞬时压力变化,产生剪切作用,从而进一步破坏秸秆中的纤维素结构,提高秸秆的消化率。

(2)技术实施注意事项:

①汽爆设备在使用过程中要有专业人员操作。②汽爆喷射瞬间产生巨大的水蒸气,要有足够的缓冲装置。③刚生产出的物料温度较高,避免直接与皮肤接触。

(3)适宜秸秆。

适用的秸秆主要有玉米秸、麦秸、稻草、豆秸、甘蔗梢等。

3.秸秆燃料化利用

1)秸秆打捆直燃供暖(热)技术

(1)技术内涵与技术内容。

秸秆打捆直燃供暖(热)技术是将田间松散的秸秆经过收集打捆后,利用秸秆直燃锅炉将整捆秸秆进行直接燃烧,替代燃煤等化石燃料为村镇社区、乡镇政府、学校、医院、敬老院、温室大棚等场所进行集中供暖。该技术同样适用于村镇洗浴中心供热和农产品烘干供热等。燃烧技术以半气化燃烧技术为主。秸秆直燃锅炉为专用生物质锅炉,根据进料方式,可将秸秆直燃锅炉分为序批式和连续式两大系列。用于直燃的秸秆捆型与普通秸秆捆型无差别,分为方捆和圆捆。

(2)技术实施注意事项:

①因地制宜根据供暖规模和秸秆捆型进行设备选型。②燃烧排放需配置除尘设备和尾气净化装置。③为节约管网成本,供暖对象不宜过于分散。

(3)适宜秸秆。

适用的秸秆主要有玉米秸、麦秸、稻草、油菜秸秆、棉花秆等成捆秸秆。

2)秸秆固化成型技术

(1)技术内涵与技术内容。

秸秆固化成型技术是在一定条件下,利用木质素充当黏合剂,将松散细碎的、具有一定粒度的秸秆挤压成质地致密、形状规则的棒状、块状或粒状燃料的过程。主要工艺流程为:对原料进行晾晒或烘干,经粉碎机进行粉碎,利用模辊挤压式、螺旋挤压式、活塞冲压式等压缩成型机械对秸秆进行压缩成型,产品经过通风冷却后贮存。

(2)技术实施注意事项:

①控制原料含水率。棒状成型10%~25%,颗粒成型15%~25%。②注重成型燃料利用与生物质锅炉(炉具)推广的相互配套。③锅炉燃烧排放必要时应配置除尘、NO_x 净化装置。

(3)适宜秸秆。

适用的秸秆主要有玉米秸、稻草、麦秸、棉秆、油菜秸秆、烟秆、稻壳等。

3)秸秆炭化技术

(1)技术内涵与技术内容。

秸秆炭化技术是将秸秆粉碎后,在炭化设备中隔氧或少量通氧条件下,经过干燥、干馏(热解)、冷却等工序,将秸秆进行高温、亚高温分解,生成炭和热解气等产品的过程。秸秆炭化技术包括机制炭技术和生物炭技术。机制炭技术又称为隔氧高温干馏技术,是指秸秆粉碎后,利用螺旋挤压机或活塞冲压机固化成型,再经过 700 ℃以上的高温,在干馏釜中隔氧热解炭化得到固型炭制品。生物炭技术又称为亚高温缺氧热解炭化技术,是指秸秆原料经过晾晒或烘干,以及粉碎处理后,装入炭化设备,使用料层或阀门控制氧气供应,在 500~700 ℃条件下热解成炭。

(2)技术实施注意事项:

①秸秆炭化适用于秸秆资源较丰富的村镇。②机制炭技术和生物炭技术均产出可燃气、木醋液和焦油等副产品。燃气可作为燃料直接利用;木醋液可作为生物农药,用于蔬菜、水果等农作物的病虫害防治;焦油可作为化工燃料。综合利用好这些副产品,才可实现良好的工程效益。

(3)适宜秸秆。

适用的秸秆主要有玉米秸、棉秆、油菜秸秆、烟秆、稻壳等。

4)秸秆沼气技术

(1)技术内涵与技术内容。

秸秆沼气技术是在厌氧环境和一定的温度、水分、酸碱度等条件下,秸秆经过微生物的厌氧发酵产生沼气的技术。目前,我国常用的规模化秸秆沼气工程工艺主要有全混式厌氧消化工艺、全混合自载体生物膜厌氧消化工艺、竖向推流式厌氧消化工艺、一体两相式厌氧消化工艺、车库式干发酵工艺、覆膜槽式干发酵工艺。秸秆沼气关键技术包括秸秆预处理技术、与其他有机废弃物混合同步协同发酵技术、高浓度或干式发酵技术、沼气净化与生物天然气提纯技术、提纯 CO_2 再利用技术、沼渣沼液多级利用技术等。

(2)技术实施注意事项:

①科学进出料,实现稳定动态发酵管理。②科学调配原料营养,与畜禽粪便等有机废弃物进行多原料混合发酵,提高原料产气率。③合理调控发酵负荷,保障工程健康运行。④注重发酵系统增温保温,提高工程效率。

(3)适宜秸秆。

适用的秸秆主要有豆秸、花生秧、甘蔗叶梢、薯类茎秆、蔬菜藤蔓和尾菜、玉米秸、油菜秸秆、麦秸、稻草等。秸秆碳氮比越低,越适宜于秸秆沼气发酵。

5)秸秆纤维素乙醇生产技术

(1)技术内涵与技术内容。

秸秆纤维素乙醇生产技术是以秸秆等纤维素为原料,经过原料预处理、酸水解或酶水解、微生物发酵、乙醇提浓等工艺,最终生成燃料乙醇的技术。关键工艺包括原料预处理、水解、发酵和废水处理。

(2)技术实施注意事项:

①加强生物技术研发,不断降低酶成本。②注重醇烷联产和木质素再利用,提高资源利用率和工程效益。

(3)适宜秸秆。

适用的秸秆主要有玉米秸、麦秸、稻草、高粱秆等。

6)秸秆热解气化等气化技术

(1)技术内涵与技术内容。

秸秆热解气化技术是利用气化装置,以氧气(空气、富氧或纯氧)、水蒸气或氢气等作为气化剂,在高温条件下,通过热化学反应,将秸秆部分转化为可燃气的过程。可燃气的主要成分包括 CO、H_2、CH_4。气化炉是秸秆热解气化的主体设备。按照运行方式的不同,秸秆气化炉可分为固定床气化炉和流化床气化炉。

(2)技术实施注意事项:

①合理设定热解反应温度,提高燃气质量。②合理通风,保障燃气热值。③控制原料含水率,减少热量消耗。④选用挥发分低的秸秆,降低燃气焦油含量。⑤选用低灰分秸秆,提高秸秆气化率。⑥根据工艺需要进行秸秆粉碎,提高秸秆热解气化效率。

(3)适宜秸秆。

适用的秸秆主要有玉米秸、麦秸、稻秆、稻壳、棉秆、油菜秸秆等。

7)秸秆直燃(混燃)发电技术

(1)技术内涵与技术内容。

秸秆直燃发电技术是以秸秆为燃料生产蒸汽,驱动蒸汽轮机,带动发电机发电。具体包括秸秆预处理技术、蒸汽锅炉的多种原料适用性技术、蒸汽锅炉的高效燃烧技术、蒸汽锅炉的防腐蚀技术等。秸秆混燃发电技术是指将秸秆与煤混合燃烧进行发电。

(2)技术实施注意事项:

①合理布局秸秆发电厂,降低原料收集半径和原料成本。②直燃发电的秸秆含水率不宜超过40%。③注重秸秆灰渣钾肥开发利用。④高效解决床料结渣、碱金属腐蚀等问题,并进一步提高能源转换率、热效率和经济效益。⑤混燃发电的秸秆原料以不高于15%为宜,掺烧比例在5%以下基本不需要设备改造。

(3)适宜秸秆。

适用的秸秆主要有玉米秸、麦秸、稻草、稻壳、甘蔗渣、棉秆、油菜秸秆等。

8)秸秆热电联产技术

(1)技术内涵与技术内容。

秸秆热电联产技术由秸秆直燃发电技术和余热利用技术组合而成。余热利用主要通过热交换、热功转换、冷热转换等方式进行社区供暖(供热)、温室栽培、热(温)水养殖、农产品烘干等,亦可利用余热再发电。

(2)技术实施注意事项:

①充分回收烟气余热和乏汽余热,同时注重余热的梯级利用,尽可能提高余热利用率和利用效率。②注重关键技术组合设备的选择,系统提高热电联产工程的能源转换率和经济效益。

(3)适宜秸秆。

适用的秸秆主要有玉米秸、麦秸、稻草、油菜秸秆、稻壳、棉秆等。

4. 秸秆基料化利用

1)秸秆食用菌栽培技术

(1)技术内涵与技术内容。

秸秆食用菌栽培技术是指以秸秆为主要原料生产食用菌。秸秆食用菌栽培技术包括秸秆栽培草腐菌类技术和秸秆栽培木腐菌类技术两大类,利用秸秆生产的草腐菌主要有双孢蘑菇、草菇、鸡腿菇、大球盖菇等;利用秸秆生产的木腐菌主要有香菇、平菇、金针菇、茶树菇等。

(2)技术实施注意事项:

①合理配混营养,提高菌棒质量。②注重培养料高温杀菌消毒,严禁使用农药。③在无菌环境下,安全保存和接种菌棒,避免菌棒和菌种发霉变质。④受污染菌棒要及时销毁。

(3)适宜秸秆。

适用的秸秆主要有稻秆、麦秸、玉米秸、豆秸、棉秆、油菜秸秆、麻秆、花生秧、向日葵秆等。

2)秸秆制备栽培基质与容器技术

(1)技术内涵与技术内容。

秸秆制备栽培基质与容器技术是指将秸秆粉碎与生物预处理后,依据产品性能添加不同的黏合剂或调理剂,通过吸滤法或热压成型等方法,加工成各种植物栽培所需要的基质或容器,如营养钵、水稻育秧盘、芽菜基质盘,花卉、蔬菜育苗或栽培容器等。

(2)技术实施注意事项:

①加强秸秆粉碎和生物预处理,提高后续加工所需要的秸秆帚化率与适宜的机械性能,去除影响植物生长的有害物质。②秸秆栽培基质与容器在存放时应注意防雨防潮,使用时应轻拿轻放。③秸秆栽培基质与容器尽管能为植物提供一定的养分,但不等同于肥料,利用秸秆农用容器进行农作物育苗,要对育苗基质进行养分调配。

(3)适宜秸秆。

适用的秸秆主要有麦秸、稻草、油菜秸秆、大豆秸、向日葵秆等。

5. 秸秆原料化利用

1)秸秆人造板材生产技术

(1)技术内涵与技术内容。

秸秆人造板材生产技术是秸秆经预处理后,在热压条件下形成密实而有一定刚度的板芯,然后在板芯的两面覆以涂有树脂胶的特殊强韧纸板,再经热压而成轻质板材。

(2)技术实施注意事项:

①处理后的原料含水率控制在6%~8%。②秸秆原料注意防霉变,使用前要除去石子、泥沙及谷粒等杂质。③采取有效技术措施克服热压过程中的黏板和施胶不均匀问题。

(3)适宜秸秆。

适用的秸秆主要有稻草、麦秸等。

2) 秸秆复合材料生产技术

(1)技术内涵与技术内容。

秸秆复合材料生产技术是以秸秆纤维为主原料,添加一定比例的高分子聚合物和无机填料及专用助剂,利用特定的生产工艺制造出的一类可逆性负碳型人工合成材料。秸秆复合材料制备技术主要包括高品质秸秆纤维粉体加工、秸秆生物活化功能材料制备、秸秆改性炭基功能材料制备、超临界秸秆纤维塑化材料制备、秸秆/树脂强化型复合型材制备、秸秆/树脂轻质复合型材制备等。

(2)技术实施注意事项。

注重原料保障、成本控制和规模效益。南方地区要推动竹材资源与秸秆资源的结合,北方地区以秸秆木塑发展为主。

(3)适宜秸秆。

适用于玉米秸、稻草、麦秸、棉秆等大部分秸秆。

3) 秸秆清洁制浆技术

(1)技术内涵与技术内容。

秸秆清洁制浆技术主要是针对传统秸秆制浆效率低、水耗能耗高、污染治理成本高等问题,采用新式备料、高硬度置换蒸煮+机械疏解+氧脱木素+封闭筛选等组合工艺,降低制浆蒸汽用量和黑液黏度,提高制浆得率和黑液提取率。

(2)技术实施注意事项。

注重对黑液、溶剂的回收处理,切实实现无污染、零排放。积极开展水循环利用。

(3)适宜秸秆。

适用的秸秆主要有麦秸、稻草、棉秆、玉米秸等。

4) 秸秆编织网技术

(1)技术内涵与技术内容。

秸秆编织网技术是利用专业机械将稻草、麦秸等秸秆编织成草毯,用于公路和铁路路基护坡、河岸护坡、矿山和城镇建筑场地渣土覆盖、垃圾填埋场覆盖、风沙防治等。为了促进草毯快速生草,提高工程防护效果,可在草毯机械生产过程中掺入植物种籽、营养物质等。

(2)技术实施注意事项:

①秸秆编织网主要用于永久性和半永久性护坡工程。②秸秆编织网不具有耐火性能,施工铺设初期应注意防火。③编织网掺入草种要选择适应当地自然环境条件的品种。

(3)适宜秸秆。

适用的秸秆主要有麦秸、稻草等。

5) 秸秆聚乳酸生产技术

(1)技术内涵与技术内容。

秸秆聚乳酸生产技术是秸秆经粉碎、蒸汽爆破预处理提取纤维素,纤维素经酶水解或酸水解转化为糖类化合物,糖类化合物添加菌种发酵制成高纯度的乳酸,乳酸通过化学合成等工艺技术环节生成具有一定分子量的聚乳酸。聚乳酸可用于替代塑料,生产各类可降解的生产生活用品。

(2)技术实施注意事项:

①聚乳酸脆性较大,在制备聚乳酸复合材料时需对其进行增韧改性或增强改性处理。②聚乳酸热变形温度较低,其制品不宜用于加热,运输时也要注意控制温度。

(3)适宜秸秆。

适用的秸秆主要有玉米秸、麦秸、稻草等。

6)秸秆墙体技术

(1)技术内涵与技术内容。

秸秆墙体技术是以秸秆及其制品为原料进行各类建筑物(构筑物)墙体建造的技术。秸秆墙体主要有两类:一类是以秸秆草砖为保温层或填充料建造秸秆墙体,主要用于农业温室大棚、农产品保温(鲜)库等设施建造;另一类是将秸秆板作为秸秆墙体,主要用于各类房屋的建造。

(2)技术实施注意事项:

①做好秸秆墙体的防水工作,在压制过程中保证秸秆含水率在15%以上,生产的秸秆块和堆砌的秸秆墙体做好防水防雨。②在使用过程中,需要定期检查墙体秸秆块变形,以及墙体下沉、开裂情况。③秸秆墙体在建造和使用过程中务必远离火源,做好防火。

(3)适宜秸秆。

适用的秸秆主要有玉米秸、麦秸、稻草等。

7)秸秆膜制备技术

(1)技术内涵与技术内容。

秸秆膜制备技术是以作物秸秆为原料,将发酵处理后的秸秆纤维原料,通过高浓打磨浆、废液提取净化、低浓细磨浆的机械处理方式制取秸秆生物浆,再通过成膜机制作成秸秆膜。该项技术可应用在作物有机栽培生产等领域。

(2)技术实施注意事项:

①要配备专用覆膜机械,防止秸秆纤维断裂,覆膜质量较差。②注意铺膜的均匀性,防止膜对接缝隙过大。

(3)适宜秸秆。

适用的秸秆主要有稻草、玉米秸、麦秸、棉花秆等。

6.18.4 农药使用应符合 GB/T 8321 的规定。

【释义】 本条是关于生态清洁小流域面源污染防治农药使用标准的规定,应采取防止污染环境的技术措施和环境措施综合进行管理。农药的使用应该符合 GB/T 8321 的规定。

1.防止污染环境的技术措施

1)防止污染土壤的技术措施

(1)根据土壤类型、作物生长特性、生态环境及气候特征,合理选择农药品种,减少农药在土壤中的残留。

(2)节制用药。结合病虫草害发生情况,科学控制农药使用量、使用频率、使用周期等,减少进入土壤的农药总量。

(3)改变耕作制度,提高土壤自净能力。采用土地轮休、水旱轮换、深耕暴晒、施用有机肥料等农业措施，提高土壤对农药的环境容量。

（4）科学利用生物技术，加快农药安全降解。施用具有农药降解功能的微生物菌剂，促进土壤中残留农药的降解。

2）防止污染地下水的技术措施

（1）具有以下性质的农药品种易对地下水产生污染：水溶性>30 mg/L、土壤降解半衰期>3 个月、在土壤中极易移动、易淋溶的农药品种。

（2）地下水位小于 1 m 的地区，淋溶性或半淋溶性土壤地区，或年降雨量较大的地区，不宜使用水溶性大、难降解、易淋溶、水中持留性很稳定的农药品种。

（3）根据土壤性质施药。渗水性强的砂土或砂壤土不宜使用水溶性大、易淋溶的农药品种，使用脂溶性或缓释性农药品种时，也应减少用药种类、用药量和用药次数。

（4）实施覆水灌溉时，应避免用水溶性大、水中持留性很稳定的农药品种。

2. 防止污染环境的管理措施

1）防止农药使用污染环境的管理措施

（1）推行有害生物综合管理措施，鼓励使用天敌生物、生物农药，减少化学农药使用量。

（2）推行农药减量增效使用技术、良好农业规范技术等，鼓励施药器械、施药技术的研发与应用，提高农药施用效率。

（3）鼓励农业技术推广服务机构开展统防统治行动，鼓励专业人员指导农民科学用药。

（4）加强农药使用区域的环境监测，及时掌握农药使用后的环境风险。

（5）加强宣传教育和科普推广，提高公众对不合理使用农药所产生危害的认识。

2）防止农药废弃物污染环境的管理措施

（1）按照法律、法规的有关规定，防止农药废弃物流失、渗漏、扬散或者其他方式污染环境。

（2）农药废弃物不应擅自倾倒、堆放。对农药废弃物的容器和包装物以及收集、贮存、运输、处置危险废物的设施、场所，应设置危险废物识别标志，并按照《危险化学品安全管理条例》《废弃危险化学品污染环境防治办法》等相关规定进行处置。

（3）不应将农药废弃包装物作为他用，完好无损的包装物可由销售部门或生产厂家统一回收。

（4）不应在易对人、畜、作物和其他植物，以及食品和水源造成危害的地方处置农药废弃物。

（5）因发生事故或者其他突发性事件，造成非使用现场农药溢漏时，应立即采取措施消除或减轻对环境的危害影响。

3. 防止污染地表水的技术措施

（1）具有以下性质的农药品种易对地表水产生污染：水溶性>30 mg/L、吸附系数 $K<5$、在土壤中极易移动、水中持留性很稳定的农药品种。

（2）地表水网密集区、水产养殖等渔业水域、娱乐用水区等地区的种植区，不宜使用易移动、难吸附、水中持留性很稳定的农药品种。

(3)加强田间农艺管理措施。不宜雨前施药或施药后排水,减少含药浓度较高的田水排入地表水体。

(4)农田排水不应直接进入饮用水源水体。避免在小溪、河流或池塘等水源中清洗施药器械;清洗过施药器械的水不应倾倒入饮用水水源、渔业水域、居民点等地。

4. 防止危害非靶标生物的技术措施

(1)根据不同的土壤特性、气候及灌溉条件等选用不同的除草剂品种。含氯磺隆、甲磺隆的农药产品宜在长江流域及其以南地区的酸性土壤(pH<7)稻麦轮作区的小麦田使用。

(2)含有氯磺隆、甲磺隆、胺苯磺隆、氯咤磺隆、单密磺隆等有效成分的除草剂品种,按照 NY 686 等相关标准和规定正确使用。

(3)调整种植结构,采用适宜的轮作制度,合理安排后茬作物。对使用长残效除草剂品种及添加其有效成分混合制剂的地块,不宜在残效期内种植敏感作物。

(4)鼓励使用有机肥,接种有效微生物,加速土壤中杀虫剂和除草剂的降解速度,减少对后茬作物的危害影响。

(5)灭生性除草剂用于农田附近铁路、公路、仓库、森林防火道等地除草时,选择合理农药品种,采用适当的施药技术,建立安全隔离带。

5. 防止危害有益生物的技术措施

(1)使用农药应当注意保护有益生物和珍稀物种。

(2)对水生生物剧毒、高毒和(或)生物富集性高的农药品种,不宜在水产养殖塘及其附近区域或其他需要保护水环境地区使用。在农田和受保护的水体之间建立缓冲带,减少农药因漂移、扩散、流失等进入水体。

(3)对鸟类高毒的农药品种,不宜在鸟类自然保护区及其附近区域或其他需要保护鸟类的地区使用。使用农药种子包衣剂或颗粒剂时,应用土壤完全覆盖,防止鸟类摄食中毒。

(4)对蜜蜂剧毒、高毒的农药品种,不宜在农田作物(如油菜、紫云英等)、果树(枣、枇杷等)和行道树(洋槐树、椴树等)等蜜源植物花期时施用。

(5)对蚕剧毒、高毒的农药品种,不宜在蚕室内或蚕具消毒、蚕病防治时使用。配制农药不宜在蚕舍、桑田附近进行,施药农田与蚕舍、桑园间建立安全隔离带,隔离带内避免农药使用。

6.18.5　应推广使用全生物降解地膜;应提高废旧农膜回收率。

【释义】　本条是关于生态清洁小流域面源污染防治的规定。

1. 提高废旧农膜回收率

农膜回收建议在农作物耕种周期完成后或春播前,在雨后初晴或造成土壤湿润时进行;揭膜前应对植物秸秆、残根进行适当清除,确保捡拾时地膜顺利揭起、回收;可采用机械回收、人工捡拾以及机械与人工混合捡拾等方式。回收的农膜应进行再利用,不得在农田或其他农业用地随意弃置、掩埋和焚烧。当年铺膜的残膜回收率应大于 90%;历年耕层内的残碎膜,当年残膜回收率应占耕地历年累计残膜总量的 20%以上。

2. 推广全生物降解农用地面覆盖薄膜

全生物降解农用地面覆盖薄膜是以 PBAT(聚己二酸对苯二甲酸丁二醇酯)、PLA(聚乳酸)、PBS(聚丁二酸丁二醇酯)等聚酯类物质为原料制成的地膜,在一段时间内通过微生物作用完全降解为二氧化碳和水,能做到完全降解及无污染物残留,被认为是可替代常规 PE 地膜的新型覆盖材料。

6.18.6 应加强农田生态系统保护,并充分利用农村道路、沟渠、田坎等现有空间新建和完善农田林网。宜采用生态沟渠、塘坝改善农田退水水质,应定期清理沟渠与塘坝内淤泥、杂草、漂浮物等。

【释义】 本条是关于生态清洁小流域面源污染防治的规定,应加强对农田生态系统的保护,充分利用农村道路、沟渠、田坎等现有空间新建和完善农田林网。宜采用生态沟渠、塘坝改善农田退水水质,并定期清理沟渠与塘坝内淤泥、杂草、漂浮物等。

6.18.7 节水灌溉工程建设应符合 GB/T 50363 的规定。

【释义】 本条是关于生态清洁小流域面源污染防治节水灌溉工程建设标准的规定,推广喷灌、微灌、滴灌、低压管道输水灌溉、集雨补灌、水肥一体化、覆盖保墒等技术。加强农田土壤墒情监测,实现测墒灌溉。节水灌溉工程建设应符合 GB/T 8321 的规定。

十九、植物过滤带

6.19.1 可通过在农田环绕的沟(河)道两侧及湖库周边配置植物过滤带等措施拦截过滤泥沙、面源污染物。

【释义】 本条是对生态清洁小流域治理措施"植物过滤带"的规定,植物过滤带的构建要素包括植物的组成和配置及过滤带形状和大小(长、宽及与点源面积的比值)等。根据植被类型可划分出多种过滤带,包括草地过滤带、灌木过滤带、林木过滤带以及两类以上植被构成的复合过滤带。

6.19.2 植物过滤带应满足下列要求:

1 应选择自然适生的草本和灌木等植物。

2 植物过滤带设计宜位于坡面的下坡位置,设计宽度可根据立地条件、污染类型和负荷等因素确定。

【释义】 本条是关于生态清洁小流域植物过滤带要求的规定。

1. 植物过滤带的设计

植物过滤带一般设于污染点源的下坡,常为长方形,与径流流向垂直布置。对于长坡,可以沿等高线多设置几道缓冲带,以削减水流的能量。最后在溪流和沟谷边缘设置,建立最后屏障。植物过滤带的设计主要是确定过滤带宽度和选择植被类型及其组合。设计中需考虑诸多影响因子。主要包括径流来源区域的大小、降水量及其集中程度、地貌及土壤特性等。

植物过滤带越宽,过滤作用越显著,但过宽需占更多土地和投入更多的人力、物力。因此,如何确定合适的宽度,使过滤效果好并占地最少是首先考虑的问题。3 m 宽的过滤带对过滤地表径流沉积物已很有效,但一般建议植物过滤带最小应为 9 m,而且宽度需随坡度增加而增大。

过滤带的植被配置是考虑采用什么植物和如何配置。大致来说,选择植物不外乎乔木、灌木和草本植物,而具体选择植物类别和物种则需根据具体自然条件和具体要求来确定。草本植被过滤源于农田径流中的污染物和养分,而对河岸植物过滤带而言,最好选用乔木或灌木或乔、灌、草相结合,以有效保护岸坡稳定,滞水消能,效果才会更理想。

国内外在选取过滤带植物时,最常用的草本植物有柳枝稷、狼尾草、高羊茅和紫花苜蓿;灌木主要有紫穗槐和沙棘等;此外,在近河滨岸的地方构建缓冲带时,还考虑一些吸附污染物能力较强的水生植物如水葱、香蒲、美人蕉和鸢尾等。

2. 植物过滤带的经营与管理

树木带一般不进行营林管理;灌木带则需加以经营,以刺激养分吸收、增强过滤效果;草被带的目的在于减慢地面径流和增加养分吸收,也可通过放牧或刈割增强功能。在过滤带内和过滤带与污染源(如农田)的交界处采取一些措施,使径流尽可能均匀地进入过滤带,这样可最大限度地发挥过滤带的过滤作用,包括诸如平整土地等耕作措施及在过滤带与污染源交界处选用硬秆高草作为草本栅栏等。对草被过滤带适当放牧或刈割以促进营养吸收和转运;对树木过滤带间伐,以增加过滤带内阳光照射,促进林下草本生长,进而增强过滤作用。

二十、人工湿地

6.20.1　在村庄周边、水库库尾、河(湖)岸带及河道滩地宜建设人工湿地。

【释义】　本条是对生态清洁小流域治理措施"人工湿地"的规定,在村庄周边、水库库尾、河(湖)岸带及河道滩地适宜建设人工湿地。

1. 人工湿地类型

人工湿地按其内部的水位状态可以分为表面流人工湿地和潜流人工湿地;潜流人工湿地又可以按水流方向分为水平潜流人工湿地和垂直潜流人工湿地。

表面流人工湿地是指污水在基质层表面以上,从池体进水端水平流向出水端的人工湿地。

水平潜流人工湿地是指污水在基质层表面以下,从池体进水端水平流向出水端的人工湿地。

垂直潜流人工湿地是指污水垂直通过池体中基质层的人工湿地。

2. 人工湿地特点

(1)表面流人工湿地具有建造、运行和维护简单,投资及运行费用低等优点,但占地面积大,水力负荷小,去污能力有限,系统运行受气候影响较大,夏季易滋生蚊蝇,会产生不良气味,冬季表面流湿地的表面易结冰。

(2)潜流人工湿地具有污染物去除效率高、水力负荷大、受季节影响较小、占地面积小且卫生条件良好的优点,但是建设费用较高。

3. 水量和水质设计

建设人工湿地要根据实际情况因地制宜,需对水量和水质进行合理设计。设计水量的确定应符合 GB 50014 中的有关规定。

设计水质方面，当工程接纳城镇生活污水时，其设计水质可参照 GB 50014 中的有关规定；接纳与生活污水性质相近的其他污水时，其设计水质可通过调查确定。

当工程接纳城镇污水处理厂出水时，其设计水质应按 GB 18918 中的规定取值。人工湿地系统进水水质应满足表 2-6-34 的规定。

表 2-6-34　人工湿地系统进水水质要求

单位：mg/L

人工湿地类型	BOD_5	COD_{Cr}	SS	NH_3—N	TP
表面流人工湿地	≤50	≤125	≤100	≤10	≤3
水平潜流人工湿地	≤80	≤200	≤60	≤25	≤5
垂直潜流人工湿地	≤80	≤200	≤80	≤25	≤5

4. 人工湿地建设要求

1）设计参数

人工湿地面积应按五日生化需氧量表面有机负荷确定，同时应满足水力负荷要求。主要参数设计可根据试验资料确定；无试验资料时，可采用经验数据或按表 2-6-35 的数据取值。

表 2-6-35　人工湿地的主要设计参数

人工湿地类型	BOD_5 负荷/[kg/(hm² · d)]	水力负荷/[m³/(m² · d)]	水力停留时间/d
表面流人工湿地	15~50	<0.1	4~8
水平潜流人工湿地	80~120	<0.5	1~3
垂直潜流人工湿地	80~120	<1.0（建议值：北方 0.2~0.5；南方 0.4~0.8）	1~3

2）几何尺寸

对于人工湿地的几何尺寸设计应符合以下要求。

（1）表面流人工湿地：①长宽比应当控制在 3∶1~5∶1，当区域受限，长宽比>10∶1时需要计算死水曲线；②水深控制在 0.3~0.5 m；③水力坡度小于 0.5%。

（2）潜流人工湿地：①长宽比控制在 3∶1以下；②单元长度应该为 20~50 m，对于不规则潜流人工湿地单元，应考虑均匀布水和集水的问题；③单元面积的确定，水平潜流人工湿地需小于 800 m^2，垂直潜流人工湿地需小于 1 500 m^2；④水深应当控制在 0.4~1.6 m；⑤水力坡度为 0.52%~1%。

5. 基质、植物的筛选与配置

人工湿地的基质又称为填料、滤料，一般由土壤、细砂、粗砂、砾石、碎瓦片、粉煤灰、泥炭、页岩、铝矾土、膨润土、沸石等介质的一种或几种所构成，因此包括土壤、砂子、矿物、有机物料等多种材料以及工业副产品如炉渣、钢渣和粉煤灰等都可作为人工湿地基质。

人工湿地基质在为植物和微生物提供营养的同时还可以通过吸附、沉淀、过滤等作用直接去除污染物。基质对污水中不同污染物的去除能力不同，因此应针对不同的污染物类型选用不同的基质，如表 2-6-36 所示。

表 2-6-36　基质的选取

基质类型	可去除的污染物
泥炭	大肠杆菌、BOD_5 和颗粒悬浮含量高的污水(如屠宰废水和奶牛场废水)
膨润土	重金属含量高的废水或染料废水
炉渣、页岩	磷含量比较高的富营养化水体
粉煤灰	城市污水、印染废水、重金属废水、含油废水、酸性废水以及含氟废水

6. 施工

(1)施工前期准备:清除和平整场地。清除工程包括运走场地内的垃圾、树木以及其他障碍物等。

(2)潜流人工湿地周边护坡采用夯实的土壤构建,坡度应为 4∶1~2∶1。

(3)在夯实过程中,应考虑土壤的湿度,不得在阴雨天施工。围堰建成后,应进行表面防护,如种植护坝植被。

(4)基质铺设过程中应从选料、洗料、堆放、撒料四个方面加以控制。

(5)基质应进行级配、清洁,保证填筑材料的含泥(砂)量和填料粉末含量小于设计要求值。

(6)从正规水生植物基地采购人工湿地植物,由专业人员指导种植。

(7)工人湿地防渗材料采用聚乙烯膜时,应由专业人员用专业设备进行焊接,焊接结束后,需进行渗透试验。

7. 运行与维护

(1)人工湿地运行中适时进行水位调节:

①根据暴雨、洪水、干旱、结冰期等各种极限情况,可进行水位调节,不得出现进水端壅水现象和出水端淹没现象;

②当人工湿地出现断流现象时,可进行水位调节。

(2)人工湿地植物管理维护可采用以下措施:

①人工湿地栽种植物后即须充水,为促进植物根系发育,初期应进行水位调节;

②植物系统建立后,应保证连续提供污水,保证水生植物的密度及良性生长;

③应根据植物的生长情况,进行缺苗补种、杂草清除、适时收割以及控制病虫害等管理,不宜使用除草剂、杀虫剂等;

④对大型人工湿地污水处理工程应考虑配置植物生物能利用的装置。

(3)人工湿地在低温环境运行时,可采用以下措施:

①做好人工湿地的保温措施,保证水温不低于 4 ℃;

②定期做人工湿地的冻土深度测试,掌握人工湿地系统的运行状况;

③强化预处理,减轻人工湿地系统的污染负荷。

(4)潜流人工湿地运行防堵塞可采用以下措施:

①控制污水进入人工湿地系统的悬浮物浓度;

②定期启动清淤;

③适当地采用间歇运行方式；

④局部更换人工湿地系统的基质。

6.20.2　人工湿地改造和引水设施布设不宜改变河道自然流向和现有地貌。

【释义】　本条是关于生态清洁小流域人工湿地改造和引水设施布设要求，人工湿地改造和引水设施布设不宜改变河道自然流向和现有地貌。

6.20.3　人工湿地植物配置应满足净化水体污染物的功能，并与周边景观协调。湿地植物选择应考虑植物物种多样性，优先选用乡土植物。

【释义】　本条是关于生态清洁小流域人工湿地植物配置的规定，人工湿地植物的配置可以选择一种或者多种植物作为优势种搭配栽种，同时考虑植物的多样性和景观效果。

流经表面流人工湿地的污水位于基质层表面以上，从池体进水端以一定速度缓慢流过湿地表面，部分污水蒸发或渗入地下，剩余污水由出水端流出。该类人工湿地靠近水表面部分为好氧层，较深部分及底部通常为厌氧层。氧主要来源于水体表面扩散、植物根系的传输。表面流人工湿地植物的配置需要做到水中、水面、水上植物的空间合理搭配以及水边、浅水、深水植物水面梯度合理搭配。

潜流人工湿地的污水在湿地床表面下经水平和垂直方向深滤流动，通过植物传递到根际的氧气有助于污水的好氧处理。潜流人工湿地可以充分利用基质层生长的生物膜、丰富的植物根系及表层土和填料进行土壤的物理、化学和微生物的生化作用等提高处理效果和处理能力。水平潜流人工湿地的植物应种植在土壤上，垂直潜流人工湿地的植物应种植在渗透系数较高的基质上。其植物配置可参考表2-6-37。

表2-6-37　人工湿地的植物配置

人工湿地类型	植物配置
表面流人工湿地	菖蒲、灯芯草等挺水植物；凤眼莲、浮萍、睡莲等浮水植物；伊乐藻、茨藻、金鱼藻、黑藻等沉水植物
潜流人工湿地	芦苇、蒲草、荸荠、莲、水芹、水葱、茭白、香蒲、千屈菜、菖蒲、水麦冬、风车草、灯芯草等挺水植物

6.20.4　应定期对湿地植物进行收割、维护等管理。

【释义】　本条是关于生态清洁小流域人工湿地植物抚育的规定，人工湿地建设应定期对湿地植物进行收割、维护等管理。

6.20.5　人工湿地建设应符合HJ 2005的规定。

【释义】　本条是关于生态清洁小流域人工湿地建设标准的规定。

二十一、村庄（社区）绿化美化

6.21.1　村庄（社区）绿化美化可通过在村庄（社区）荒地、裸地、水旁、路旁、村旁、宅旁、院落内植树等措施推进。村庄（社区）绿化美化应与当地地形地貌、人文历史相协调，保护和发展乡土树种和特色树种。对于城郊周边或具有观光功能的小流域，树种的选择还应兼顾景观美化功能。

【释义】　本条是对生态清洁小流域治理措施“村庄(社区)绿化美化”的规定,村庄(社区)绿化美化基本原则:

(1)因地制宜、突出特色。根据乡村地理位置、自然禀赋、生态环境状况、产业发展需求等不同情况,因地制宜,因势利导,瞄准乡村绿化突出短板,一村一策,缺什么补什么。避免发展模式趋同化、建设标准“一刀切”。

(2)保护优先、留住乡愁。保护乡村地形地貌、水系水体、林草植被等自然生态资源,慎砍树、禁挖山、不填湖、少拆房。注重乡土味道,保护乡情美景,维护自然生态的原真性和完整性,综合提升乡村山水林田湖草自然风貌,突出乡村特色和田园风光。

(3)量力而行、循序渐进。充分考虑乡村发展基础,尊重村民意愿,按照乡村建设规律,先易后难、先点后面,分步有序推进乡村绿化美化。量力而行、尽力而为,科学合理确定乡村绿化美化的目标、重点、任务和标准。

(4)政府引导、多方参与。坚持在各级党委政府领导下,以村为单位组织实施,动员村民自己动手,自觉投身乡村绿化美化行动。发挥市场配置资源的决定性作用和政府调控引导作用,鼓励和引导社会资本积极参与乡村绿化美化。

6.21.2　**村镇道路两侧、场院等区域的柴、土、粪、垃圾、建筑弃渣应清理整治。村容村貌整治应符合 GB/T 32000 的要求。**

【释义】　本条是关于生态清洁小流域村庄(社区)绿化美化的规定,要因地制宜地选择适合本地生长的树种和花灌木,在村庄周围建设环村林带,在房前屋后、村里村外、田间隙地、道旁河旁开展植树造林。建设的同时注重传统文化的保护和传承,维护乡村风貌,突出地域特色。

(1)庭院绿化。以农户、单位庭院为单元,所有单位可绿化部位实现绿化美化,村民房前屋后见缝插绿,实现庭院绿化。采用乡土树种和引进树种相结合,以绿化效果好、经济效益高的果树、花卉为主,打造花果飘香、居所优美的生态经济型庭院。

(2)路渠绿化。进村道路、村内街道可绿化部位全部绿化。树种以乔木、景观树为主。村周道路、河渠按规定标准建设 1~3 行林带。树种选用根系深、主干高、冠幅窄的乡土树种,搭配常绿、灌木等树种,做到乔灌结合、针阔结合、绿化与美化结合,凸显村庄绿化的整体效果。

(3)休闲绿地建设。乡镇及有条件的村庄至少建设 1 处游园或休闲绿地供群众休闲、晨练、娱乐。树种以冠幅大、遮荫好的杨、柳、槐、松、柏、云杉等树木为主,同时可搭配花灌木等,增强绿化效果。有条件的村庄采取新老林地结合等方法,完善道路、休闲设施等,建设 500 亩以上的森林公园。

6.21.3　**城镇蓄水、渗水和涵养水的能力提升宜充分利用建筑、道路、绿地、水系等对雨水的吸纳和缓释作用。**

【释义】　本条是关于生态清洁小流域村庄(社区)绿化美化城镇蓄水、渗水和涵养水的规定。

(1)环村林和农田林网建设。有条件的村庄要建设宽度 15 m 以上的环村林,重点建设经济林、高效林,既能起到绿化美化效果,又能成为农民致富的产业;因地制宜,充分利用农田中的沟、渠、路,做到应栽尽栽,建设 2~6 行的农田防护林,确保农田防护效能。

(2)一村一片林。利用村内外空隙地、沟坎坡地、废弃场地因地制宜地营造成片的用材林、经济林、薪炭林、防护林或风景林等,建设50亩以上片林,提高村庄的绿化覆盖率,增加经济收入。

(3)"百村绿化"示范工程。结合社会主义新农村及新民居示范样板村建设,每年选择班子得力、规划合理、道路基本硬化、群众积极性高的100个乡村(包括新民居示范样板村)作为示范村,通过高标准规划设计、严格绿化标准建设的绿化样板,为全市乡村绿化提供示范,以点带面,批次推进。

6.21.4 在村庄、路口等人员密集地区宜设置水土保持宣传牌。宣传牌应设置规范,整洁有序。

【释义】 本条是关于生态清洁小流域村庄(社区)绿化美化的要求,村容维护原则如下:

(1)村域内不应有露天焚烧垃圾和秸秆的现象,水体清洁、无异味。

(2)道路路面平整不应有坑洼、积水等现象;道路及路边,河道岸坡、绿化带、花坛、公共活动场地等可视范围内无明显垃圾。

(3)房前屋后整洁,无污水溢流,无散落垃圾;建材、柴火等生产生活用品集中有序存放。

(4)按规划在公共通道两侧划定一定范围的公用空间红线,不得违章占道和占用红线。

(5)宣传栏、广告牌等设置规范,整洁有序;村庄内无乱贴、乱画、乱刻现象。

(6)划定畜禽养殖区域,人畜分离;农家庭院畜禽圈养,保持圈舍卫生,不影响周边生活环境。

(7)规范殡葬管理,尊重少数民族丧葬习俗,倡导生态安葬。

二十二、生活垃圾处置

6.22.1 生活垃圾应按照"减量化、无害化和资源化"的原则,统一收集,统一处理。

【释义】 本条是对生态清洁小流域治理措施"生活垃圾处置"的规定。

1. 生活垃圾分类

农村生活垃圾分类种类不应过多,宜结合农村实际情况分为2~5类,5类垃圾分为可卖垃圾、易腐垃圾、有害垃圾、灰土、其他垃圾等。各类垃圾处理处置途径应符合下列规定:

(1)应以当地回收系统是否回收为标准确定可卖垃圾,不能回收的均视为其他垃圾。可卖垃圾宜实行村内收集,乡镇收运至再生资源收集点或分拣中心后进入再生资源回收体系。

(2)对于易腐垃圾,宜采取家庭堆肥或收集后于镇村集中堆肥等形式处理。

(3)对于灰土,宜采用村庄自行就近就地回填处理,不具备条件的村庄,可运至乡镇或县(市、区)填埋处置。

(4)对于有害垃圾,应采用村收集、乡镇转运至当地生态环境行政主管部门指定的危险废弃物处理处置设施进行处理。

(5)对于其他垃圾,应通过收集、运输体系运送至当地处理。

2. 收集与运输

1) 收集模式

农村生活垃圾收集模式应根据当地人口数量、居住密度、经济条件和生活习惯合理选择,可采用“点—车—站”、“车—站”和“点”等模式,各类模式的采用应符合下列规定:

(1)面积较大、人口较多、垃圾产生量较大的村庄可采用“点—车—站”模式。当采用“点—车—站”模式时,应设置户用生活垃圾收集点,使用收集车将户用生活垃圾收集点的生活垃圾运输至收集站,再清运出村进行处理处置。

(2)面积较小、管理能力较强的村庄可采用“车—站”模式。当采用“车—站”模式时,可不设置户用生活垃圾收集点,直接使用收集车定时收集生活垃圾运输至收集站,再清运出村进行处理处置。

(3)垃圾清运频次较高、距离生活垃圾处理设施较近的村庄可采用“点”模式。当采用“点”模式时,应设置户用生活垃圾收集点,可不设置收集车和收集站,将户用生活垃圾收集点的垃圾直接清运出村进行处理处置。

2) 垃圾运输

农村生活垃圾运输包括直运和转运两种模式。采用直运模式时,乡镇可不设置转运站,收集点(站)的垃圾直接由运输车运送至生活垃圾处理地。采用转运模式时,乡镇应设置转运站。收集点(站)的垃圾首先运输至转运站,再集中运输至处理设施所在地。

6.22.2　**农村生活垃圾收运和处理应符合 GB/T 51435 的规定。**

【释义】　本条是关于生态清洁小流域生活垃圾处置标准的规定,生活垃圾处理方式如下:

(1)农村生活垃圾处理需采用成熟、经济、环保的技术,最终达到减量化、无害化、资源化的处理目标。

(2)农村生活垃圾应优先纳入县市生活垃圾处理设施进行处理,现有处理设施容量不足时应进行新建、改建或扩建。在暂不具备统筹处理的情况下,所在镇或相邻镇可合建小型生活垃圾卫生填埋场或区域性焚烧设施进行处理。

(3)小型卫生填埋场、区域性生活垃圾焚烧设施污染物排放浓度应达到国家现行有关环境保护标准要求。

(4)危险废物、有害垃圾、工业固体废物及建筑垃圾不应在小型卫生填埋场、区域性生活垃圾焚烧处理设施、生活垃圾生物处理设施进行处理。

(5)实行农村生活垃圾分类的地区应进行垃圾分类处理。

二十三、农村厕所建设

6.23.1　**厕所粪污无害化处理与资源化利用水平应通过逐步普及户用卫生厕所等措施提高,户用卫生厕所建设应符合 GB/T 38836 的规定。**

【释义】　本条是对生态清洁小流域治理措施“农村厕所建设”的规定,主要内容如下。

1. 选址要求

(1)应选择不易积存雨水,无地质危险地段。

(2)建在农村地区的公共场所附近,以及人口较集中的区域。

(3)与集中式给水点和地下取水构筑物等的距离应大于 30 m。

(4)宜建在服务区域常年主导风向的下风向处。

2. 建造设计

1)整体设计

(1)根据所在区域的经济发展水平、特点和人流量,规划设置一类、二类、三类农村公厕,不同类别的设置要求不同,其中包括平面布置、管理间、厕位建筑等指标,具体要求见 GB/T 38353。

(2)农村公厕数量可根据需要按服务人口或服务半径设置。按服务人口设置,有户厕区域宜为 500~1 000 人/座,无户厕区域宜为 50~100 人/座。按服务半径设置宜为 500~1 000 m/座。

(3)合理设置每座农村公厕厕位,确定男女厕位的比例、坐(蹲)位数以及男厕站位数。男女厕位比宜为 1∶1.5 或 1∶2。

(4)防火设计应符合 GB 50016 的规定,抗震设计应符合 GB 50011 的规定,节能设计应符合 GB 50189 的规定。

(5)农村公厕应根据当地实际情况选择不同类型的厕所。在水资源充足、人口密度高的地区宜建设水冲厕所并采取节水和防冻措施。在不具备建设水冲厕所的缺水地区,有条件的可建设免水冲卫生厕所,免水冲卫生厕所应符合 GB/T 18092 的要求,或建设采用生物降解等技术的微水冲厕所。

(6)有条件的地区农村公厕宜增加无障碍设施,无障碍设施应与农村公厕同步设计、同步建设。且农村公厕宜设置无障碍厕位,并安排在出入方便的位置。无障碍厕位或无障碍专用厕所间的设计应符合 GB 50763 的规定。

2)室内设计

(1)男女厕间门入口处应设视线屏蔽。

(2)厕位之间应设置隔板和厕间门,独立小便器站位应设隔板,门及隔板材料应采用防潮、防划、防火材料。

(3)应在明显位置公示监督投诉电话、服务规范、文明如厕提醒牌、当班保洁人员姓名。

(4)农村公厕宜采用节能型电气设备和照明灯具,室内照度应符合 GB 50034 的规定,且应采取自然通风或机械通风等臭味控制措施,以及设置防蝇、防蚊设施。

(5)农村公厕的给水、排水管道和化粪池设计应符合 GB 50015 的要求。水冲农村公厕可采用自来水或再生水作为公厕用水水源,冲厕用水应符合 GB/T 18920 中冲厕杂用水水质要求,洗手用水应符合 GB 5749 的要求。

6.23.2　**农村公共厕所应合理规划设置,农村公共厕所建设与管理应符合 GB/T 38353 的规定,卫生应符合 GB 19379 的规定。**

【释义】　本条是关于生态清洁小流域农村厕所建设标准,主要内容如下:

(1)公共厕所卫生评价指标应从媒介生物、臭味气体、微小气候、采光照明等考量,具体阈值见 GB/T 17217。

(2)经前端处理设施处理后的粪液,应符合 GB 7959 规定:粪大肠菌值大于或等于 10^{-4} g(或 mL);蛔虫卵去除率大于或等于 95%;在血吸虫病流行地区除上述两项外,不得检出活血吸虫卵。

(3)农村公厕应建立有效运行管护机制,明确运行管护主体,可采用村民管理,日常保洁维护相关要求如下:

①保洁人员开展保洁作业时,应佩戴标志,使用劳动保护用品,应注意防电、防地面结冰,并在醒目位置放置保洁作业指示牌、警示牌。

②应根据实际使用情况合理确定清扫频次。

③应定期对农村公厕进行消毒处理,在夏秋季节和传染病流行期间,增加消毒次数。

④应采取有效的化学或物理措施进行病媒生物防制,不应使用国家禁止使用的杀鼠剂和卫生杀虫剂,杀鼠剂和卫生杀虫剂应有明显的警示标志。

⑤应按照规定对设备、设施进行定期维护保养,冬季应增加管道防冻维护。

⑥应定期对农村公厕进行检查,包括农村公共厕所内供水和水冲等设施的完好情况、建筑物外立面、室内暴露管道等。发现故障及损坏,及时报修。

⑦接到报修后,应及时修复水电故障及破损设施。

⑧应及时填写农村公厕日常保洁、维护保养和维修的相关工作记录,并保存记录。

(4)化粪(贮粪)池应设置在方便抽粪车抽吸的地方,池壁距建筑物外墙不宜小于 5 m,化粪(贮粪)池深度不应超出抽粪车的抽吸能力,一般不宜超过 4 m。化粪(贮粪)池四壁和池底应做防水处理,达到不渗不漏要求。池盖应坚固,检查井和吸粪口不应设在低洼处。

(5)清掏出的贮粪池粪渣、粪皮、沼气池沉渣、各类处理设施的污泥,经高温堆肥无害化处理合格后可用作农业施肥。对化粪(贮粪)池、检查井和抽粪井产生的沼气应采取安全有效控制措施,化粪(贮粪)池、检查井和抽粪井周围应设置禁止烟火标志。

(6)农村水冲厕所的排放需符合下列要求之一:

①附近有市政污水管道的,粪便污水应经化粪池处理达到 GB 7959 要求后,排入市政污水管道。

②附近有村级污水处理设施的,粪便污水应经化粪池处理达到 GB 7959 要求后,排入村级污水处理设施。

③不具备排入市政污水管道和村级污水处理设施条件的,粪便污水经化粪(贮粪)池后,可采用抽粪车定期抽吸转运,也可配置小型污水处理设施就地处理,处理后出水应达到 GB/T 37071 规定的排放水质要求。

二十四、污水处理

6.24.1　生活污水、畜禽养殖废水宜分别收集和处理。

【释义】　本条是对生态清洁小流域治理措施“污水处理”的规定,生活污水、畜禽养殖废水宜分别收集和处理。

6.24.2　应根据小流域内村镇建设规划、经济发展现状和污水排放量,合理规划布局污水处理设施。农村生活污水处理应符合 GB/T 51347 的规定。

【释义】　本条是关于生态清洁小流域污水处理标准。

1. 设计水量与水质

1)设计水量

农村生活污水排放量应根据实地调查数据确定。

当缺乏实地调查数据时,污水排放量应根据当地人口规模、用水现状、生活习惯、经济条件、地区规划等确定或根据其他类似地区排水量确定,也可根据表 2-6-38 的数值和排放系数确定。

表 2-6-38 农村居民日用水量参考值和排放系数

村庄类型	用水量/[L/(人·d)]
有水冲厕所,有淋浴设施	100~180
有水冲厕所,无淋浴设施	60~120
无水冲厕所,有淋浴设施	50~80
无水冲厕所,无淋浴设施	40~60
排放系数取用水量的 40%~80%	

2)设计水质

农村生活污水水质应根据实地调查数据确定。

当缺乏调查数据时,设计水质宜根据当地人口规模、用水现状、生活习惯、经济条件、地区规划等确定或根据其他类似地区排水水质确定。当农户未设置化粪池时,可按表 2-6-39 的数值确定。

表 2-6-39 农村居民生活污水水质参考值

主要指标	COD	BOD_5	氨氮	TN	TP	SS	pH 值
建议取值范围	150~400	100~200	20~40	20~50	2.0~7.0	100~200	6.5~8.5

注:1. 厕所污水单独经化粪池处理后出水浓度高于表中参考值。
2. 除 pH 值外,其他单位均为 mg/L。

3)排放要求

根据不同区域污水排放的不同要求,污水的排放可参照表 2-6-40 中所列的相关标准。

表 2-6-40 小流域污水排放执行的相关标准

排放用途	直接排放		灌溉用水	渔业用水	景观环境用水
参考标准	GB 8978《污水综合排放标准》	GB 18918《城镇污水处理厂污染物排放标准》	GB 5084《农田灌溉水质标准》	GB 11607《渔业水质标准》	GB/T 18921《城市污水再生利用 景观环境用水水质》

2. 生活污水收集

污水收集模式的选择受地区特征、污水排放特点以及污水处理设施建设和运行成本、运行管理维护难易程度和污水处理效果等因素的影响。目前，污水收集模式主要分为以下 3 种：

(1)分散收集模式。适用于规模小、村庄布局分散、地形条件复杂、污水不易集中收集的区域污水的收集和处理。分区收集污水，每个区域的污水单独处理，可采用小型污水处理设备、自然净化处理等工艺形式。分散收集系统污水收集量小、服务人口少，污水处理设施建设灵活。

(2)集中收集模式。将污水通过污水管网收集后进行集中处理，可采用自然处理、生物处理等工艺形式，适用于规模较大的单村或联村的污水集中收集。

(3)接入市政管网模式。将污水通过污水管线收集后输送至附近市政污水管网，就近接入市政污水处理厂进行集中处理，适用于距离卫星城、建制镇市政污水管网较近(3 km 以内)，符合接入高程要求的污水收集和处理。

对于污水收集模式的选择，应做到因地制宜，结合后续处理和排放要求，选择科学、合理的收集模式。其中，污水经收集和处理后不危害地区的生态环境是污水收集模式选择的最基本前提。在实际选择污水收集模式时，需要综合考虑区域当地的自然、经济、排水模式和处理要求。如偏远地区的区域，村户分散，可选择分散式收集处理模式，而经济发达区域的村户聚集区可选择集中收集模式。对于收集模式的选择，既要考虑到经济适用原则，又要考虑到后续处理达标排放等。

3. 污水处理方式

1)分户处理

分户处理可采用预制化装置。厕所污水可采用就地处理或区域集中处理后资源化利用。生活杂排水单独处理可采用自然生物处理后资源化利用。分户处理可根据需求采用下列主要技术路线：

(1)去除 COD 技术路线 1。

污水经过生物接触氧化单元处理达标后排放或资源化利用。

(2)去除 COD 技术路线 2。

在适宜布设生态单元的地区，污水经过厌氧生物膜单元处理后再经自然生物处理单元处理达标后排放或资源化利用。

(3)去除总氮技术路线。

污水经过缺氧和好氧生物单元处理后排放或资源化利用。

2)集中处理

集中处理可采用构筑物或预制化装置。集中处理可根据需求采用下列主要技术路线：

(1)去除 COD 技术路线 1。

污水经过生物接触氧化单元处理达标后排放或资源化利用。

(2)去除 COD 技术路线 2。

在适宜布设生态单元的地区，污水经过厌氧生物膜单元处理后再经自然生物处理单元处理达标后排放或资源化利用。

(3)去除总氮技术路线。

污水经过缺氧和好氧生物单元处理后排放或资源化利用。

(4)去除总氮总磷技术路线。

污水经过缺氧和好氧生物单元处理后再经除磷单元处理后排放或资源化利用。

3)纳入城镇污水管网处理

当村庄污水宜纳入城镇污水管网时,应将居民生活污水接入城镇污水管网,由城镇污水处理厂统一处理。管道、检查井和泵站设计应符合现行国家标准 GB 50014《室外排水设计标准》的有关规定。

4. 污水处理技术

1)化粪池

化粪池宜用于处理厕所污水,生活杂排水不得排入化粪池;化粪池宜选用预制化成品,容积应包括贮存污泥的容积;污水在化粪池中停留时间宜采用 24~36 h,清掏周期宜为 3~12 个月;化粪池池壁和池底应进行防渗处理,不得污染地下水和周边环境,应采取防臭和防爆措施。

2)厌氧生物膜池

厌氧生物膜池可用于农村生活污水的预处理。厌氧生物膜池填料装填高度不宜小于池深的 2/3;厌氧生物膜池的水力停留时间宜取 2~5 d,排泥间隔时间宜为 3~12 个月;厌氧生物膜池应采取防渗和防爆措施。

3)生物接触氧化池

生物接触氧化池可用于分户污水处理和农村生活污水集中处理;生物接触氧化池可采用单级和多级接触氧化;当有脱氮要求时,应采用缺氧池和好氧池组合工艺;生物接触氧化池 BOD_5 容积负荷宜按表 2-6-41 的规定取值。

表 2-6-41　生物接触氧化池 BOD_5 容积负荷　　单位:$kg/(m^3 \cdot d)$

类型		处理能力/(t/d)	
		≤5	>5
去除 COD 时	好氧池(Ⅰ)	0.15~0.18	0.20~1.50
去除 COD 和 TN 时	好氧池(Ⅱ)	0.10~0.12	0.10~0.80
	缺氧池	0.06~0.08	0.10~0.15

注:好氧池(Ⅰ)为去除 COD 功能的处理方法,有脱氮要求时将好氧池(Ⅱ)与缺氧池联合使用。

4)生物滤池

生物滤池可用于农村生活污水集中处理。生物滤池应由池体、滤料、布水装置和排水系统组成。布水装置可采用固定式或移动式;排水系统应设置渗水装置、集水沟和总排水沟。水力负荷宜为 0.1~0.5 $m^3/(m^2 \cdot h)$。

5)生物转盘

生物转盘工艺可用于农村生活污水集中处理。村庄集中污水处理宜采用单轴多级转盘,且不宜小于 3 级;生物转盘的 BOD_5 面积负荷宜为 6~30 $gBOD_5/(m^2 \cdot d)$。

6)氧化沟

氧化沟工艺可用于农村生活污水集中处理。氧化沟的有机负荷取值宜为 0.16~0.35

$kgBOD_5/(m^3 \cdot d)$，污泥负荷宜为 0.03~0.10 $kgBOD_5/(kgMLSS \cdot d)$。单沟型氧化沟可采用连续进水间歇曝气运行模式脱氮。

7) 活性污泥法

活性污泥法可用于农村生活污水集中处理。活性污泥法的容积负荷取值宜为 0.1~0.4 $kgBOD_5/(m^3 \cdot d)$。活性污泥法可采用连续进水间歇曝气运行模式脱氮。

8) 人工湿地

污水进入人工湿地前，宜采用生物处理降低污染物浓度。

人工湿地定期清除淤泥；人工湿地的设计宜根据污染物去除负荷和水力负荷计算。设计参数应根据试验或当地类似污水处理工程的运行数据确定；当无相关资料时，可按表 2-6-42 的规定取值。

表 2-6-42 人工湿地主要设计参数

参数	表面流人工湿地	水平潜流人工湿地	垂直潜流人工湿地
BOD_5 表面负荷/[$g/(m^2 \cdot d)$]	≤4.5	≤10	≤20

9) 稳定塘

污水进入稳定塘前，宜采用生物处理降低污染物浓度。

稳定塘类型应根据当地条件选择。厌氧塘 BOD_5 表面负荷宜为 20~40 $g/(m^2 \cdot d)$；兼性塘 BOD_5 表面负荷宜为 3.0~10 $g/(m^2 \cdot d)$；好氧塘 BOD_5 表面负荷宜为 1.0~3.0 $g/(m^2 \cdot d)$；曝气塘 BOD_5 表面负荷宜为 5.0~40 $g/(m^2 \cdot d)$。稳定塘的底部和四周应做防渗处理。

6.24.3 **畜禽养殖过程中产生的废水应经无害化处理后充分还田，并应符合 GB 5084 和 NY/T 4046 的规定。**

【释义】 本条是关于生态清洁小流域污水处理畜禽废水处理标准。

1. 粪水还田流程

粪水还田操作程序包括 6 个阶段，操作程序如图 2-6-23 所示。

2. 收集

粪水收集可采用如下两种方式：

(1) 全量收集。在畜禽舍内将粪、尿、冲洗水全部集中到舍内粪道或舍外储粪池。

(2) 干湿分离收集。粪污的固相和液相分别收集到舍内粪道或舍外储粪池中，或者将全量收集的粪、尿、冲洗水经过固液分离后，对固相和液相分别进行收集。

3. 储存发酵

(1) 粪水去除砂石、畜禽毛发等不易降解的物质后进入敞口、密闭或半密闭储存设施发酵。密闭储存发酵产生的气体应进行收集处理。

(2) 粪水储存期应以粪水储存发酵后达到以下安全标准：粪水中蛔虫卵死亡率、粪大肠菌群数应符合 GB 7959 的规定；粪水中重金属含量应符合 GB 38400 的规定。

(3) 粪水储存期应以粪水储存发酵后安全指标达 GB 7959 和 GB 38400 的规定所需

时间来确定。

（4）经过其他处理达到还田安全指标要求的，可以适当缩短粪水储存期。

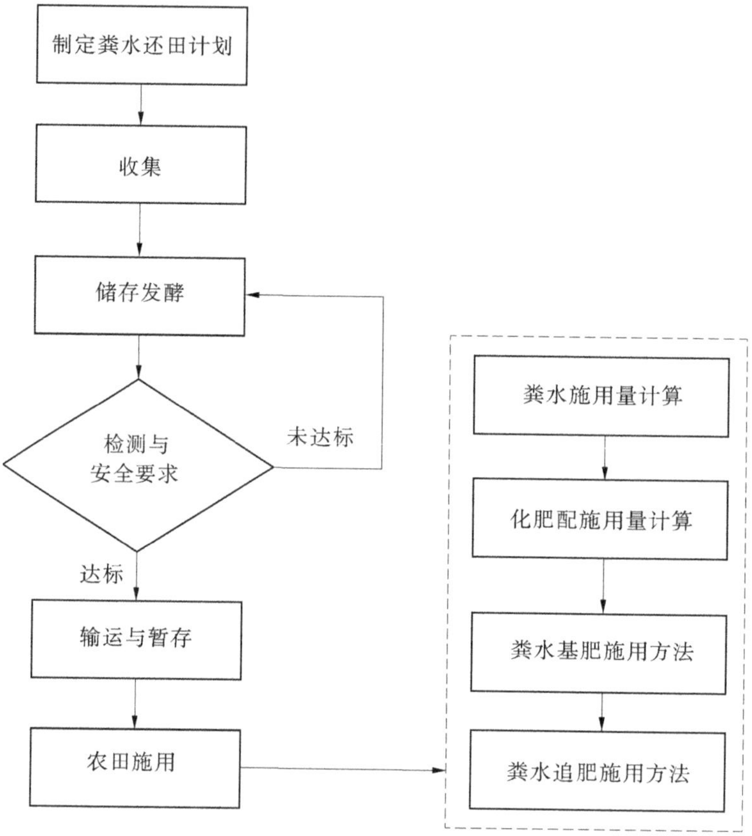

图 2-6-23　粪水还田操作程序图

4. 检测与安全要求

（1）粪水还田前，应检测蛔虫卵死亡率、粪大肠菌群数、重金属含量，以及氮、磷、钾养分含量等。

（2）粪水采样按 GB/T 27522 的规定执行。

（3）粪水中蛔虫卵死亡率、粪大肠菌群数分别按 GB/T 19524.1 和 GB/T 19524.2 规定的方法测定；粪水中重金属含量按 NY/T 1978 规定的方法测定；粪水中总氮、磷、钾养分含量分别按 NY/T 2542、NY/T 2541、NY/T 2540 规定的方法测定。

（4）经无害化处理的粪水进入农田前，应达到以下安全指标：粪水中蛔虫卵死亡率、粪大肠菌群数应符合 GB 7959 的规定；粪水中重金属含量应符合 GB 38400 的规定。

（5）经检测，安全指标符合 GB 7959 和 GB 38400 规定的粪水进入输送与暂存程序。

5. 输送与暂存

（1）粪水可采用车辆和管道等输送。

（2）运输车辆应保持外壳清洁，严禁粪水输送途中抛洒和跑冒滴漏。

(3)埋设管道的深度应大于冻土层深度或采用防冻害措施;架空管道应采用防老化和防冻害措施;地面输送管道可采用耐压软管。

(4)可建设田间暂存池,其设计要求按 GB/T 26624 的规定执行。

6. 农田施用

1)施用量计算

(1)粪水施用量计算。

粪水施用量一般应以氮养分供需平衡为基准计算;对于磷养分本底值较高的土壤,应以磷养分供需平衡为基准计算。

(2)化肥配施用量计算。

粪水宜与化肥配施,满足作物对养分的平衡需求。

2)施用方法

(1)粪水基肥施用方法。

粪水基肥施用时可与耕地相结合,及时将粪水融入土中。粪水基肥施用方法如下:

①表施。在土壤耕种前,利用液罐车、拖管等系统将粪水直接施用于农田表面。

②淌灌。在土壤耕种前,粪水随水融入农田。

③深施。用配备浅层掩埋装管的专用设备粪水施用于农田的同时用土壤覆盖,或直接用注射器将粪水施用于土地深层。

(2)粪水追肥施用方法。

粪水追肥施用时可与灌溉配合,粪水与灌溉水比例应根据粪水施用时当地气候条件、作物品种、土壤墒情、粪水养分浓度、农艺制度等确定。粪水追肥施用方法如下:

①粮食作物。宜在生育前期和中期施用粪水,生育后期少施或不施,大田作物宜采用畦施、沟施或随水淌灌等方式。

②蔬菜作物。叶菜类蔬菜可在全生长季节施用粪水,茄果类蔬菜宜在现蕾期、花期、果实膨大期施用粪水,应防止蔬菜可食部分接触粪水,且采收前 2 周停止施用粪水,根茎类蔬菜宜在苗期施用粪水,可采用滴灌、根部淋浇、畦施、沟施等方式。

③果树作物。宜在现蕾期、花期、果实膨大期施用粪水,密植果园多采用滴灌、畦施或环状施肥等方式。

6.24.4　污水处理设施出水应符合相关污染物排放标准。

【释义】　本条是关于生态清洁小流域污水处理出水标准,污水处理设施出水应符合相关污染物排放标准。

二十五、沟(河)道清理

6.25.1　对影响沟(河)道行洪安全的淤积物、违章设施、堆放物和垃圾等应进行清理。

【释义】　本条是对生态清洁小流域治理措施“沟(河)道清理”的规定,主要内容如下。

1. 沟道清理

沟道清理是沟道综合治理的首要措施之一。自然条件下沟道的淤积和堵塞,导致排水能力下降，应及时对沟道进行清淤疏浚，保证排水畅通。沟道清理可以采用机械清淤、水力清淤等方式，将淤泥、垃圾等杂质清除，恢复沟道的正常功能。

2. 河道清理

河道清理是指对河道、河床和河岸进行全面清理，以确保水流畅通、防止洪水和改善水质。清理作业对于流域管理、环境保护和防洪减灾有着重要作用。

6.25.2　**宜对水体构成污染的底泥进行清淤。清淤后的底泥应无害化处置与资源化利用，并明确污染底泥的去向。**

【释义】　本条是关于生态清洁小流域沟(河)道底泥清理的规定。

1. 沟道清理

1) 清理内容

清理内容主要包括清除沟道内的垃圾、塑料、杂草、枯树枝、石块等障碍物，以保持水流畅通。清除沟道中可能会沉积的大量淤泥，影响水流畅通。需要定期进行清除。对于沟道两岸或河床侵蚀、坍塌的情况，进行修复和加固。对沟道两侧的植被进行修剪，防止植物过度生长影响水流。清除沟道中的水生植物，如水藻、浮萍等，以防止水流受阻。修复沟道的损坏部分，确保沟道的安全等。

2) 清理方法

清理方法包括使用人工方法，如清扫、挖掘等，清除沟道中的垃圾、杂物和淤泥，使用挖掘机、铲车等机械设备进行大规模的清理工作，特别是淤泥和大型障碍物，并需要定期检查沟道状况进行维护，以防止问题恶化。

2. 河道清理

1) 清理内容

河道清理的主要内容包括清除河道中的垃圾和杂物、淤泥和沉积物、过度生长的水生植物，以及清除河道中的障碍物，如大块石头、树枝等。此外，河道清理还涉及修复和加固受侵蚀、坍塌或破损的河岸，以维护河道的结构稳定性和安全性。

2) 清理方法

河道清理的方法多样，包括人工清理、机械清理和水力冲洗等。人工清理是使用人工工具，如铲子、网兜等，对河道内的杂物、水生植物和淤泥进行清理。机械清理则是使用挖掘机、清淤机等大型机械设备，对河道中的淤泥、沉积物和障碍物进行大规模清理。水力冲洗是利用高压水流冲洗河道底部的淤泥，通过水流将沉积物冲走。在进行河道清理时，应注重环保意识，避免对河道生态环境造成不必要的干扰和破坏，确保对水生生物和植物的影响最小。清理计划应合理制定，包括清理范围、方法、时间安排和处理方式等。清理后的淤泥和垃圾应妥善处理，以避免对周围环境造成污染。

6.25.3　**沟(河)道两岸、水库和湖塘等周边应设置安全警示设施和标识。**

【释义】　本条是关于生态清洁小流域沟(河)道清理安全要求，在沟(河)道两岸、水库和湖塘等周边应设置安全警示设施和标识。

二十六、护岸工程

6.26.1　**沟(河)道有岸坡冲刷、坍塌，且影响生产生活安全的区段应布设护岸工程。**

【释义】 本条是对生态清洁小流域治理措施“护岸工程”的规定,护岸工程一般是布设在受水流冲刷严重的险工险段,其长度一般应从开始塌岸处至塌岸终止点,并加一定的安全长度。坡式护岸工程一般以枯水位为界分为两部分,枯水位以上称护坡工程,以下称护脚工程。枯水位的标准通常取多年平均最低水位。护岸工程的原则是先护脚后护坡。护岸形式主要分为坡式护岸、坝式护岸、墙式护岸、复合护岸以及生态护岸。

6.26.2 **在保障沟(河)道行洪安全下,应优先选用生态自然的堤岸型式。**

【释义】 本条是关于生态清洁小流域护岸工程的规定,主要内容如下。

1. 恢复自然河流的形状,形成自然环境

如形成弯曲的河道、河岔、缓坡、陡坡、洲岛、急流、浅滩等水深和水面宽度多变的河道断面,恢复和创造水流的多样性。

2. 保留原则

(1)保留河流两岸既有植被,这些植物一般为野生乡土植物,能够自我维护。

(2)保留既有的淤积洲岛、抽水植物、水草堆积、苔藓地等,在河流中这些很难人工创造出来,它们是生物形成的生物生息场所。

3. 尽量采用自然工法

植物也是工程材料,利用乔木和灌木、水生植物的发达根系纤维来固定岸坡形成“植物加筋土”。把植物当作结构的一部分,来增加土的抗剪强度,防止坡岸坍塌。

4. 尽量采用天然建筑材料和有效的传统工艺

天然建筑材料包括卵石、山石、石笼、木桩、仿木桩等。这些材料纹理和亮度富于变化,综合使用这些材料,结合植物配置,可以营造丰富多彩的水边景观。

5. 尽量减少或取消直墙,提倡缓坡

许多既有河道为直墙断面,可以全部或部分拆除这些直墙,改为缓坡形成水陆过渡带,如此贯通了水与植物间的连续性,便于两栖动物的爬行,形成较好的生态网络。

6. 利用生态护岸,保护和创造水边的自然景观

具有自然特征的环境景观,在季节变化中产生不同的景观效应,进一步满足人们对景观的审美要求。

7. 保护水域空间的生物多样性

生态护岸要为鱼类筑巢穴,为水生动物和两栖类动物提供了栖息、繁衍和避难场所。通过摆放巨石、汀步、丁坝等方法可以形成人工深潭和沙滩。巨石、弯道顶点的大规模深潭不仅是大型鱼类的重要生息场所,也是生活在浅滩的小型鱼类夜间休息的好场所。沙砾堆及其周围的急滩、河床间隙、沙洲上积水坑的位置在洪水季节都会有很大的变化,形成多样的生息环境。汀步、岩石保证了河流纵向的连通性,形成鱼道。

6.26.3 **护岸布设应保持沟(河)道的自然形态及其纵向连续性,并与护坡、沟(河)道清理、植物过滤带、滨岸带治理等措施相结合。**

【释义】 本条是关于生态清洁小流域护岸工程措施组合要求,主要内容如下。

1. 护岸的稳定分析

护岸的稳定计算应按 GB 50286《堤防工程设计规范》中规定的抗滑稳定计算进行。应进行护岸边坡的整体稳定与局部稳定计算。

堤身或地基中存在着比较明显的软弱夹层，滑动面很容易在这些软弱层中形成，如堤防中新、老堤接触面，堤基表面的淤泥层等，为能较好地反映这一实际滑动情况，在GB 50286《堤防工程设计规范》中规定，宜采用改良圆弧法，即复式滑动面法。

在暴雨下应根据填土的渗透性和堤坡防护措施，核算暴雨或连续长期降雨时堤防边坡的稳定性。一般洪水位时，遭遇地震，核算背水坡和临水坡的稳定性。

2. 护岸的植物分析

(1)根系发达，固坡能力强：可以提供良好的主体，支持与河岸土砂的吸附固着效果。

(2)生长快速、树性强健：分蘖高，地表覆盖能力强，对污染物的过滤效果好；可以在短时间内达到绿化与河岸边坡稳定效果。

(3)耐水浸泡：短期内浸泡于洪水中不致受到伤害或死亡。

(4)耐寒、耐旱、耐贫瘠、少病虫害、适应性强、树型洁净。

(5)维护管理方便：选择不需要过多维护的植物，减少养护成本。

(6)饵食与蜜源植物：在植物种类可以选择的条件下，尽可能使用饵食与蜜源植物，以增加小动物的食源与栖所。

(7)建植完成后，能达到四季景观自然美的效果。

6.26.4　流经村庄或重要建筑物的河段，可采用浆砌石、混凝土护岸，预制桩、格宾石笼护岸等措施防护。

【释义】　本条是关于生态清洁小流域护岸工程措施类型的规定，包括三维植被网植草护坡、土工织物草皮护坡、卵石缓坡护岸、植物扦插护岸、木桩护岸、仿木护岸、生态砖护岸、条石护岸、山石护岸、堆石护岸、石笼护岸、旧轮胎护岸等。

1. 三维植被网植草护坡

植被网是一种类似于丝瓜瓤状的植草土工网垫，以加入炭黑的尼龙丝加工制成。丝与丝的交叉点熔合黏接，相互缠绕，质地蓬松，孔隙率在90%以上，在其孔隙中可添加土料和草种。植草穿过网垫生长后，其根系深入土中，植物、网垫、根系与土合为一体，形成牢固密贴于坡面的表皮，具有固土性能优良、消能作用明显、网络加筋突出、保温功能良好的特点，可有效地防止坡土被暴雨径流或水流冲刷破坏。

以往植被网垫应用于无水坡或背水坡，目前国外已用于河道迎水坡防护，在有水流条件下，植被起良好的消能作用，促进落淤。有报道说，在水流较深情况下它甚至能抵御高达6 m/s的短期流速，对历时2 d的水流，也能经受4 m/s的流速，并能使流速显著降低。常用坡率为1:1.5，一般不超过1:1.25，坡率大于1:1.0时慎用。

2. 土工织物草皮护坡

草皮依靠其良好的根系而具有一定的固土、抗冲能力，因而广泛用于各种草坪和草地，在水利工程中亦有不少应用，尤其是在水土保持工程中用于防止山坡地雨水冲蚀。

3. 卵石缓坡护岸

卵石缓坡护岸为理想的生态护岸，其横断面俗称“碟形”断面，有利于安全，有利于两栖动物的爬行，更有利于冬季防冰。结合水生植物种植，凸显自然生态感。

4. 植物扦插护岸

植物扦插护坡是利用植被涵养固土的原理，在稳定岩土边坡的同时美化生态环境的一种新技术。在环境条件合适时,活体木桩和活体枝条捆将生根并生长,产生一个有生命力的根系网层,通过加强和绑定土壤颗粒和吸收土壤层多余水分,来降低表层土壤的侵蚀和滑坡,达到稳固坡岸土层的效果。可防止岸坡 30~60 cm 土层的滑坡;在岸坡形成小的堤坝结构,从而缩短坡长,增加岸坡土壤稳定性;使修复经常处于潮湿状态的小区域土层滑坡和侵蚀的适宜技术运用在坡度小于 1:2~1:1.5 的河坡,加以辅助工程措施可以用在达到 1:1的河坡。

5. 木桩护岸

采用松木桩,底部削成锥形,进行防腐处理。打入土后,再开挖边缘土方高度与直径应协调,参差不齐,错落有致。

6. 仿木护岸

为钢筋混凝土结构,表面做仿木处理,“桩”之间有足够的空隙形成鱼巢,后背填卵石、砾料、细砂作为反滤层。

7. 生态砖护岸

生态砖护岸由鱼槽砖、固壁砖、多孔植物生长砖组成。植物根须在 2~3 月后通过砖的孔隙扎根到土壤中,不仅可以起到坚固堤坝的作用,还可以通过植物的繁茂生长牢固堤岸的土。

多孔植物生长砖自身具有透水性,可解除背面的水压和土压,不会出现堤坝变形和塌陷。

采用多孔植物生长砖进行边坡护砌的河道边坡可为 1:1、1:2、1:3。当 $h<3$ m 时,$m=1:1$,一般边坡为 1:2。可以变坡。用固壁砖、鱼槽砖护砌的河道边坡可为 1:0.5、1:1。

8. 条石护岸

条石为经过粗加工自然凿开的花岗石。条石与条石之间不是紧密连接,不要求横平竖直,应错落有致,体现自然、美观,中间夹土绿化。

9. 山石护岸

利用就地取材的乡土天然山石,不经人工整形,顺其自然。石块与石块之间的缝隙不要求用水泥砂浆填塞饱满,尽量形成孔穴。块石背后做砾料反滤层,用泥土填实筑紧,使山石与岸土结合为一体。山石缝隙间栽植野生植物,点缀岸坡,展示自然美景。

10. 堆石护岸

堆石护岸的最大好处是具有可变形性,以致破坏是缓慢发生的,当一块石头相对于另一块石头移动时,抛石有一定的自愈能力。在护脚处先铺设土工布,再在上面随意堆放大量的块石,堆放的边缘弯曲而自然。之后在上面撒一层种植土,使之填充石与石之间的缝隙。过水之后,很容易长出大量的水生植物。

11. 石笼护岸

铅丝、格栅石笼护岸由铅丝石笼或格栅石笼根据边坡高度按一定角度堆放,在堆放的同时进行植物的扦插,过水后一段时间植物生长,通过植物根系将几层石笼紧紧连接,起到加固堤岸的作用。同时,卵石良好的透水性可以补枯、调节水位。而土工布的运用可以有效地防止水土流失。

土石笼袋护岸笼体外层为高镀锌全张网,韧性强、坚固耐久,笼体内层为透水织物厂制成型,内外结合紧密。填充料就地取材,可填放各种泥、砂、砾土或天然级配。以机械填放填料,快速、安全,可以水中吊放施工。

12. 旧轮胎护岸

体现旧物利用、环保的理念,旧轮胎内填卵石,轮胎之间有自然空隙。

二十七、滨岸带治理

6.27.1　**河道两侧及湖库周围生态系统功能受损的地段,宜采取滨岸带治理。**

【释义】　本条是对生态清洁小流域治理措施"滨岸带治理"的规定,滨岸带也被称为河岸带、植被过滤带、滨岸带、河岸植被滨岸带等。滨岸带主要由植物群落构成,它们不仅是营养交换和能量流动的过渡区域,而且对河流生态系统能量和养分的供应起关键作用。植被是滨岸带的主要标志,由于长期受河水影响,滨岸带植被通常都具有耐水淹、需水量大和需求肥力强等特点。

6.27.2　**滨岸带宜采用砂石坑整治、河岸(湖库滨)带自然景观恢复等措施治理。**

【释义】　本条是关于生态清洁小流域滨岸带治理设计的规定,主要内容如下。

1. 范围确定方法

1)生态保护型

植被良好型河岸带,陆域缓冲区宽度不宜低于30 m。河流沿岸具有天然湿地、水源涵养林、水土保持林的,宜全部划为滨岸带。

2)生态修复型

(1)堤防型。

宜依据《中华人民共和国河道管理条例》和GB 50286《堤防工程设计规范》,将两岸堤防之间的沙洲、滩地、行洪区和堤防,以及堤防背水侧护堤地范围全部划为滨岸带。

(2)农田型。

农业面源污染物随降雨径流直接入河,滨岸带设置以降低农业面源污染为主要功能定位。

(3)村落型。

对于排水系统缺乏或不完善的村落,滨岸带设置以降低面源污染为主。对于排水系统完善的村落型河岸带,滨岸带设置以增加河流生态空间为主,降低生产、生活活动对河流的负面影响。陆域缓冲区宽度宜结合地方河道管理范围确定。未划定河道管理范围的河岸,陆域缓冲区宽度按照经验值确定,宽度不宜低于15 m。

(4)城镇型。

滨岸带设置以提供河流生态空间为主,减少生产、生活活动对河流的负面影响。滨岸带宜综合考虑城市水系的整体性、协调性、安全性和功能性,依据《城市蓝线管理办法》和GB 50513《城市水系规划规范》,将蓝线管理范围内区域划为滨岸带。

未划定城市蓝线的河段,可按照河道管理范围或滨河绿地规划范围确定滨岸带范围。未划定城市蓝线、河道管理范围或滨河绿地规划的城镇型河岸带,滨岸带陆域缓冲区宽度按照经验值确定,宽度不宜低于15 m。

(5)复合型。

宜根据多年平均最高水位线,向陆域延伸一定范围内(一般 500 m)面积占比最高的河岸带类型确定滨岸带宽度。

2. 治理要点及措施

基底底质物理化学特性调整改造包括淤泥清除、污染底泥覆盖及部分换土等,以满足水生生物生长、繁殖与栖息要求。

进行基底调查评估,根据调查评估结果,对于含有污染底泥、重金属、有毒有害垃圾等污染物的基底,应进行生态疏浚、改造或修复,对疏浚底泥妥善处置与资源化利用,防止二次污染环境。常用的基底修复方法包括生态疏浚、底泥掩蔽、底泥磷固定、垃圾清理及土壤换填等。挺水植物恢复区为增强生境多样性,可适当清理污染底泥及腐殖质堆积区,或采取覆盖、部分换土的方法进行土质调整;沉水植物恢复区应根据情况适当清除淤泥,加强植物根系固着能力。

基底地形地貌改造主要包括侵占物拆除、地形平整和重建。拆除侵占河流生态滨岸带的构筑物后,根据植被恢复要求,因地制宜对地形进行整理,一般无须调整底质的物理化学特性。

6.27.3 **植物应选用乡土物种,并根据淹没情况进行带状配置。**

【释义】 本条是关于生态清洁小流域滨岸带治理物种选择生物的规定,主要内容如下。

1. 植被及生境营造

1)植物群落修复

植物群落修复宜遵循生态系统自身的演替规律,构建生物群落和生态系统结构,实现植被的自然演替。水位变幅区植物群落修复应基于河滩地的水流条件,确保植物群落修复后的稳定性。水位变幅区植物群落修复范围为设计高、低水位之间的岸边水域,一般保证有 3~5 m 的宽度范围。植被恢复种类主要包括水生维管束植物(沉水植物、浮叶植物、挺水植物)。河道有行洪排涝需求时,不宜种植沉水植物、浮叶植物和大型木本植物。

通过人工措施或辅助措施,配置沉水植物群落,形成水下森林。水下森林主要用于深度净化水体,直接快速地对水体中污染物进行吸收同化,削减磷等营养物质,改善水体溶解氧,抑制藻类生长,促进河道自净能力,改善内部循环。若目标水体浊度高,需在前期辅以措施降低浊度,改善水体透明度,以满足沉水植物生长所需光照等条件。此外,应考虑草食性动物(如草鱼等)对沉水植物的破坏影响。

地表径流进入滨岸带前,可通过设置草障分散径流。草障宜选取茎秆较硬的草本植物,平行于滨岸带种植,起到屏障减缓和蓄集径流、促进径流中颗粒物的入渗和沉积的作用。植物的选取应遵循自然规律,尽量选择本地优势物种;慎重引进外来植物品种,且宜选择对氮、磷等污染物去除能力较强、用途广泛、经济价值较高、观赏性强的物种;同时应考虑常绿树种与落叶树种混交、深根系植物和浅根系植物搭配、乔灌草相结合等。植物搭配可采用乔木+灌木+草本、乔木+草本、灌木+草本配置方式。乔灌草植被区域一般分为邻水区、中间过渡区和近陆区。邻水区位于河流水陆交错区,以乔木林带为主,可保护堤岸、去除污染物并为野生动物提供栖息地,宽度一般不低于 5 m;中间过渡区以乔灌木树种为主，可减少河岸侵蚀、截留泥沙、吸收滞纳营养物质、增加野生动物栖息地，宽度一般不低于 15 m；近陆区位于外侧远离河岸的区域，主要以草类植物为主，可穿插配置灌木，用于阻滞地表径流中的颗粒物，吸收氮、磷，降解农药等污染物，宽度一般不低于 6 m。

2）生境营造

基于生物群落修复，创造两栖类、鸟类等动物栖息环境，增加植物种类多样性，形成小型生态系统，在必要的情况下通过人工手段加以保护，营造动物栖息地封闭区域，如利用树木或不规则石块等制造鱼类繁殖场所；使用木、铺草、抛石或沉石等模拟自然状态，并增设人工渔礁，优化其生存环境。

3）物种配置

树（草）种选择：选择根系发达、耐水湿、固持土壤、培肥改土能力强的植物种类。

不同区域的选择如下：邻水区选择根系发达、生长量大、固土力强、耐水湿水淹的乔灌树种；中间过渡区选择根量多、根系分布广、改良土壤作用强，生长量大、生长稳定、抗逆性强的乔灌树种和草本植物；近陆区选择根系发达、生长旺盛、固土力强、氮磷营养物质吸收能力强的草本植物。

自然乔草带修复，宜注重与现有植被物种的融合，采用小片区种植方式，细化植物种类和布局，在乔草带内铺设透水铺装，满足群众休闲娱乐需求；灌草带以彩叶灌木、花灌木为主，采用孤植、丛植和行列栽植。植物选用根系发达、冠幅大、防风保水能力强的乔木树种，以达到稳固河岸、减少泥沙和污染物入河的目的。

灌草带可以缩窄其设计宽度，为乔草带保留更多空间，防治水土流失。村落和农田地区滨岸带内乔草带修复宜根据地区偏远程度选择，远离农村的地区，可种植根系发达、冠幅大、防风保水能力强的乔木树种。

此外，对于具有硬质护岸的河床和河道，在满足防洪安全的前提下，宜依据场地条件、泥沙冲淤分析开展生态护岸修复改造，恢复河流自净能力与生态功能。

2. 维护

1）一般规定

（1）按照“三线一单”等管控要求，最大限度地保留滨岸带区域原有的自然生态系统，禁止未经法定许可占用水域和建设影响河道、湖泊自然形态和生态功能的项目。与生态保护红线、自然保护地范围重叠的区域，按照生态保护红线、自然保护地的要求与管理措施执行。

（2）宜编制可业务化运行的维护管理方案，明确责任主体及具体职能部门主要职责。

（3）滨岸带宜设立明显的边界指示标志，明确滨岸带空间保护边界。

（4）加强对破坏滨岸带行为的监管和执法。

2）日常维护

（1）垃圾和漂浮物清除。定期清理滨岸带垃圾，防止水面有枯枝败叶和垃圾堆积，清理漂浮物，以防止水质恶化。

（2）藻华应急处置。有藻华暴发风险的滨岸带区域，宜根据藻华暴发时段合理设置打捞频次和处理措施，对岸边堆积藻华及时打捞清除。为避免藻华暴发产生的负面影响，河湖水生植物修复工作应尽量与藻华暴发期错开，为水生植物生长创造适宜条件。

(3)生态修复区设施管理。生态修复区宜设立标识牌,明确区域范围、责任人和管护内容。加强日常管理,定期巡视修复区,保障各项设施的正常运行。

3)工程维护

(1)基底边坡维护。定期对基底边坡进行巡查,发现问题及时维护,确保基底稳定,防护措施和消浪设施有效。

(2)植物维护。植物管护人员需要熟悉掌握工程区内植物的生长习性,具备专业知识与技能;根据不同植物生长习性,结合当地气候、土壤、水质等环境因素,合理制定植物管护方案与计划。

对于陆生植物,要保持草本植物和乔灌木比例,宜及时清理、拔除恶性竞争杂草,定期对植物进行适当修剪,清除枯枝、病残枝、过密枝。

对于水生维管束植物,宜根据植物的不同生长期调节水位,实施生态水位调控,确保水生维管束植物的繁育生长。一般在生态修复实施后的初期,整个系统尚不能达到自维持状态,或者水体中营养盐仍处于过剩状态,这两种情况都需要对水生维管束植物进行收割管理;一般宜在衰亡前或遭到霜冻破坏之前按一定比例进行收割。挺水植物一般采用地上部分收割的方式进行管理,留下必要的生存根茎,保证翌年春季的发芽。浮水植物生长迅速、繁殖速率较高时,宜及时收割和清捞,保持一定的植物密度以维持净化效果。收割后的植物应妥善处理。待整个系统达到自维持状态且水中营养盐不过剩时,可以不进行定期收割或偶尔收割。收割比例宜进行预试验研究确定或参照类似案例实施。

(3)水生动物维护。

根据食物网模型等方法的预测结果,合理构建鱼类、底栖生物的群落结构,维持生态系统健康平衡。及时清理死亡的水生动物尸体,以免造成水质恶化。

第七章　管　护

一、一般规定

7.1.1　应建立生态清洁小流域管护制度。小流域内治理措施产权、使用权和管理权应明晰,并说明管护要求。

【释义】　本条是对生态清洁小流域建设管护制度的规定。生态清洁小流域建设涉及的水利、农业农村、林草、乡村振兴等相关行业项目,执行其行业管理规定和技术标准。省级水利部门可会同相关部门,结合本省实际,牵头制定生态清洁小流域建设管理制度及技术标准,进一步加强和规范项目建设管理。生态清洁小流域建设工程应按照建管并重、责权利结合、谁受益谁管护的原则,建立完善的运行管护制度。小流域内各项工程措施要签订管护协议,明确责任主体、管护标准、管护内容,落实管护责任。

7.1.2　应坚持建管并重,谁受益、谁管护的原则,明确管理责任单位和个人,根据移交的措施列出管护清单,并签订管护协议。同等条件下,小流域内治理措施产权人、使用权人应优先参与建设和管护。

【释义】　本条是对生态清洁小流域建设管护原则的规定。完善生态清洁小流域管护机制，按照"谁使用、谁管护"和"谁受益、谁负责"的原则，明确管护主体，明确管理责任单位和个人。落实管护责任，确保持续发挥效益。应签订管护协议，明确责任主体、管护标准、管护内容，落实管护责任。根据移交的工程措施，列出管护清单，作为管护对象。有条件的地区可通过设置公益性岗位或引入社会资本管理等方式落实管护主体。鼓励项目区群众优先参与管护。生态自然修复区内不准施用化肥，不准施用农药，不准倾倒垃圾，不准养殖，不准耕种，不准开矿。减少人为干扰，使生态环境尽快达到恢复的目标。禁止新建开发建设项目，水保设施无人为毁坏，各项工程正常发挥效用。生态保护区内无乱占河（沟）道现象。无垃圾堆放，河道内无不达标污水排入。

7.1.3　应明确人工湿地、污水处理设施、监测设施等重要工程的维护管理方案，维护管理方案应包括管护经费来源等。

【释义】　本条是对生态清洁小流域建设维护方案和经费的规定。目前，生态清洁小流域的运行管护有三种模式。一是村（镇）自行管理。区县水务局与村（镇）分别签订运行管理合同或协议，村委会日常看护管理、运行、维护及抽检，并按月向镇政府上报运行情况。镇政府汇总报区县水务局。区县水务局和环保局负责宏观管理与监督、组织业务培训与技术指导，不定期抽检。二是景区管理模式。区县水务局与村（镇）和专业公司（可通过统一招标）分别签订运行管理合同或协议，专业公司负责运行、维护及抽检工作，并按月向镇政府和区县水务局上报运行情况。三是区县水务局与村（镇）和专业公司（可通过统一招标）分别签订管理合同。村委会负责辖区内工程的日常运行及管护，专业公司负责污水处理站的定期保修和检修及抽检。镇政府负责管理、监督及统计工作，并按月向区县水务局上报运行情况。

通过北京市的实践，相比较而言，村（镇）与专业公司相结合的管理模式较为经济，效果也好。将已建成的生态清洁小流域工程移交给当地，由村级管水员对已治理完成的小流域进行管护，管护内容包括沟道、水面以及环境，涉及污水处理站和垃圾处理站等有专门设施和仪器的，由村委会指定专人负责运行管理，专业的检修和维护保养工作又可交由专业公司负责。对于日常维护看护管理及简单的运行操作，可由经过适当培训的农村管水员负责。污水、垃圾等按照相关要求签订管护协议，明确管护主体、管护标准、管护内容，落实管护责任。

经过不断探索，提出了管护模式及方法，初步建立生态清洁小流域管护体系。把管护任务长期承包到村、到户、到人，落实管护责任，确保建设成果得以巩固，效益得以长期发挥。由乡镇水务站指导农民用水协会和农民管水员队伍负责建后管护，农业工程各项措施由所在乡镇、村、农民负责管护。对于没有建立管护机制的乡镇、村，不予安排工程建设任务。按照"谁治理、谁管护、谁受益"的原则，积极探索灵活有效的运行机制，鼓励企业、社团、个体等社会各界参与此项工程建设和管护。水土保持部门应当加强对生态清洁小流域管护工作的指导和监督，建立健全管护工作考核奖励制度；对参与生态清洁小流域管护的村委会和农民进行技术指导和培训；市、区财政安排专项资金，选聘农民作为管护员进行管护，解决工程重建设轻管理的问题，保证工程设施的正常持续运行。

7.1.4　管护宜优先利用遥感、无人机等技术，加强人为水土流失监管。

【释义】　本条是对生态清洁小流域建设管护技术的规定，管护宜优先利用遥感、无人机等技术，加强人为水土流失监管。

7.1.5　在生态清洁小流域内开展生产建设项目及活动，应执行人为水土流失防治有关规定，并实行全过程监管。

【释义】　本条是对生态清洁小流域建设监督的规定。

沟道：无违法建设、随意侵占、堆放垃圾、排污、取土、挖沙等影响行洪安全、造成水土流失及破坏生态环境等活动；保持沟道清洁畅通。

污水处理：强化污水处理设施巡查及运行监督；确保污水处理设施的正常运行和达标排放。按照污水处理工艺种类、场站设备类型、污水收集管网材质等，应达到各自产品的设计使用年限。

生活垃圾处置：加强日常巡查，实现垃圾分类管理，实行垃圾无害化处置，严禁随意弃放，做到规范管理。农村生活污水处理设施和垃圾处置设施相关部门的管护体系统一管理。

群众直接受益的经济林、梯田、树盘、护地坝、节水灌溉设施（农民承包地范围内的田间工程设施）等，确保正常发挥水土保持、节约水资源等生态效益以及经济效益。经济林按照树种类型，应保证其生命期内正常存活并发挥经济效益；水土保持林按照树种类型，应保证其生命期内正常存活并发挥水土保持效益；水土保持种草应保证至少3年以上正常存活并发挥水土保持效益；梯田、树盘、护地坝应保证至少15年以上工程使用年限；节水灌溉设施中的管道按材质应达到设计使用年限；蓄水池应保证至少15年以上工程使用年限。

其他涉及公共利益的封禁标牌、拦护设施、水土保持林、水土保持种草、土地整治、谷坊、节水灌溉设施（农民承包地范围外的田间工程设施）、拦沙坝、挡土墙、护坡、村庄排洪沟（渠）、村庄美化、田间生产道路、护村护路坝、河岸（湖库滨）带治理、湿地恢复等工程措施：保证正常运行，防止人为损坏，日常损毁年内修复，确保工程长期发挥效益。

7.1.6　在生态旅游型、休闲康养型生态清洁小流域内，应结合实际情况，设置安全警示标牌。可根据客流承载量，建立安全预警和应急保障制度。有条件的地区，在流动人口多的时段，宜开展公众安全和生态安全监测工作。

【释义】　本条是生态清洁小流域建设安全的规定。在生态旅游型、休闲康养型生态清洁小流域内，应结合实际情况，设置安全警示标牌。可根据客流承载量，建立安全预警和应急保障制度。有条件的地区，在流动人口多的时段，宜开展公众安全和生态安全监测工作。

提前做好生态清洁小流域的容量匹配与高峰客流风险预控工作。根据旅游客流数据做好预报工作，及时发布客流警示信息，提醒游客做好行程安排，避免客流扎堆影响旅游、康养体验质量。

旅游景区等接待企业应做好高峰客流风险预控，制定客流管控和风险预控方案。为有效缓解客流压力，应积极采取预约门票、优化线路、增加容量、科学疏导客流、优化网格管理等方法，有效调控假日期间高峰客流，积极维护假日期间客流秩序和公共安全秩序，保障游客人身财产安全。

全面排查旅游安全风险隐患。长假前,各类旅游场所要切实履行主体安全责任,可开展专项旅游安全检查,系统排查旅游场所中的风险隐患,明确旅游风险点和薄弱环节,做到防患于未然。

二、水土保持措施管护

7.2.1　应加强汛期雨后梯田、淤地坝、拦沙坝、谷坊等水土保持工程措施的水毁修复工作,有效发挥水土保持功能。

【释义】　本条是关于生态清洁小流域水土保持措施管护的规定,水土保持工程措施管护应加强汛前和每次暴雨后的工程检查维护,确保工程在设计防洪标准内安全度汛。保护工程护埂、护坎植物及周围林草植被,禁止人为破坏。开展工程的经济效益、生态效益和社会效益监测工作。

1. 梯田

应以保持梯田的田间蓄排水工程和坡面水系工程连接畅通,维护田坎、田埂及田间道路的稳固,保持田面平整,改善梯田土壤的理化性状,提高土壤肥力为管护重点。

每年汛前和暴雨后应维护田间蓄排水工程和田间道路,具体包括:修复损毁沟渠,培固沟渠的土埂,清除沟渠内淤积的泥沙及杂物,修复垮塌的田间道路和损毁的路面,保持蓄水工程完好和排水工程、田间道路的畅通。

土坎田坎管护,保护护坎、护埂植物,加强抚育管理和病虫害防治工作。在暴雨后,应进行检查,发现田坎、田埂被冲毁应及时修复。

石坎田坎管护,经常检查石坎是否稳固,有无松动、外倾、垮塌等现象,发现问题及时修补。石坎梯田可在田坎内侧种植具有经济价值的护坎植物。

新修梯田应深耕,以促进生土熟化,增施肥料或种植绿肥,改善土壤的理化性状,提高土壤肥力。

水平阶(反坡梯田)应以保持水平阶阶面平整和阶坎稳固,保持坡面水系工程及水平阶面排水沟渠连接通畅为管护重点。在汛前和暴雨后,应清除坡面水系工程和水平阶面排水沟渠内的淤泥和杂物,保持水流畅通。种植经济林果的水平阶,可在阶面种植牧草。

2. 谷坊

谷坊应以加强汛前和暴雨后的检查维护,保持坝体稳固,保护谷坊区植被,进行合理土地开发利用为管护重点。

土谷坊内外边坡宜种植适应当地生长条件、固土能力强的草灌。每年汛前和暴雨后应进行全面检查,发现坝体裂缝、沉陷应及时修复。管护好谷坊迎水坡和背水坡的草灌。溢洪口和出口处发生淘刷或形成冲坑时,应及时用块石进行铺垫防冲。

汛前和暴雨后应对坝体和消能防冲设施进行全面检查维护,保持坝体稳固,溢洪口畅通,消能防冲设施功能完好。汛期应进行巡视,及时处理出现的问题。

植物谷坊应保持植物谷坊溢水口畅通。加强植物谷坊及两侧沟坡植物抚育管理,促进植物生长、分蘖和繁育。谷坊淤满后,应防冲排洪,充分利用淤成的土地,进行整治利用。

谷坊淤满后，根据沟道上游的来沙量确定是否需要再修建梯级谷坊。

7.2.2　**应加强水土保持林、经济林、种草等植物措施的抚育管理，确保成活率与保存率。**

【释义】　本条是关于生态清洁小流域水土植物措施抚育管理的规定，主要内容如下。

1. 水土保持林

新造幼林地应树立醒目的警示牌，严格封禁管护，落实管护制度和管护人员。防止人畜破坏，防止林地火灾，防治病、虫、鼠害。退耕地幼林期可种植牧草、绿肥，提高地面植被覆盖率。

播种造林的幼苗，在种植后1~2年内，应分次进行间苗，最后每穴保留2~3株生长健壮的苗木。除草松土宜在整地工程内进行，并对整地工程进行维修养护。防风固沙林、农田防护林不宜松土除草。水土保持纯林郁闭前，不宜修枝。但对局部稠密的幼树可适当进行修枝整形，剪除过密枝、枯死枝和病虫枝。

2. 经济林

经济林以业主经营管理为主体，实行规模经营、集约经营。做好排灌设施及经济林果整地工程的定期检查和维护工作。加强汛期巡视，对损毁工程，及时修复。加强对农户的技术培训，提高经济林果管理人员的管理技术水平。

幼林抚育，树苗定植的当年结合除草松土进行扩穴培土，对缺苗地块进行及时补植。采取水平梯地、水平阶、鱼鳞坑、植物篱等水土保持措施的经济林果地，可在冬季进行深垦扩穴，增施有机肥，改良土壤。深垦深度为20~25 cm。在不影响苗木生长时，可实行林农间作、林草间种间作的作物应种植豆科和矮秆作物，禁种高秆、木本和块根作物，并距苗木30 cm以上。在整地的梯坎和地埂上可种植牧草和经济植物。

当年营造的经济林果苗木，应经常灌溉。当土壤含水量低于土壤田间持水量的60%时，应及时灌溉。每年施一次基肥和三次追肥，肥料以厩肥或堆肥等有机肥为主，注意氮、磷、钾的配合使用。施肥量按经济林果栽培技术要求进行。

根据经济林果的树种和品种，应及时进行整形修剪，具体操作可参阅有关经济林果栽培技术。做好病虫害的防治工作。经济林果生产期的管理按经济林果栽培技术要求进行。

3. 种草

有条件的地方宜设置围栏。幼苗期应加强田间管理，清除杂草，及时补种漏播或缺苗地块。根据草地土壤肥力和草种的生长状况，适时施用适量的氨肥、磷肥、钾肥。有水源条件的草地应根据需要及时灌溉，且灌溉和施肥结合起来。无水源条件的，可修建集雨工程或引洪漫地工程，进行灌溉。及时防治病虫害和鼠害。退化的草地应在春末夏初季节及时进行松耙补种、灌水施肥、消灭杂草和刈割老龄植株。松耙补种效果不佳的，应全部翻耕，重新种植其他牧草。

凡有较好残存草被的荒山、荒坡、荒沟或沙地，应进行封禁治理，辅以必要的人工培育措施（包括进行松耙、补种、施肥、清除杂草等），使其自然恢复，达到草地标准。

防蚀草地，凡是用作水土保持用途的草地（包括护坡、固沟、固沙、护岸的草地），在一年的生长期中，尤其是雨季，应严禁刈割和放牧。但可在秋季停止生长后留茬刈割。

放牧地，应实行轮牧，禁止自由放牧。开始放牧时间应在草层高度达到12~15 cm时为宜。牲畜对牧草的采食量不宜超过牧草生长量的50%~60%，草层高度低于5 cm时应转移畜群。雨天应轻放，防止畜群密度过大，造成草场践踏损失和破坏土壤结构。采种草地严禁放牧。

刈割宜选在牧草抽穗开花期，豆科牧草以初花期为宜，禾本科牧草以抽穗期为宜。刈割高度：上繁草可留5~6 cm；下繁草为主的稠密低草可留4~5 cm；再生枝条由分蘖节和根茎形成的草类可留4~5 cm；再生枝条由叶腋形成的高大牧草可留15~30 cm。水分条件好，管理水平高，再生能力强的草地每年可刈割2~3次；水分条件及草从再生能力差的草地每年刈割1次。对有食用、药用及其他经济价值的草种，应根据草种特性及利用时期及时采收、晒制。

三、沟（河）道管理

7.3.1　应及时制止河道周边乱扔垃圾、违法采砂等行为，定期打捞水面漂浮物。

【释义】　本条是关于生态清洁小流域建设沟（河）道管理的规定，沟（河）道的后期管理，应保护沟（河）道的自然水文形态、水利设施、河岸（湖库滨）带人工和天然植被，沟（河）道不受人为破坏。应有专人对河道进行日常巡视，尤其是及时制止破坏水利、水土保持设施、非法侵占河道、盗采砂石、向沟（河）道、小溪排污与倾倒垃圾等行为，以保护河道水源。同时，建立日常巡视制度，发现水工设施损坏应及时报主管部门维修。

截水沟、排水沟应以保持截排水沟的稳固和坡面蓄排水工程连接通畅为管护重点。汛前和暴雨后检查整个渠系的连接是否畅通，清除沟内杂物。保护沟埂、沟壁及坡面的草皮、灌木，防止破坏。沟埂、沟壁和沟底发生崩塌、沉陷、裂缝等现象，应及时修补、加固。沟底和沟壁冲刷严重时，应进行加固或衬砌。对截水沟的出口衔接处应经常维护，发现冲刷或损坏应及时修补加固。若跌水、出水口处冲刷严重时，应采用块石铺垫或混凝土加固。

7.3.2　应定期对沟（河）道及湖库周边进行巡查，确保其边坡无明显水土流失情况。

【释义】　本条是对沟道周边水土流失情况巡查的规定。可结合实际，每年清淤1~2次，清淤时应避免损坏沟底和沟壁。清出的淤泥可就地摊铺在沟埂上，整平压实。有防渗处理的，发现渗漏及时按原施工设计要求重新处理。没有防渗处理的，挖开渗漏水处，填土压实，重新种植草皮。

四、人工湿地管理

7.4.1　人工湿地运行过程中应做好水位调节管控。

【释义】　本条是关于生态清洁小流域建设人工湿地管理的规定，制定科学的运营管理方案和制度，主要考虑进水、出水、湿地地表水水位、基质层维护情况和生物群落管理等，防止人工湿地超荷运营或带病运营。在保证人工湿地健康运营的同时，更大程度地发挥其水质净化效率。对于不能达到要求的人工湿地，应及时做出维护处理措施，如基质和生物种类的更换。

7.4.2　**人工湿地植被管理维护,应根据植被生长情况,对缺苗补种、杂草清除、适时收割以及病虫害控制等进行管理,不宜使用除草剂、杀虫剂等化学药剂。**

【释义】　本条是人工湿地植被管理维护的规定。有条件的可开展人工湿地环境监测,包括水质净化效果,进水水量和水质,人工湿地系统人工湿地内部水位、水质、水温,生物群落物种和数量的变化,以及人工湿地周边环境,地下水水位和水质变化、周边环境的变化等。需要适当进行人工干预,及时进行管护管理。同时,应加强外来入侵植物的监测和清除,避免因施工时外埠调苗无意引入入侵植物,导致湿地景观被侵占。

7.4.3　**人工湿地进出水水质应定期监测。**

【释义】　本条是人工湿地进出水的监测要求,人工湿地进出水水质应定期监测,依据实际需要进行频率设置。

五、农田管理

7.5.1　**应根据作物品种和耕作方式,建立化肥、农药使用管理和灌溉制度。**

【释义】　本条是关于生态清洁小流域建设农田管理的规定。农田管理应根据不同的作物品种和耕作方式来建立相应的管理制度,首先需要对当地的作物品种和农业耕作方式进行调查和评估,了解各种作物的生长需求和最佳耕作方式;根据不同作物的养分需求和土壤条件,制定合理的化肥使用管理制度,包括化肥种类、用量、施肥时间等方面的规定;制定农药使用管理制度,包括对农药种类、使用方法、安全间隔期等方面的规范,以确保农药的安全使用和减少对环境的污染。

7.5.2　**农田管理宜采取保土耕作、科学施肥、节水灌溉等措施,指导农户耕种、培肥、维护等。**

【释义】　本条是农田管理要求的规定。根据作物需水量、土壤水分情况和降水量等因素,制定科学合理的灌溉制度,包括灌溉水源、灌溉方式、灌溉时间等方面的规划;向农户推广保土耕作、科学施肥、节水灌溉等科学耕作技术,通过培训和示范,提高农民对科学耕作技术的认识和应用能力;建立化肥、农药使用和灌溉管理的监测与评估机制,定期对农田的管理情况进行检查和评估,及时调整管理措施,保障农田生产的可持续性和环境安全性。

六、污水处理

7.6.1　**污水处理设施及其相关配套设施应完好,设备应正常运行,出水水质应达标排放。**

【释义】　本条是关于生态清洁小流域建设污水处理管护的规定,应保证污水处理设施及其相关配套设施完好,设备正常运行,出水水质达到排放标准。

7.6.2　**污水处理应悬挂公示牌,标明污水处理工艺、处理能力、出水水质、管理责任人等。**

【释义】　本条是污水处理信息公示的规定。污水处理工程应在显著位置悬挂公示牌,并标明:污水处理工艺、处理能力、服务对象、出水水质、管理责任人和联系电话等,出现故障及时报相关部门维修。

7.6.3 **污水管道应定期巡查、检修。**

【释义】 本条是污水处理管道巡查检修的规定,厂站工艺及规模要根据管网出水水量和水质进行确定并及时向市水务局备案。

7.6.4 **污水处理应建立运行日志,记录运行情况。**

【释义】 本条是污水处理运行情况记录的规定,建立污水设施运行日志,记录污水处理设备运行情况。

7.6.5 **污水处理应做好日常维护管理,出现故障应及时检修。**

【释义】 本条是污水处理管道日常维护的规定,污水处理应做好日常维护管理,出现故障应及时检修,做好相关的日常维护管理。

七、生活垃圾处置

7.7.1 **沟(河)道等水域周边不应乱堆垃圾或设置生活垃圾收集设施。**

【释义】 本条是关于生态清洁小流域建设生活垃圾处理的规定,应建立垃圾收集、运输、处理管理机制,保持村庄周边及河道干净整洁,村庄周边无乱堆乱放、无渣土、粪堆、无卫生死角,主街道两侧应植树绿化,无杂草。集中处理垃圾时,应注重做好环境影响评价工作,不得污染地下水。

7.7.2 **生活垃圾处置应建立运行管理机制,明确垃圾收集、运输和处理方式。**

【释义】 本条是关于生活垃圾处理运行机制的规定,做好垃圾处置设施定期检查维护工作,保证正常使用。垃圾处置设施建设与运行管理要与区县市政管理部门充分沟通,垃圾处置设施运行管理要纳入区县垃圾管理体系。

八、环境绿化美化

7.8.1 **环境绿化美化应完善居民自治、村民公约等民主管理制度,专人负责日常管理。**

【释义】 本条是关于生态清洁小流域建设环境绿化美化的规定。环境绿化美化是生态清洁小流域建设的重要内容,对于提升居民生活质量和保护生态环境具有重要意义。在进行环境绿化美化工作时,应进行详细的景观规划和设计,结合当地地形地貌和自然环境特点,选择适宜的植被种植和景观元素。要加强绿化工程和园林建设,打造生态公园、绿道和休闲广场,提供居民休闲娱乐的场所。

7.8.2 **环境绿化美化应加强美丽乡村建设、水生态保护、水土保持科普宣传力度,推广乡村旅游资源、绿色农业产品等。**

【释义】 本条是关于环境绿化美化宣传的规定。加强对绿化植物的养护管理,定期修剪、浇水和施肥,保持植物的健康生长。在实施过程中,要充分发挥居民的参与作用,组织开展义务植树、清洁河道等公益活动,营造良好的生态环境和社区氛围,增强居民对环境的认同感和归属感,促进生态清洁小流域的可持续发展。

第八章　评价指标

8.0.1　**生态清洁小流域建成后，应按本标准开展评价。**

【释义】　本条是生态清洁小流域建成后评价的规定。生态清洁小流域评价是检验与衡量生态清洁小流域建设成果的有效手段，建立科学合理的评价指标及标准尤为重要，本节主要规定了评价的基本要求、评价指标及不同类型指标达标标准、评价指标获取的途径等。

在工程各项建设内容完成后，对照《规范》中规定的评价指标，各地根据小流域实际情况，在自评达标后进行生态清洁小流域评价认定。生态清洁小流域评价采用单一因子法，要求全部达到《规范》规定的各指标后，才能认定为生态清洁小流域。单一因子法判定标准是“一票否决”制，即十几项评价标准中只要有一个不达标，就认为不符合生态清洁小流域的基本要求。

8.0.2　**评价指标共16项，定性和定量相结合，详见表**8.0.2[1]。**定量指标计算方法可参照附录**C。

【释义】　本条是生态清洁小流域建设评价指标的说明，主要包括基础指标、农业面源污染防治指标、人居环境改善指标、沟(河)道整治指标和社会经济发展指标。

生态清洁小流域评价指标选取依据代表性、差异性和可获取性的原则，指标体系涵盖生态清洁小流域的建设目标和建设内容，包括基础指标和农业面源污染防治、人居环境改善、沟(河)水系整治、社会经济发展等五方面共16项指标。同时，根据五种生态清洁小流域类型的建设特点，在指标设置时体现了不同类型的特色指标。

此处尚需注意的是：规范中的16项指标在评价时要结合小流域具体情况进行取舍，不涉及相关指标的建设项目可按缺项处理，不进行评价，如规模化养殖、河道水体水质等。

1. 基础指标(综合指标)

1)水土流失防治目标

生态清洁小流域建设是传统小流域水土流失治理的升级版，小流域内水土流失防治效果状况是生态清洁小流域建设的基本要求，包括水土保持率和土壤侵蚀强度两个指标。

水土保持率是反映水土保持总体状况的宏观管理指标，是水土流失预防治理成效和自然禀赋水土保持功能在空间尺度的综合体现，其计算公式为：小流域内水土保持状况良好面积(微度土壤侵蚀面积)占土地总面积的比例，即

$$\text{水土保持率}=\frac{\text{微度土壤侵蚀面积}}{\text{土地总面积}}\times 100\% \qquad (2\text{-}8\text{-}1)$$

[1] 本书表2-8-1。

表 2-8-1　生态清洁小流域评价指标表

序号	评价指标	水源保护型	生态旅游型	和谐宜居型	休闲康养型	绿色产业型
1	水土流失防治状况	水土保持率高于评价前一年所在县平均值或小流域平均土壤侵蚀强度在轻度(含)以下				
2	水土保持功能	水土流失重点地块全部采取水土保持措施,小流域内水土保持功能良好				
3	林草覆盖率	大于70%或高于评价前一年所在县平均值				
4	水质状况	小流域内地表水水体水质达到所处区域生态环境部门要求				
5	化肥使用情况	各类作物施肥使用应符合 NY/T 496 的规定				
6	农药使用情况	各类农药在不同作物上的使用应符合 GB/T 8321 的规定				
7	规模化畜禽养殖废水处理率	100%	≥90%			
8	生活污水处理率	100%	≥80%			
9	生活垃圾无害化处理率	100%				
10	卫生厕所普及率	≥80%				
11	生态岸线比例	≥70%	≥60%	≥50%		
12	水系连通状况	沟(河)道水流畅通,河床及岸坡无违法采砂、垃圾堆放及明显淤积				
13	居民人均收入	—	小流域内居民人均收入增加			
14	年游客累计数量	—	≥0.5万人·d	—	≥1.0万人·d	—
15	村庄(社区)绿化美化	—	—	村庄(社区)环境整洁,生态宜居,乡风文明,村庄绿地率≥20%	—	—
16	特色产业发展	—	—	—	—	形成一定产业规模,或有较高经济效益的特色产业

注:1. 小流域内无相关指标对应内容的,可按缺项处理,不需评价。
2. 土壤侵蚀强度应符合 SL 190 规定。
3. 水土流失重点地块是指水土流失较为严重区域,如坡耕地、侵蚀沟、崩岗等。
4. 北方风沙区林草覆盖率可按照项目的设计目标进行评价。
5. 生活污水处理率是对小流域内集中生活区域的要求。

由于全国各地、各流域自然条件差异大、宜治理面积相差多，部分水土保持本底较好的区域，平均水土保持率目前已达到95%以上，而实施生态清洁小流域的区域可能会低于当地平均值。考虑到水土保持率和土壤侵蚀强度相关性，所以将土壤侵蚀强度也并行作为评价指标。

土壤侵蚀强度是表示和衡量某区域土壤侵蚀数量的多少和侵蚀的强烈程度，一般用土壤侵蚀模数表示，土壤侵蚀模数是指单位时段(a)内单位水平投影面积(km^2)上的土壤侵蚀总量(t)。土壤侵蚀强度分级参照SL 190《土壤侵蚀分类分级标准》执行。

2)水土保持功能

2023年1月，中共中央办公厅、国务院办公厅印发的《关于加强新时代水土保持工作的意见》中提到"2035年，生态系统水土保持功能显著增强"。《关于加快推进生态清洁小流域建设的指导意见》中提到"合力建设生态清洁小流域，全面提升水土保持功能和生态产品供给能力"。作为该指导意见实施的技术支撑，《规范》将"水土保持功能提升"作为定性评价指标，并对流域内坡耕地、侵蚀沟、崩岗等水土流失重点地块提出了全部采取水土保持措施的要求。

水土保持功能指水土保持设施、地貌植被所发挥或蕴藏的有利于保护水土资源、防灾减灾、改善生态、促进社会经济发展等方面的作用，主要包括四个方面：一是保护水土资源功能，包括预防和减少土壤流失，防止和治理石化、沙化等土地退化，提高土壤质量和土地生产力，拦蓄地表径流、增加土壤入渗、提高水源涵养能力等。二是防灾减灾功能，包括减轻下游泥沙危害、洪涝灾害，减轻干旱灾害，减轻风沙灾害和滑坡泥石流危害等。三是改善生态功能，包括增加常流水量，净化水质，保护和改善江河湖库水生态环境；增加林草植被覆盖，改善生物多样性，改善靠近地层的小气候环境等。四是促进社会进步功能，包括优化土地利用结构、农村生产结构，促进农民脱贫致富和农村经济发展，改善城乡生活环境，保障经济社会可持续发展等。小流域内水土流失重点地块，如坡耕地、侵蚀沟、崩岗等需全部采取水土保持措施，水土流失得到有效控制。

3)林草覆盖率

林草植被有涵养水源、保持水土等重要的水土保持功能，因此将林草覆盖率作为生态清洁小流域的评价指标。林草覆盖率指小流域内乔木林、灌木林与草地等林草植被面积之和占土地总面积的比例，即

$$林草覆盖率=\frac{林草植被面积}{土地总面积}\times 100\% \quad (2\text{-}8\text{-}2)$$

考虑到对于林草覆盖率整体较高的区域，治理项目选址多倾向于村庄及城镇周边区域林草覆盖率较低的区域，由于治理区域土地利用等实际情况，治理后项目区域林草覆盖率仍难达到行政区域平均值，因此本次评价并行增加了大于70%的标准要求。

4)水质状况

地表水水体洁净、水质优良是生态清洁小流域的重要建设目标之一。由于各类地表水水体功能及所处区域位置不同，水质类别目标要求也不同，考虑到实施过程中的差异性，《规范》中水质状况指标未直接按照Ⅱ类或Ⅲ类的水质要求，而以小流域内地表水水体水质达到所处区域生态环境部门要求作为评价标准。

2. 农业面源污染防治指标

主要从农业面源污染控制的角度，对农田化肥、农药的使用及规模化畜禽养殖废水排放进行了规定。

1）化肥使用情况

化肥是重要的农用物资，对提高作物产量起到很大作用。在施肥过程中，由于氮素和磷素在土壤和水体中循环和降解缓慢，造成氮素和磷素的富集，产生富营养化。部分发达国家为防止化肥对水体污染而设置的化肥施用的安全上限为每公顷 255 kg，但我国还没有类似的规定，多数地区施肥尚带有很大的盲目性，施肥量远远超过上述指标。

国家农业部2010 年发布了 NY/T 496《肥料合理使用准则通则》，对施肥目标及技术、施肥方法等进行了定性要求。生态清洁小流域中农田化肥使用中应首先满足该行业规范要求。此外，还应加强宣传，强化环保意识，加强土壤肥料的监测管理，增施农家肥，推广配方施肥技术，提高肥料的利用率，减少对土壤及水体的污染。

2）农药使用情况

农药是农业上用于防治病虫害及调节植物生长的化学药剂。农药通过蒸发、蒸腾及降雨等流失到环境中，将造成严重的环境污染。

在生态清洁小流域中，各类作物不同农药的使用需遵循 GB/T 8321《农药合理使用准则》的规定。该规范系列共 10 册，规定了每种农药的适用作物、主要防治对象、每亩每次剂施用量、施药方法、每季施用次数、最后一次施药距收获的天数（安全间隔期）、实施要点说明及最高残留限量值等要求。

3）规模化畜禽养殖废水处理率

畜禽养殖场未经处理的污水中含有大量的污染物质，其污染负荷很高。据调查估计，目前畜禽废弃物中氮、磷的流失量已大于化肥的流失量，约为化肥流失量的 122% 和 132%。畜禽废弃物产生的环境污染，已成为我国农村面源污染的主要来源之一。

《美丽乡村建设评价》中规定："所有畜禽养殖场养殖业污染物均达标排放，得分 90 分以上；大部分畜禽养殖场养殖业污染物达标排放，得分 60~75 分"，考虑到生态清洁小流域整体生态环境及水体洁净的要求，《规范》规定规模化畜禽养殖废水处理率大于 90% 的要求。同时根据《饮用水水源保护区污染防治管理规定》"禁止从事种植、放养畜禽和网箱养殖活动"及相关管理办法，《规范》对水源保护型生态清洁小流域，提出 100% 达标排放的高要求。

3. 人居环境改善指标

包括农村生活污水、生活垃圾及卫生厕所普及等指标，主要针对小流域内集中居住区提评价要求，对分散居住的可不纳入评价。

1）生活污水处理率

生活污水治理是农村人居环境整治的重要内容，是实施乡村振兴战略的重要举措，是全面建成小康社会的内在要求。生活污水处理率指小流域内集中生活区域经过污水处理厂或其他污水处理设施处理达标的生活污水量占应处理的生活污水总量的比例，即

$$\text{生活污水处理率} = \frac{\text{经处理达标排放污水量}}{\text{污水排放总量}} \times 100\% \tag{2-8-3}$$

2019年7月，中央农村工作领导小组办公室、农业农村部、生态环境部等9部门联合印发的《关于推进农村生活污水治理的指导意见》提出，因地制宜采用污染治理与资源利用相结合、工程措施与生态措施相结合、集中与分散相结合的建设模式和处理工艺，积极推广低成本、低能耗、易维护、高效率的污水处理技术。总体要求：到2020年，东部地区、中西部城市近郊区等有基础、有条件的地区，农村生活污水治理率明显提高，村庄内污水横流、乱排乱放情况基本消除，运维管护机制基本建立；中西部有较好基础、基本具备条件的地区，农村生活污水乱排乱放得到有效管控，治理初见成效；地处偏远、经济欠发达等地区，农村生活污水乱排乱放现象明显减少。《美丽乡村建设评价》中规定，生活污水处理率大于80%，得分90分以上。考虑到由于我国农村地区面积广阔，多数村庄空间离散、居住分散，且地形复杂，坡度不一致，有的村管网收集需要进行穿洞、泵引等高难度施工，加大了管网建设和污水收集难度。因此，《规范》对小流域内集中居住区的生活污水处理率提出要大于80%的要求，并结合水源保护型生态清洁小流域对保障水体水质的高要求，相应提高了生活污水处理率的标准。

2）生活垃圾无害化处理率

美丽乡村建设是当今时代的主旋律，而生活垃圾污染治理是新农村建设的基础环节。生活垃圾无害化处理率指小流域内经无害化处理的生活垃圾量占生活垃圾产生总量的比例，即

$$生活垃圾无害化处理率 = \frac{生活垃圾无害化处理量}{生活垃圾产生量} \times 100\% \qquad (2\text{-}8\text{-}4)$$

2022年5月，住房和城乡建设部等6部门联合印发的《关于进一步加强农村生活垃圾收运处置体系建设管理的通知》（建村〔2022〕44号）中提出："到2025年，农村生活垃圾无害化处理水平明显提升，有条件的村庄实现生活垃圾分类、源头减量；东部地区、中西部城市近郊区等有基础、有条件的地区，农村生活垃圾基本实现无害化处理，长效管护机制全面建立；中西部有较好基础、基本具备条件的地区，农村生活垃圾收运处置体系基本实现全覆盖，长效管护机制基本建立；地处偏远、经济欠发达的地区，农村生活垃圾治理水平有待提升。"《美丽乡村建设评价》中规定："生活垃圾无害化处理率100%，得分90分以上。"因此，《规范》规定了生态清洁小流域生活垃圾无害化处理率为100%。

3）卫生厕所普及率

农村厕所改革是提高农村卫生条件的重要举措，涉及人民群众的基本生活权益。卫生厕所普及率指小流域内各村庄内使用达到GB 19379《农村户厕卫生规范》要求的农户数占常住农户数的比例，即

$$卫生厕所普及率 = \frac{使用卫生厕所的户数}{常住农户户数} \times 100\% \qquad (2\text{-}8\text{-}5)$$

卫生厕所是指基于村庄具体情况建设的三格化粪池式、沼气式等预防污染、卫生的厕所，也包括管网完善的具有给水和排水设施的水冲式厕所。

2018年12月，中央农村工作领导小组办公室、农业农村部等8部门联合印发的《关于推进农村"厕所革命"专项行动的指导意见》提出，到2020年，东部地区、中西部城市近郊区等有基础、有条件的地区，基本完成农村户用厕所无害化改造，厕所粪污基本得到处

理或资源化利用，管护长效机制初步建立；中西部有较好基础、基本具备条件的地区，卫生厕所普及率达到85%左右，达到卫生厕所基本规范，贮粪池不渗不漏、及时清掏；地处偏远、经济欠发达等地区，卫生厕所普及率逐步提高，实现如厕环境干净整洁的基本要求。到2022年，东部地区、中西部城市近郊区厕所粪污得到有效处理或资源化利用，管护长效机制普遍建立。地处偏远、经济欠发达等其他地区，卫生厕所普及率显著提升，厕所粪污无害化处理或资源化利用率逐步提高，管护长效机制初步建立。《美丽乡村建设评价》规定，卫生厕所普及率100%，得分90分以上；普及率80%~90%，得分60~75分。考虑到北方农村的实际情况，《规范》卫生厕所普及率按照80%作为评价基本要求。

4. 沟(河)道整治指标

生态清洁小流域要围绕保护修复流域河湖水生态系统，复苏河湖健康生命，实施河道、沟道、塘坝等水系综合整治，打造安全畅通的河湖水系和亲水宜人的水美景观。本规范中沟(河)道整治包括生态岸线比例和水系连通状况两个指标。

1) 生态岸线比例

河道的生态岸线具有保护堤岸防洪安全、水土保持、维持生物多样性、净化水体、保护亲水安全、自然景观等综合功能。生态岸线比例指小流域内没有经过人为干扰的河道自然岸线和采取人工生态护岸的岸线长度之和占河道岸线总长度的比例，即

$$\text{生态岸线比例} = \frac{\text{自然岸线} + \text{人工生态岸线}}{\text{治理河道岸线总长}} \times 100\% \tag{2-8-6}$$

该标准中的生态岸线包括河道既有的自然岸线，也包括经治理修复后具有自然岸线形态和生态功能的人工生态岸线，如采用植物护坡、松木桩、块石垒砌、混凝土生态砌块等护岸材料的河道岸线。在评价时，若河道沿线原有的硬质护砌采取了柔化美化措施，也可界定为生态岸线。

2) 水系连通状况

河流水系连通性具有水文调蓄、保障生物迁徙通畅、改善水土环境等功能。该标准主要从流域水系通畅，实施治河疏水的目标任务出发，规定了小流域内沟(河)道水岸干净整洁、水流畅通，河床及岸坡无违法采砂、垃圾堆放及明显淤积等现象，管理范围内无乱占、乱采、乱堆、乱建等“四乱”问题。

5. 社会经济发展指标

根据生态清洁小流域建设类型及功能定位，《规范》设置居民人均收入、年游客累计数量、村庄(社区)绿化美化、特色产业发展等四项特色指标。

1) 居民人均收入

生态清洁小流域建设是践行两山理念、助推绿色发展、助力脱贫攻坚的重要举措。各项措施实施后，将有效改善治理区农业生产条件和生态环境，推动当地特色产业发展，促进居民收入提高、生活富裕，因此将其作为生态清洁小流域社会经济发展指标的基本指标。

水源保护型生态清洁小流域以保护和改善河道、供水水库水质，保障供水水源地安全为目标，可能会在一定程度上限制各类产业的发展，因此评价时不做要求。

2）年游客累计数量

该指标为生态旅游型和休闲康养型生态清洁小流域的特色指标。

生态清洁小流域建设依托各地良好的自然生态环境和独特的人文生态系统，打造各种“生态游、风情游、农家游”等主题的乡村旅游品牌，推进特色农家乐及民宿建设，休闲旅游产业全面发展，吸引大量游客。

3）村庄（社区）绿化美化

该指标为和谐宜居型生态清洁小流域的特色指标。

和谐宜居型生态清洁小流域以全力推进村容村貌和环境卫生的治理，提升人居环境质量，建设美丽乡村为建设目标，营造村风文明、村容整洁的生活环境。因此，在该类型的指标中还加入了村庄绿地率的定量指标。

村庄绿地率，指村庄内各类绿地面积的总和占村庄建设用地面积的比例，即

$$\text{村庄绿地率} = \frac{\text{村庄内各类绿地面积}}{\text{村庄建设用地面积}} \times 100\% \tag{2-8-7}$$

这里的村庄绿地包括村庄公园绿地和村庄环境美化用地，其中村庄公园绿地指村庄公共场所，如村委会、文化站及祠堂等公共活动集中的地段的林草、植被等绿化用地；村庄环境美化用地指村庄居民在房前屋后、水旁、路旁、村庄周围四旁进行的绿化用地。

村庄建设用地指村庄集中居住区内进行各项非农业生产建设所使用的土地，包括农村居民住宅用地、公益事业用地和公共设施用地。

4）特色产业发展

该指标为绿色产业型生态清洁小流域的特色指标。绿色产业型生态清洁小流域将水土流失治理与乡村振兴相结合，围绕各地农业资源和乡村特色，调整农业产业结构，发展水土保持特色产业，建设优质果园、生态茶园、苗木基地等，产品品质得到提升，带来了较大的经济效益（单价提高）。

8.0.3　**评价指标获取应以监测、调查、统计分析为主，可结合公报、年报、简报等资料统计。**

【释义】　本条是生态清洁小流域建设评价指标获取途径，评价指标的获取途径较多，可以通过现场监测、调查或收集各类资料进行统计分析。

（1）收集评价前一年所在县（区）的水土流失动态监测成果，统计分析小流域内水土流失面积和各类林地、园地及草地面积，并结合典型样地调查复核，通过计算获取小流域水土保持率及林草覆盖率。有条件的小流域可建立卡口站，开展泥沙量监测，推算流域平均土壤侵蚀模数。

（2）收集项目区域历年高分辨率遥感影像及水土保持治理工程资料，结合外业现场复核验证的方法，分析区域内坡耕地、侵蚀沟、崩岗等水土流失重点地块水土保持措施实施情况。

（3）按照 HJ 91.2《地表水环境质量监测技术规范》规定，对小流域内河道出口断面水质进行采样分析。有条件的小流域，可采用信息化监测技术，对河道水质开展长期动态监测。

（4）根据小流域水田、旱地、园地等不同土地利用类型，采用调查、访问等方式了解流

域内的化肥和农药施用情况。

(5)采用现场调查及资料收集的方法，对小流域内农村生活污水及规模性养殖废水的处理方式及排水去向进行调查，并对排水出口水质进行采样、监测。经处理后的生活污水采样指标及评价标准应符合当地农村生活污水处理设施水污染物排放标准，养殖废水应符合 GB 18596《畜禽养殖业污染物排放标准》要求。

(6)在小流域内选取典型村庄，采用现场调查及资料收集的方法，对农村生活垃圾分类、收集、运输及处置方式进行调查。并随机选取典型农户，采用走访、调查的方式，了解卫生厕所使用情况。

(7)采用高分辨率遥感影像解译、无人机航拍，并结合外业现场复核验证的方法，对沟(河)道河床形态、连续性、河滩及人为扰动(采砂、河道侵占、垃圾排放等)及河岸形式(自然护岸、人工生态护岸和硬质护岸)进行调查，统计分析生态岸线比例及沟(河)道水系连通状况。

(8)采用走访、调查的方式，选取经济水平好、中、差农户各 3 户，作为典型农户，进行小流域社会经济情况调查。调查内容包括农户基本情况，生产、生活固定资产情况，主要经济来源及收入情况，劳力分配状况等。

(9)采用典型农户和典型地块相结合的方法，对项目区内特色产业基本情况进行调查，包括特色产业面积(规模)、年产量、产值及增加就业人数等。

(10)通过政府部门发布的公报、年报、简报等统计资料，以及政府官网等途径获取小流域内每年游客数量及旅游产业发展情况的规定。

8.0.4 **小流域可围绕评价指标设置监测设施开展监测。可在小流域出口建设控制站，监测出口水质和泥沙等。**

【释义】 本条是生态清洁小流域建设成效评价指标监测，在小流域出口建设控制站，监测出口水质和泥沙等数据，通过统计分析评价生态清洁小流域建设成效。

第三部分 典型案例

案例一 保护首都水源，建设最美乡村
——密云区蔡家洼小流域建设情况

一、基本情况

蔡家洼小流域位于密云区巨各庄镇，小流域主沟道长 6.87 km，流域总面积 20.55 km^2。包括蔡家洼、东白岩 2 个行政村，现有 1 489 户，共 3 772 人。近年来，蔡家洼村大力开展美丽乡村建设，凭借得天独厚的旅游资源优势，建设了 5 000 亩都市型现代农业园，建设占地 2 000 亩的玫瑰风情园（见图 3-1-1），打造花海世界。流域内主导产业为都市现代农业产业和生态观光旅游产业，主要作物有花卉、热带水果、葡萄、樱桃、蔬菜等。

图 3-1-1 蔡家洼小流域玫瑰风情园

二、措施体系

近些年，始终坚持以保护密云水库水源为中心，坚持山水林田湖草沙一体化保护和系统治理的总体思路。紧密结合"调结构、转方式，发展高效节水农业"的方向定位，围绕蔡家洼玫瑰风情园生态观光旅游产业和现代农业产业特点，依托小流域综合治理、农业高效节水灌溉、农村污水治理等项目，在有效保护水土资源，提高水资源利用率的同时，进一步调整产业结构，转变农民的生产生活方式，促进传统农业向都市型现代农业转型升级，为美丽乡村建设提供强有力的水利支撑。

一是依托2007年京津风沙源和2015年生态清洁小流域建设项目，治理面积26 km^2。建设内容包括封禁标牌6块，梯田（见图3-1-2）整修49.98 hm^2，砌筑树盘1 000个，节水灌溉125 hm^2，护坡措施1 153 m，挡土墙（见图3-1-3）1 650 m，村庄美化栽植乔灌木37 000 m^2，景观小品10处，农路建设10 799 m，集雨池1座，防护坝4 000 m，沟（河）道垃圾清理1 134 m^3。

图3-1-2　蔡家洼小流域梯田石坎

图3-1-3　蔡家洼小流域挡土墙

二是依托2015年农业高效节水灌溉项目，在蔡家洼村发展了400亩玫瑰花喷灌，200亩葡萄滴灌；在蔡家洼村东山南山发展了1 400亩樱桃小管出流；在温室大棚发展了300亩热带水果小管出流。目前，蔡家洼村的农业种植已基本实现高效节水全覆盖。

三是依托农村污水治理项目对蔡家洼、东白岩村生活污水进行处理，实现流域内生活污水处理全覆盖。其中，蔡家洼污水直接接入巨各庄镇政府污水处理站（见图3-1-4），2009年东白岩村建设完成3座污水处理站：东白岩二号站，处理工艺为人工湿地，日处理规模100 t；东白岩三号站为泵站；东白岩四号站，处理工艺为板式活性污泥，日处理规模32 t。

图3-1-4　蔡家洼生活污水处理站

三、管护制度

为切实加强已治理小流域后期管护工作,确保工程长期持续发挥效益,结合密云区实际,2017年密云区制定并下发了《北京市密云区生态清洁小流域管护办法》(密政发〔2017〕34号),为落实管护工作建立了制度保障。一是明确了密云区生态清洁小流域的管护范围、管护内容及标准、管护主体、管护职责、管护资金及监管,建立了后期管护的长效机制;二是小流域治理项目验收完成后,及时与属地政府签订移交管护协议,按照区指导、镇主体、村落实的原则开展管护工作。属地镇政府作为管护主体,负责本辖区生态清洁小流域水土保持设施的日常管护,按照清洁小流域管护标准,统筹辖区各村委会对小流域进行具体管护。

四、验收评价

验收委员会认为:工程已按照批准的设计文件内容全部完成,工程资料基本齐全、资金使用合理、财务管理规范、工程质量合格,工程实施过程符合建设管理程序,施工过程中未发生质量安全事故,同意通过竣工验收。项目建成后,运行状况良好,通过实施本工程有效防治了水土流失,改善了当地生态环境和人居环境,完善了基础设施条件,促进了农民增收,起到了一定的生态效益、经济效益和社会效益。

五、经验总结

一是明确思路、系统治理。在综合考虑流域生态区位、主导产业、基础设施条件等因素的基础上,把生态清洁小流域建设与乡村振兴、美丽乡村、特色产业发展紧密结合起来,以实现山青、水净、村美、民富为目标,实施山水林田路村统筹谋划、系统治理。

二是协同联动、合力推进。在前期调研、设计和施工等阶段,形成市区水务局、生态环境局、园林绿化局、财政局、发展改革委、规划自然资源委、属地镇村等部门全过程参与的联动机制,从项目选址、方案审查、技术指导等各方面进行联合把关,合力推进,确保项目顺利实施、达到预期效果。

六、治理成效

近些年,通过蔡家洼小流域综合治理、农业高效节水灌溉和农村污水处理项目的深入推进,有效防控了水土流失和面源污染,改善了生态环境和人居环境,进一步完善了流域内基础配套设施条件,提升了区域防灾减灾能力,提高了水资源利用效率,促进了产业结构调整升级,起到了很好的生态效益、经济效益和社会效益,充分发挥了水利在美丽乡村建设中的保障和助推作用。蔡家洼村先后被评为“北京最美乡村”“中国最有魅力休闲乡村”“全国新农村建设十大特色村”等称号。2016入选中国名村影响力300佳排行榜。

案例二　珊溪水利枢纽水源地(泰顺)生态清洁小流域

一、项目概况

珊溪水利枢纽水源地(泰顺)生态清洁小流域水土流失综合治理项目位于珊溪水库集雨范围泰顺县内,主要包括飞云江及其支流水系,涉及竹里乡、司前镇、罗阳镇、百丈镇、筱村镇、南浦溪镇及包垟乡共7个乡镇,流域总面积362.18 km^2,水土流失面积约53.07 km^2,占项目区总面积的14.65%,水土流失强度以轻度、中度和强烈为主。针对水源地水土流失现状和水环境污染特点,该项目以水源保护为中心,因地制宜,采取"集中连片、规模治理"的方式治理水土流失。项目概算总投资6 082.39万元。

二、具体措施体系

以小流域为单元,按照"坡上、坡中、坡下"分区布设防治措施,形成水土流失综合防治措施体系:坡上以"生态修复"为主,在人类生产、生活活动较少的远山坡地,采取封育保护措施,设置封禁标牌、护栏,加强植被保护,减少人为活动的干扰破坏,保持土壤,涵养水源;坡中以"综合治理"为主,在人为扰动频繁且水土流失严重的经济林地、火烧山以及砍伐迹地等区域,采取经济林地治理以及营造水土保持林等措施,减少水土流失;坡下以"生态保护"为主,在村庄、河道及裸露开挖边坡,采取护岸工程、拦沙堰、绿化工程及裸露边坡治理等措施,改善人居环境,维护水库水质。

措施体系包括经济林地治理392.60 hm^2,营造水土保持林37.30 hm^2,护岸7 805 m,拦沙堰3座,绿化工程40 962 m^2,裸露边坡治理8 560 m^2,封育治理4 074.30 hm^2。

三、管护制度

运行管护按照"谁受益、谁管护,谁损坏、谁维修、谁赔偿"的原则,依法保护,科学管理,使其良性运转,持续发挥效益。项目竣工验收后,交由竹里乡、司前镇、罗阳镇、百丈镇、筱村镇、南浦溪镇及包垟乡进行运行管护。各乡镇明确水土保持工程管护员名录,各项措施的管护落实到人,明确管护职责、管护范围、管护期限、管护费用。泰顺县水利局开展水土保持管护成效监督检查,及时将检查情况及改进要求书面反馈给工程运行管护的责任主体。根据年度监督检查情况对管护成效优秀的管护员进行通报表彰,对管护成效差的管护员进行通报批评。

四、验收评价

该项目已于2020年5月20日通过了完工验收,于2022年12月5日通过了竣工验收。通过工程建设,已治理水土流失面积45.08 km^2,水土流失治理度达到85%。项目在治理水土流失的同时,改善了库周环境,提升了水质,方便了农业生产,提高了农民收入,受到了地方群众的普遍欢迎。经过一年半的实施,各类措施陆续运行,生态效益、社会效益及经济效益陆续发挥作用,水土保持成效显著。

五、经验总结

项目注重水土流失治理措施建设与民生需求相结合，将饮用水源保护、面源污染防治、人居环境整治、美丽河湖建设等融入水土保持治理体系，以乡村振兴为契机，建设了生态共富乡村。该项目采用EPC建设模式，建设范围广，工期短，任务重，设计服务全过程跟踪施工期现场，并及时与各参建方对接，优化调整措施设计，有效实现了建设项目的进度、成本和质量控制，确保项目顺利实施。

六、实施效果

该项目实施后，可新增水土流失治理面积45.08 km^2，占流域总水土流失面积的85%。年减少土壤侵蚀量4.74万t，涵蓄水量125.28万m^3。治理前后对比见图3-2-1~图3-2-5。人为活动造成的水土流失得到了初步控制，为实现生态环境的可持续发展奠定了良好的基础，主要体现在：区域内的林草植被覆盖率和绿化质量大大提高，减少了水土流失的同时也有利于野生动植物的生长繁衍和生态平衡；美化了珊溪水库库区自然环境，促进了城乡环境状况的改善；有效抑制了因水土流失造成的面源污染，改善了流域内水质。

(a)治理前　(b)治理后

图3-2-1　裸露面治理前后对比

(a)治理前　(b)治理后

图3-2-2　经济林治理前后对比

(a)治理前

(b)治理后

图 3-2-3　拦沙堰实施前后对比

(a)治理前

(b)治理后

图 3-2-4　水土保持林实施前后对比

(a)治理前

(b)治理后

图 3-2-5　裸露地绿化实施前后对比

案例三　小流域“大治理” 建设宜居宜业和美乡村
——大理市古生生态清洁小流域综合治理工程

一、项目概况

古生小流域位于大理市洱海西岸湾桥镇和喜洲镇，流域总面积 41.63 km^2。近年来，大理市积极开展水土流失治理工作，通过实施古生生态清洁小流域治理项目，在苍山脚下，洱海之畔，古生村中，一幅生态画卷正徐徐展开，如图 3-3-1 所示。

图 3-3-1　古生小流域远景

古生小流域以习近平生态文明思想为指导，坚持人与自然和谐共生基本方略，践行“绿水青山就是金山银山”的绿色发展理念，经过综合治理，形成“河畅水清、岸绿景美、人水和谐”的生态画卷，不负习近平总书记对古生的殷殷嘱托，让百姓望得见山，看得见水，记得住乡愁。古生丰收节如图 3-3-2 所示。

二、具体措施

（一）科学设计，实现多目标协同

从生态系统整体性和流域系统性出发，强化目标协同，依托绿水青山、田园风光和乡土文化等优势条件，实施“小流域+”，提出因地制宜打造集水源保护型、生态旅游型、绿色产业型、和谐宜居型等四种类型为一体的高原特色小流域产业综合体目标。

（二）统一规划，促进多区域共治

针对流域“两山夹一河”的地理特点，将古生小流域分为：以苍山自然保护区为源头的生态修复区、以阳溪河等沟（河）及湖库周边区域的水系整治区、农田村庄等为主的综合治理区三个区域，构建“苍山—阳溪—流域”的点线面结合的治理格局。

——生态修复区：在人类生产、生活活动较少的远山坡地，以苍山自然保护区为主实施自然修复。大理市苍山东坡阳溪泥石流地质灾害防治工程现状图如 3-3-3 所示。

图 3-3-2　古生丰收节

图 3-3-3　大理市苍山东坡阳溪泥石流地质灾害防治工程现状

——沟(河)及湖库周边区域的水系整治区:在村庄、河(沟)道及周边农田集中区域,采取工程措施和植物措施,改善人居环境,维护水源地水质。河道治理效果如图 3-3-4、图 3-3-5 所示。

图 3-3-4　河道治理效果(一)

图 3-3-5　河道治理效果(二)

——综合治理区:在农业生产活动较为集中、人为扰动频繁的农用地、村庄周围等区域,采取科学种植减轻面源污染,美化人居环境提升水土保持功能成效。

(三)形成合力,统筹多部门参与

在当地党委和政府的领导下,构建水利部门牵头协调、相关部门联动配合、社会广泛参与的治理格局,流域内累计由水利、自然资源、农业农村、住建、林草等部门实施小流域治理、河道治理、泥石流地质灾害治理、农业面源污染治理、农村“两污”治理、林草生态保护和修复、湖滨缓冲带生态修复与湿地建设工程等水土保持相关项目 17 个,项目总投资逾百亿元。

(四)系统治理,采取多措施并进

以小流域为单元,山水林田湖草村路统一规划治理,按照“治山保水、治河疏水、治污洁水、以水兴业”任务要求,因地制宜、科学安排分区水土保持措施,生态修复区采取封育保护、人工造林等措施，保持土壤，涵养水源；沟（河）及湖库周边区域的子系整治区采取村庄绿化美化、护岸工程、植被缓冲带、湿地库塘建设、湿地修复等措施，改善人居环境，维护水源地水质；综合治理区采取沟道治理、护岸治理、农业面源污染治理、污水收集处理、生态景观打造、林草措施等综合措施，减少水土流失，防治面源污染。

（五）统筹资源，汇聚多方面力量

2022 年 2 月，由中国农业大学、云南农业大学和大理州政府共同组建的古生村科技小院正式揭牌，全国 20 多家单位、200 多名科技人员驻扎古生村，探索洱海保护与农业高质量协同发展新路径。与云南农垦集团云南省粮食产业集团有限公司合作，大力建设绿色农业生产示范基地，流域采用绿色生态种植的农田面积逐年增加。

三、管护制度

洱海流域内生活污水、面源污染削减难度大，洱海保护治理与经济社会发展矛盾突出，要根本性改善洱海水质的任务十分艰巨。在各级政府的正确领导下，大理市委、市政府以高度的政治责任感，强有力的工作措施，务实的工作作风，保持“我不上谁上、我不干谁干、我不护谁护”的坚定信心和拼搏精神，勇毅前行，深入推进“七大行动”“八大攻坚战”，以严厉务实的使命感投身洱海保护的战役中。

稳步推进洱海系统“治”，严格追踪洱海治后“管”，扎实推进流域内“多员合一，长效管护”的运行管理机制，坚持规划引领，严格空间管控；坚持措施先行，保障管护紧随。让“治”的成效更长久，让“管”的方针生活化，用管护制度保障治理成果。通过美丽乡村建设村民促进会，开展村民自治综合改革试点，网格化管理村内环境卫生、村民建房、村级公益设施和公共事务的日常管理，让“我被管”变成“我主管”的长效机制，形成村规民约。

四、验收评价

古生寓意“万古生春”，经过水土保持综合治理后的小流域，实现了“山青、水净、村美、民富”的生态清洁小流域建设目标，为洱海流域开发保护作出重大贡献，新时代的古生小流域焕发出前所未有的勃勃生机。治理后效果图如图 3-3-6~图 3-3-12 所示。

（1）自然生态得到修复。流域内水土保持率高达 95.75%，小流域内林草面积达到宜林宜草面积 95%以上，水土流失治理程度达 95%以上。

（2）水质维护和水源涵养功能有效改善。农村生活污水 100%处理，阳溪河作为洱海主要入湖河道，出口水质常年保持Ⅱ类水质以上，水量保持稳定。

（3）形成优美生态景观。打造 2 万亩稻作农田、阳溪生态河道、洱海湖滨生态带、古生村白族民居四大景观带，形成“河畅水清、岸绿景美、人水和谐”的生态画卷。

（4）人居环境明显改善。古生村先后获得“中国少数民族特色村寨”“第四批全国乡村旅游重点村”“中国传统村落”“中国美丽乡村百佳示范”“全国文明村镇”“全国民族团结进步模范集体”等荣誉称号。

（5）农村居民收入显著提高。流域生态环境明显改善，有效促进了特色产业发展和农业集约化经营，古生村农民人均收入由 10 680 元提高到 14 052 元，提高了 31.6%。

图 3-3-6　洱海(一)

图 3-3-7　洱海(二)

图 3-3-8　湖滨缓冲带生态修复与湿地建设(一)

图 3-3-9　湖滨缓冲带生态修复与湿地建设(二)

(a)　(b)　(c)　(d)

图 3-3-10

洱海之滨,绿野田畴,阡陌交错,古生"乡愁",游子宜归,目极于苍山不墨千秋画,洱海无弦万古琴。

图 3-3-11　村容村貌(一)

图 3-3-12　村容村貌(二)

五、经验总结

古生小流域的建设得到各级政府的高度重视和大力支持,古生小流域立足于洱海保护,坚持以习近平生态文明思想为指引,紧紧围绕"生态优先、绿色发展"的核心,实施生态融合、自然为主、兼顾功能性与景观性的高标准工程,打造了湖泊生态治理理论的实践化应用及生态属性与工程实际的有机结合的示范样板。市水务局率先实施古生生态清洁小流域,打造"五清"样板工程,成功示范并带动了区域水生态治理、农业面源污染治理、农村水环境治理等综合措施的实施,构建了多措并举的综合治理体系,于苍山—洱海之间构建自然、健康的生态安全屏障,有效地削减入湖污染,以"重塑湖岸自然空间、完善健康湖泊生态系统、形成可持续自管理体系、保护洱海自然神圣遗产、弘扬多民族历史文化"等措施,使洱海西岸绵延千年的阳溪逐步恢复到韧性、健康、可持续的自然状态,实现人与自然和谐共生,促进了流域绿色转型及高质量发展,生态效益、经济效益、社会效益显著。

案例四　宜宾市翠屏区涪溪河生态清洁小流域

一、项目概况

宜宾市翠屏区金秋湖镇涪溪河小流域位于四川省宜宾市翠屏区北部，面积为25.82 km^2，涉及3个村，总人口7 355人，农业人均耕地0.15 hm^2，农业人均纯收入约12 000元。气候类型属亚热带湿润季风型气候，气候温和，四季分明，雨量充沛，多年平均气温为17.5 ℃，年平均降水量1 163 mm。小流域林业发展基础较好，主要种植茶叶，也种植玉米、油菜等。小流域及周边区域经过近十年生态保护和治理，水土流失得到有效遏制，但小流域范围内依然存在村落人居环境有待改善、水体水质较差等环境问题。为贯彻落实党的十九大精神，实施乡村振兴战略，合力打造山青、水净、村美、民富的美丽乡村，2020年开展了生态清洁小流域建设，共投入资金7 899万元。

二、具体措施体系

项目建设目标为治理水土流失，改善生态环境，减少入河泥沙；减轻面源污染，生态净化和涵养水源；改善农村生产条件和生活环境，促进农村经济社会全面发展。治理措施上采取了一系列新工艺、新方法。在低海拔茶山上首创低山茶园云雾灌溉系统（见图3-4-1、图3-4-2），通过在茶园铺设水网和喷头，人工制造云雾，改变茶园小气候，提高茶叶生物产量和品质；采用可生物降解材料制作的双色图案的环境友好型诱虫板（见图3-4-3），实现精准高效的虫害治理；将高效节水灌溉项目建设与水价改革同推进，配套集土壤墒情、温湿度监测、光照感应于一体的茶园综合气象站（见图3-4-4），实现水肥一体、灌溉智能、用水高效，运用物联网技术打造“智慧水利”。此外，结合小流域实际，优化经济林种植，开展生态湿地修复，进行坡耕地及污水处理，开展垃圾收集及处置，如图3-4-5～图3-4-14所示。通过实施水利水保等项目，共实施坡改梯5 000亩，改造、新建茶园6 000亩，栽植李子300亩；建蓄水池143座，整治山坪塘8座，整治石河堰7处、提灌站2处、生产道路36 km，整治、新修各类沟渠约5 km；新建3处污水集中处理设施，污水收集管网约4 500 m；黑化、硬化道路17.1 km。

图3-4-1　义和村生态旱茶风炮雾灌基地

图3-4-2　明威燕山茶园风炮雾灌系统

图 3-4-3 环境友好型除虫色板

图 3-4-4 燕山茶园气象实时数据监测

图 3-4-5 小流域内坡改梯后发展的沉香+茶产业

图 3-4-6 平岩村生态湿地

图 3-4-7 垃圾分类及集中收集设施

图 3-4-8 石坎坡改梯

图 3-4-9 燕山社区污水处理厂

图 3-4-10 明威污水处理设施

图 3-4-11　燕山社区村

图 3-4-12　平岩村

图 3-4-13　坡改梯后发展的茶叶产业

图 3-4-14　小流域内宣传标语

三、运行管护

涪溪河生态清洁小流域由翠屏区金秋湖镇明威社区、燕山社区、义和村（合村后）进行管理维护。由村级负责管理和维护；通过安排卫生保洁员，对垃圾及时清运，实现常态化保洁；通过设立三级河长和责任人，定期巡查，落实河湖管护责任，构建起“政府主导、街道主责、村民主体”的管理模式。

四、经验总结

（1）顶层引领，统筹治理。坚持党政主要领导亲自调度，分管领导一抓到底，将项目建设纳入全区乡村振兴五年总体规划和年度重点任务。一是因地制宜，精准治理，综合考虑小流域自然条件和水土流失现状，统筹实施水环境改善、水生态治理、水功能修复三大工程。二是完善机制，建管并重，严格落实区、镇两级河长制和村组工程、植被管护责任，构建起“政府主导、乡镇主责、村民主体”的管理模式。

（2）人居为重，系统治理。一是全面推进垃圾革命，加快农村生活垃圾就地分类和资源化利用，建立收集、转运、处理长效机制。二是系统推进厕污共治，实施污水处理管网和生态净化处理池、河道清理项目，形成完善的污水处理体系。三是大力防治面源污染，积极推广农作物绿色防控技术，使用有机肥及农家肥改良土壤，户户使用清洁能源。

（3）产村融合，高效治理。提升基础助农增产，高效集约利用小流域水土资源，形成以优质茶叶、沉香、油樟为主导的农业布局，打造叙府龙芽等品牌助农增收，引入宜宾申西辰明威农业发展有限公司，围绕亲水、生态等主题建设凤垚香谷水世界、茶园牧歌等文创景点，助推产业增效、村民增收，高质量推进乡村振兴工作。

案例五 陕西省镇安县磨石沟小流域

一、项目概况

磨石沟小流域位于镇安县南部青铜关镇、柴坪镇境内。包括丰收村、安坪村2个行政村,面积30 km^2。磨石沟小流域属于暖温带半湿润季风型气候区,气候温和,四季分明,雨量较多,冬季少雨雪,夏秋多暴雨。磨石沟小流域涉及总人口3 083人,其中农业人口2 829人,农业劳动力1 720人。流域内丰收村荣获“全国文明村”,磨石沟获得国家3A级旅游景区认证。

二、防治措施体系

近年来,磨石沟小流域先后实施了丹治二期工程、童话磨石沟景区建设、磨石沟清洁流域水保示范工程等多个项目,协同推进了磨石沟小流域水土保持工作、生态环境建设以及乡村振兴事业。按照“系统治理、综合治理、源头治理”的防治理念,以流域内水资源、土地资源、生物资源承载力为基础,根据项目区的地形地貌和土地利用结构,科学地开展了水土流失综合治理、生态修复、河道综合整治、农村人居环境综合整治、生态农业建设、林业生态建设和面源污染防控等生态清洁小流域相关治理工程。包括建设景观拦水坝15座,生物河堤2.08 km,谷坊9座,生活污水收集处理设施1套,化肥减量73.03 hm^2,太阳能杀虫灯20台;营造水土保持林35.08 hm^2,经果林64.75 hm^2,生物河堤绿化2.08 km,生态护岸5.09 km,“四旁”绿化9.05 km;实施封育治理507.51 hm^2,拉网围栏1.35 km,设立封禁标牌4座,开展疏林补植101 502株;建设卡扣站1座。其间通过人工抚育,推行林长制为森林资源管理提供组织保障。

三、实施效果

磨石沟小流域建立起了山水林田湖草沙系统治理体系,创新了“小流域+生态旅游”生态清洁小流域治理模式,水土保持率达96%,林草覆盖率达87.90%,林草面积占流域宜林宜草面积的100%,生活污水集中处理率90%以上,生活垃圾集中收集率100%,出口断面水质常年保持Ⅱ类水标准,如图3-5-1所示。在生态环境大幅改善的同时,小流域内生产条件也得到了显著提升,农业产业结构得到科学优化,生态旅游业稳步推进,达到了村容村貌整洁、人居环境优美、农民生活富裕的群众期盼,实现了生产发展、生态宜居、生活富裕的目标。

四、经验总结

(1)政府领导,多部门协同治理。镇安县委、县政府高度重视水土保持工作和生态清洁小流域建设,成立了水土保持工作领导小组。在县委、县政府的领导及水土保持工作站的统筹下,在广大群众的参与监督下,县发展改革局、财政局、农业农村局、林业局、水利局等部门结合自身水土流失防治责任,共同开展了磨石沟清洁流域水保示范工程项目。

图 3-5-1 磨石沟小流域

(2)因地制宜,坚持系统治理。从顶层设计出发,从整个流域全局出发,磨石沟小流域坚持山水林田湖草沙共同体的思想,全面调查、整体规划、统筹兼顾,利用优势,克服短板,坚持“预防为主,保护优先”的生态工程理念。

(3)两手发力,撬动社会投入参与水土流失治理。积极争取财政资金的同时,不断激发市场活力,拓宽投资渠道,鼓励和引导社会资本开展水土保持生态建设。

(4)促进绿水青山向金山银山转换,实现乡村振兴。磨石沟小流域始终坚持水土保持、生态修复工程同乡村振兴相结合。坚持“产业绿色化、绿色产业化”发展路径,按照“小流域+生态旅游”探索出一条生态清洁小流域建设道路。

第四部分　附　录

附录一　生态清洁小流域实施方案编写提纲

按照“以流域水系为单元，整沟、整村、整乡、整县一体化推进”的要求，本提纲针对以县为单位，按小流域进行编制的实施方案。包括多个小流域时，实施方案可由多个小流域汇总项目区而成。

具体设计应以小流域为单元开展，原则上按图斑进行逐一设计，达到初步设计深度。

1　综合说明（包括特性表）

1.1　项目背景

1.2　项目区（小流域）选择及概况

1.3　建设任务、目标与规模

1.4　总体布置与措施设计

1.5　施工组织设计

1.6　水土保持监测

1.7　技术支持

1.8　工程管理

1.9　投资概算与资金筹措

1.10　效益分析

2　建设背景及设计依据

2.1　建设背景

2.2　建设必要性

2.3　工程设计依据与说明

3　小流域选择及概况

3.1　小流域选择

3.2　自然概况

3.3　经济社会概况

3.4　土地利用现状

3.5　资源产业开发现状

3.6　村庄基础设施现状

3.7　水土流失及防治现状

3.8　主要问题及建设需求

3.9　近期相关部门资金投入及相关项目建设情况

4　建设任务、目标和规模

4.1　建设任务

4.2　建设目标

4.3　建设规模

5　总体布置

5.1　生态清洁小流域建设类型

5.2　水土保持措施分区

5.3　工程总体布置

6　措施设计

6.1　工程措施设计

6.1.1　建筑物级别及设计标准(在每节中确定工程级别与标准)

6.1.2　梯田工程

6.1.3　淤地坝工程

6.1.4　拦沙坝工程

6.1.5　谷坊工程

6.1.6　塘坝和滚水坝工程

6.1.7　坡面排水工程

6.1.8　小型蓄水工程

6.1.9　节水灌溉工程

6.1.10　土地整治工程

6.1.11　沟道滩岸防护工程

6.1.12　支毛沟治理工程

6.1.13　生产道路工程

6.1.14　其他工程设计

6.2　林草措施设计

6.2.1　措施级别及设计标准

6.2.2　水土保持林

6.2.3　经果林

6.2.4　种草

6.2.5　生态护坡护岸

6.2.6　植物过滤带

6.3　其他措施设计

6.3.1　措施级别及设计标准(在每节中确定工程级别与设计标准)

6.3.2　固沙工程

6.3.3　封育工程设计

6.3.4　低效林改造

6.3.5　退化林修复

6.3.6　水蚀林地治理

6.3.7　保土耕作措施设计

6.3.8　人工湿地

6.3.9　沟(河)道清理

6.4　措施工程量汇总

7　技术支持

7.1　技术支持方案

7.2　技术培训

7.3　技术推广

8　施工组织设计

8.1　工程量

8.2　施工条件

8.3　施工工艺和方法

8.4　施工布置和组织形式

8.5　工程征占地

8.6　施工进度

9　工程管理

9.1　工程建设管理

9.2　工程运行管理

10　投资概算和资金筹措

10.1　投资概算

10.2　资金筹措

11　效益分析

11.1　效益分析

11.2　社会评价

11.3　生态评价

附图与附表

附图1　项目区(小流域)地理位置图(略)

附图2　小流域水土流失现状图(略)

附图3　小流域土地利用现状及水土保持现状图(略)

附图4　小流域综合治理总体布置及单项工程分布图(略)

附图5　单项工程总平面布置图(略)

附图6　水土保持工程措施设计图(略)

附图7　水土保持林草措施设计图(略)

附图8　水土保持单项工程设计图(略)

附表1　工程建设特性表

附表2　小流域自然条件调查表

附表3　小流域土地利用调查表

附表4　小流域经济社会情况表

附表 5　小流域水土流失现状表
附表 6　小流域水土流失综合治理现状表
附表 7　小流域沟(河)道水系基本情况调查表
附表 8　小流域人居环境基本情况调查表
附表 9　小流域旅游资源调查表
附表 10　小流域企事业单位废水调查表
附表 11　小流域面源污染调查表
附表 12　小流域建设工程量和投工汇总表
附表 13　小流域水土保持措施效益成果表

附表 1　工程建设特性表

名称	单位	数量	名称	单位	数量
一、基本情况			经济林栽培园和果园	hm^2	
(一)位置与面积			水土保持种草	hm^2	
项目区位置	—		(三)封育治理措施	hm^2	
所属流域	—		(四)保土耕作措施	hm^2	
小流域(片区)面积	km^2		…		
(二)项目区自然概况			五、施工组织设计		
地貌类型	—		(一)主要工程量		
地面组成物质	—		土方挖填	m^3	
多年平均降雨量	mm		石方挖填	m^3	
多年平均气温	℃		混凝土	m^3	
林草覆盖率	%		浆砌石	m^3	
5 年一遇 24 h 最大降雨量	mm		干砌石	m^3	
10 年一遇 24 h 最大降雨量	mm		整地	hm^2	
(三)社会经济情况			乔灌木	万株	
总人口	人		种草	hm^2	
农村人口	人		…		
劳动力	人		(二)主要材料用量		
人口密度	人/km^2		苗木	万株	
人均耕地	hm^2/人		种子	kg	
人均水平农田	hm^2/人		水泥	t	

续附表 1

名称	单位	数量	名称	单位	数量
人均产粮	kg/人		砂子	m^3	
农民人均纯收入	元/人		块石	m^3	
(四)水土流失及水土保持现状			钢筋	kg	
主要水土流失类型	—		…		
水土流失面积	km^2		(三)施工机械	台班	
土壤侵蚀模数	$t/(km^2 \cdot a)$		(四)总投工	万工日	
已治理面积	km^2		(五)建设期	月	
二、设计标准			六、工程投资与资金筹措		
重点工程设计标准			(一)总投资	万元	
三、工程规模			工程措施	万元	
综合治理面积	km^2		林草措施	万元	
…			封育治理措施	万元	
四、主要措施数量			…		
(一)工程措施			(二)资金筹措		
石坎梯田	hm^2		中央投资	万元	
土坎梯田	hm^2		地方配套	万元	
谷坊	座		群众自筹	万元	
蓄水池(水窖)	个		七、工程效益		
沉沙池(凼)	个		水土流失治理程度	%	
谷坊	座		年保土效益	万 t	
截排水沟	km		增加林草覆盖率	%	
…			累计直接经济效益	万元	
(二)林草措施			效益费用比		
水土保持造林	hm^2				

注:1. 社会经济情况和水土流失状况应说明数据来源和时间年限。表中内容可根据项目区实际建设内容进行适当调整。

2. 可根据具体项目区不同,表中内容可进行适当调整。

附表 2　小流域自然条件调查表

小流域名称	小流域代码	流域面积/km^2	海拔/m		地貌类型[a]	土壤类型	年均气温/℃	无霜期/d	年均降水量/mm	林草覆盖率/%	水土保持区划名称[b]
			最高	最低							

a：地貌类型按照山地、高原、丘陵、平原、盆地五大类型填写。

b：按照水土保持区划三级区填写。

调查人：　　　　记录人：　　　　校核人：　　　　调查日期：

附表 3　小流域土地利用调查表

小流域名称	小流域代码	流域面积/km^2	耕地/hm^2		园地/hm^2	林地/hm^2		草地/hm^2	商服用地/hm^2	工矿仓储用地/hm^2	住宅用地/hm^2	公共管理与公共服务用地/hm^2	特殊用地/hm^2	交通运输用地/hm^2	水域及水利设施用地/hm^2	其他用地/hm^2
			小计	其中：坡耕地		小计	其中：疏林地									

调查人：　　　　记录人：　　　　校核人：　　　　调查日期：

附表 4　小流域经济社会情况表

小流域名称：　　　　　　　　　　　　　　　　小流域代码：

序号	调查单元名称[a]	所属行政区/县级	土地面积/hm^2	户数/户	户籍人口/人	常住人口/人	劳动力/人	耕地面积/hm^2	人均耕地/(hm^2/人)	年人均纯收入/元	特色产业类型	主要经济来源

a:按照调查的最小单元填写,村名或乡镇名。

调查人：　　　　记录人：　　　　校核人：　　　　调查日期：

附表 5　小流域水土流失现状表

小流域名称：　　　　　　　　　　　　小流域代码：

小流域总面积/km²	水土流失面积							平均土壤侵蚀模数/[t/(km²·a)]
	合计/hm²	轻度		中度		强烈以上		
		面积/hm²	占比/%	面积/hm²	占比/%	面积/hm²	占比/%	

调查人：　　　　记录人：　　　　校核人：　　　　调查日期：

附表6　小流域水土流失综合治理现状表

小流域名称	小流域代码	封育保护			梯田/hm^2	水土保持林		经济林/hm^2	种草/hm^2	塘坝/座	水池水窖/座	谷坊		淤地坝（拦沙坝）/座	护坡/延米	挡土墙/延米	排洪沟渠/延米	生产道路/km	防护坝		备注
		面积/hm^2	封禁标牌/块	护栏/m		乔木林/hm^2	灌木林/hm^2					总数量/座	其中不透水/座						护村坝/延米	护地坝/延米	

调查人：　　　　记录人：　　　　校核人：　　　　调查日期：

附表 7　小流域沟(河)道水系基本情况调查表

小流域名称：　　　　　　　　　　　　　　　　　　　　小流域代码：

沟(河)道名称	汇水面积/km^2	沟(河)道长度/m	比降/%	多年平均径流量/m^3	水质[a]	适生植物种类	沟(河)道已建小型水利设施	现状护岸情况[b]	已治理的沟(河)道/延米	污水排放口/个	垃圾堆放点/处	存在问题(岸坡坍塌、冲刷、河道淤积等)	备注

a：对有水的沟(河)道调查水质，根据 GB 3838 的要求填写水质类别。

b：现状护岸情况按照植物护岸、工程护岸、综合护岸、自然护岸填写。

调查人：　　　　　　记录人：　　　　　　校核人：　　　　　　调查日期：

附表 8　小流域人居环境基本情况调查表

小流域名称：　　　　　　　　　　　　　　　　　　　　　小流域代码：

序号	名称[a]	距最近河道/km	用水水源	日均生活用水量/[m³/(人·d)]	生活污水处理				生活垃圾处理		卫生厕所普及率/%	村庄（社区）绿化美化面积/m²	排洪渠/m	新能源利用方式[c]
					日排放量/(m³/d)	处理模式[b]	日处理量/(m³/d)	用途	日产生量/(t/d)	生活垃圾收集设施数量/座及处置量/(t/d)				

a：按照人居环境调查的行政区填写，村名、乡镇名或县城名。

b：处理模式按照分户污水处理、村庄集中处理、纳入城镇污水管网 3 类分别填写。

c：新能源利用方式，包括沼气、太阳能、风能等。

调查人：　　　　　　记录人：　　　　　　校核人：　　　　　　调查日期：

附表 9　小流域旅游资源调查表

小流域名称：　　　　小流域代码：

类型[a]	环境背景	历史成因	周边市/县	年游客累计数量/万人次	备注

a:类型可按照 GB/T 18972 标准中旅游资源分类表中主类填写。

调查人：　　　　记录人：　　　　校核人：　　　　调查日期：

附表10　小流域企事业单位废水调查表

小流域名称：　　　　　　　　　　　　　　　　　　　　　　　　小流域代码：

序号	企事业单位名称	所属行政区	距最近河道/km	用水水源	年用水量/万 m^3	年排放量/万 m^3	废水年处理量/万 m^3	废水排放达标率/%	中水利用量/万 m^3	备注

调查人：　　　　　　　记录人：　　　　　　　校核人：　　　　　　　调查日期：

附表 11 小流域面源污染调查表

小流域名称： 小流域代码：

序号	所属行政区名	农业种植					畜禽养殖					
		耕地/园地类型[a]	面积/hm^2	化肥施用强度[b]/(kg/hm^2)	农药施用种类与强度[c]/(mL/hm^2)	农膜覆盖面积/hm^2	养殖种类	养殖模式[d]	产量	粪污去向	污水年排放量/万 m^3	污水去向

a：按照 GB/T 21010 标准中耕地/园地二级分类填写。

b：一年内单位面积的化肥施用量。化肥施用量按折纯量计算，折纯量是指将氮肥、磷肥、钾肥分别按氮、五氧化二磷、氧化钾的量进行折算后的数量。

c：填写施用的农药名称与相应年施用量，年施用量通过调查年施用次数与单次剂量获取。

d：畜禽养殖模式分为规模养殖及散养。

调查人： 记录人： 校核人： 调查日期：

附表 12　小流域建设工程量和投工汇总表

项目		单位	措施数量	土方开挖/m^3	土方回填/m^3	石方挖填/m^3	石方回填/m^3	混凝土/m^3	浆砌石/m^3	干砌石/m^3	整地/hm^2	…	栽植乔木/万株	栽植灌木/万株	种草/hm^2	投工/工日
合计																
工程措施	土坎梯田	hm^2														
	石坎梯田	hm^2														
	蓄水池	个														
	截排水沟	m														
	谷坊	座														
	水窖	座														
	渠道	m														
	…															
林草措施	水土保持林	hm^2														
	经济林栽培园和果园	hm^2														
	水土保持种草	hm^2														
封禁治理		hm^2														
保土耕作		hm^2														
其他工程																

附表 13 小流域水土保持措施效益成果表

小流域	项目	小计	工程措施	水土保持林	经济林栽培园和果园	水土保持种草	封禁治理	保土耕作	其他工程
小流域名称	保土效益/万 t								
	直接经济效益/万元								
…	保土效益/万 t								
	直接经济效益/万元								
合计	保土效益/万 t								
	直接经济效益/万元								

附录二　生态清洁小流域相关文件

一、生态清洁小流域国家级相关文件

(1)2006 年水利部《关于开展生态清洁型小流域试点工程建设的通知》;

(2)2011 年《中华人民共和国水土保持法》修订;

(3)2011 年中央一号文件《中共中央 国务院关于加快水利改革发展的决定》;

(4)2013 年水利部 SL 534—2013《生态清洁小流域建设技术导则》;

(5)2014 年中央一号文件《关于全面深化农村改革加快推进农业现代化的若干意见》;

(6)2015 年中央一号文件《关于加大改革创新力度加快农业现代化建设的若干意见》;

(7)2016 年中央一号文件《关于落实发展新理念加快农业现代化实现全面小康目标的若干意见》;

(8)2018 年中央一号文件《中共中央 国务院关于实施乡村振兴战略的意见》;

(9)2018 年党中央、国务院《乡村振兴战略规划(2018—2022 年)》;

(10)2019 年中共中央 国务院印发《长江三角洲区域一体化发展规划纲要》;

(11)2021 年水利部《关于开展国家水土保持示范创建工作的通知》;

(12)2021 年中央办公厅、国务院办公厅《关于推动城乡建设绿色发展的意见》;

(13)2021 年国务院办公厅《关于鼓励和支持社会资本参与生态保护修复的意见》;

(14)2021 年水利部办公厅《水土保持"十四五"实施方案》;

(15)2023 年中共中央办公厅、国务院办公厅《关于加强新时代水土保持工作的意见》;

(16)2023 年水利部、农业农村部、国家林业和草原局、国家乡村振兴局《关于加快推进生态清洁小流域建设的指导意见》;

(17)2023 年《中华人民共和国黄河保护法》;

(18)2023 年生态环境部联合国家发展改革委、财政部、水利部、国家林业和草原局《重点流域水生态环境保护规划》;

(19)2023 年水利部发布修订后的 SL/T 534—2023《生态清洁小流域建设技术规范》。

二、生态清洁小流域省级相关文件

(一)北京

(1)2008 年北京市 DB11/T 548—2008《生态清洁小流域技术规范》;

(2)2014 年北京市 DB11/T 1088—2014《生态清洁小流域施工质量评定规范》;

(3)2018 年北京市 DB11/T 1595—2018《生态清洁小流域初步设计编制规范》;

(4)2023 年北京市 DB11/T 548—2023《生态清洁小流域评价与建设技术规范》。

（二）广东

2023 年广东省 DB44/T ×××—2023《生态清洁小流域建设技术规程》（送审）。

（三）贵州

贵州省《贵州省生态清洁小流域建设规划（2024—2035 年）》。

（四）河北

2022 年河北省 DB13/T 5553—2022《生态清洁小流域治理技术规范》。

（五）湖北

2024 年湖北省 DB42/T 2190—2024《水土保持生态清洁小流域建设技术规范》。

（六）江苏

2020 年江苏省 DB32/T 4151—2021《生态清洁小流域建设技术规范》。

（七）江西

2020 年江西省 DB36/T 1344. 2—2020《生态清洁小流域建设技术标准规范》。

（八）宁夏

2023 年宁夏回族自治区 DB64/T 1966—2023《生态清洁小流域建设技术规范》。

（九）山西

2023 年山西省 DB14/T 2823—2023《水土保持生态清洁小流域建设技术规范》。

（十）陕西

2022 年陕西省 DB61/T 1544—2022《生态清洁小流域建设技术规范》。

（十一）上海

（1）2020 年上海市《生态清洁小流域建设指标体系》；

（2）2023 年上海市《上海市生态清洁小流域建设指南》。

（十二）四川

2017 年四川省《四川省水土保持生态文明清洁小流域建设工程评定标准》。

参考文献

[1] 水利部,农业农村部,国家林业和草原局,等. 关于加快推进生态清洁小流域建设的指导意见:水保〔2023〕35 号[A]. (2023-02-08).

[2] 杨进怀,吴敬东,祁生林,等. 北京市生态清洁小流域建设技术措施研究[J]. 中国水土保持科学,2007,5(4):18-21.

[3] 杨进怀. 生态清洁小流域建设技术[M]. 北京:中国水利水电出版社,2018.

[4] 毕小刚. 生态清洁小流域理论与实践[M]. 北京:中国水利水电出版社,2011.

[5] 张荣. 延庆县大楝树生态清洁小流域综合治理措施研究分析[D]. 北京:北京林业大学,2016.

[6] 张利超,葛佩琳,李高峰,等. 宁都县小布镇勾刀咀生态清洁小流域建设实践与成效[J]. 中国水土保持,2018,(6):24-27.